Genome Editing in Zeiten von CRISPR/Cas

Recht und Medizin

Herausgegeben von den Professoren
Dr. Erwin Deutsch (†), Dr. Bernd-Rüdiger Kern, Dr. Thorsten Kingreen,
Dr. Adolf Laufs (†), Dr. Hans Lilie, Dr. Hans-Ludwig Schreiber,
Dr. Andreas Spickhoff

Bd./Vol. 136

Zur Qualitätssicherung und Peer Review der vorliegenden Publikation	*Notes on the quality assurance and peer review of this publication*
Die Qualität der in dieser Reihe erscheinenden Arbeiten wird vor der Publikation durch Herausgeber der Reihe geprüft.	Prior to publication, the quality of the work published in this series is reviewed by editors of the series.

Christina Gabriele Bern

Genome Editing in Zeiten von CRISPR/Cas
Eine rechtliche Analyse

Bibliografische Information der Deutschen Nationalbibliothek
Die Deutsche Nationalbibliothek verzeichnet diese Publikation
in der Deutschen Nationalbibliografie; detaillierte bibliografische
Daten sind im Internet über http://dnb.d-nb.de abrufbar.

Zugl.: Kiel, Univ., Diss., 2019

Gedruckt auf alterungsbeständigem,
säurefreiem Papier.
Druck und Bindung: CPI books GmbH, Leck

D8
ISSN 0172-116X
ISBN 978-3-631-81013-2 (Print)
E-ISBN 978-3-631-81854-1 (E-PDF)
E-ISBN 978-3-631-81855-8 (EPUB)
E-ISBN 978-3-631-81856-5 (MOBI)
DOI 10.3726/b16936

© Peter Lang GmbH
Internationaler Verlag der Wissenschaften
Berlin 2020
Alle Rechte vorbehalten.

Peter Lang – Berlin · Bern · Bruxelles · New York ·
Oxford · Warszawa · Wien

Das Werk einschließlich aller seiner Teile ist urheberrechtlich
geschützt. Jede Verwertung außerhalb der engen Grenzen des
Urheberrechtsgesetzes ist ohne Zustimmung des Verlages
unzulässig und strafbar. Das gilt insbesondere für
Vervielfältigungen, Übersetzungen, Mikroverfilmungen und die
Einspeicherung und Verarbeitung in elektronischen Systemen.

Diese Publikation wurde begutachtet.

www.peterlang.com

Für Willy und Gertrud

Vorwort

Die Idee, mich interdisziplinär im Rahmen einer juristischen Dissertation mit dem Genome Editing zu beschäftigen, kam mir 2015 in einer lang ersehnten Mittagsschlafpause meiner damals noch sehr kleinen Tochter. Ich nutzte die Gelegenheit, um eine Tageszeitung zu lesen und stieß dort auf einen Artikel über die Genetikerin Kathy Niakan. Sie bekam später die Genehmigung der britischen Kontrollbehörde Human Fertilisation and Embryology Authority in engen Rahmenbedingungen und zu Forschungszwecken Genversuche an Embryonen mittels der Genome Editing Methode CRISPR/Cas9 durchzuführen. Für mich war zunehmend klar, dass eine Anwendbarkeit am Menschen in absehbarer Zeit zumindest denkbar werden könnte, was in der Folge auch zu normativen Fragen führen würde. Ich freue mich deshalb sehr, dass ich einen kleinen Beitrag zur rechtswissenschaftlichen Diskussion leisten darf.

Besonderer Dank gilt meinem Doktorvater Herrn Prof. Dr. Sebastian Graf von Kielmansegg. Er hat mich in unterschiedlichen Phasen der Promotion sehr unterstützt und war für mich vor allem jederzeit ansprechbar. Auch bei Herrn Prof. Dr. Andreas Hoyer möchte ich mich für die schnelle Erstellung des Zweitgutachtens bedanken.

Auch privat habe ich sehr viel Unterstützung bekommen, wofür ich mich von Herzen bedanken möchte. An vorderster Stelle selbstredend bei meiner Familie, meinen Eltern und meinem Mann Michael, die für mich da war und mir einige familiäre „Pflichten" mit großer Güte und Freude abnahm. Doch auch meine engsten Vertrauten und Freunde haben mich sehr unterstützt und über weite Strecken motiviert. Vielen Dank damit an Luba Ortjohann, Maike Faust, Sebastian Daniel, Ingrid Lodenheid und meine Freundinnen aus der holsteinischen Schweiz. Ein großes Dankeschön gilt auch Frau Dr. Eva Maria Rütz, die zwar erst in den letzten Zügen der Arbeit durch einen großen Zufall glücklicherweise wieder in mein Leben kam, ohne Lektüre ihrer Doktorarbeit ich mein Interesse am Medizinrecht vermutlich nicht ganz so schnell entwickelt hätte.

Schließlich möchte ich darauf hinweisen, dass eine zügige Bearbeitung der Dissertation ohne die Förderung der Andrea von Braun Stiftung nicht möglich gewesen wäre und ich mich auch für diese materielle und ideelle Förderung bedanke.

Inhaltsverzeichnis

Abkürzungsverzeichnis 19

A. Einleitung 23
   I   Problemaufriss 23
   II Zielsetzung der Dissertation – Gang der Untersuchung 25

B. Medizinische und technische Grundlagen 29
   I   Der Begriff *Genome Editing* 29
   II Biologische Grundlagen 29
       1 Genom und Gene 29
       2 Desoxyribonukleinsäuren 30
       3 Mutationen 32
   III Genome Editing-Techniken 32
       1 Zinkfingernukleasen 33
       2 TALE-Nukleasen 34
       3 CRISPR/Cas9 34
           a) Der Begriff CRISPR/Cas9 34
           b) Entdeckung und Technik von CRISPR/Cas9 35
       4 Die „Revolution" von CRISPR/Cas9 – Vergleich der Techniken 37
   IV CRISPR/Cas9 – Anwendungsmöglichkeiten 37
       1 CRISPR/Cas9 in der Grundlagenforschung 37
       2 CRISPR/Cas9 – Anwendung in der Biotechnologie und Pflanzenzüchtung 37
       3 CRISPR/Cas9 und zukünftige Möglichkeiten zur Bekämpfung von Schädlingspopulationen 39
       4 CRISPR/Cas9 – Anwendung in der Medizin 40
           a) Chancen und Risiken einer Anwendung am Menschen 40

		aa) Chancen	41
		bb) Risiken	42
	b)	Gentherapie – Somatische Therapie versus Keimbahntherapie	42
		aa) Die somatische Therapie	43
		(1) Gentransfer	44
		(2) Gentransfervektoren	44
		(3) Entwicklung und Forschungsbedarf der somatischen Therapie	45
		(4) Die somatische Gentherapie und CRISPR/Cas9	47
		bb) Keimbahntherapie	47
		(1) Die Keimbahnzellen	48
		(2) Mögliche Eingriffsstadien	48
		(3) Entwicklung von Keimbahneingriffen	49
		cc) Transportvehikel für CRISPR/Cas9	50
V	Therapie und Enhancement		51
	1 Der Therapiebegriff		52
	2 Das Enhancement		54
	3 Therapie und Enhancement in der Gegenüberstellung		54

C. Ethische Kontroverse über die Keimbahntherapie am Menschen ... 57

I	Argumente für die Zulässigkeit eines Keimbahneingriffs			59
	1	Ärztliche Verpflichtung/Medizinische Indikation		59
	2	Entscheidungsrecht der Eltern		61
II	Argumente gegen die Zulässigkeit eines Keimbahneingriffs			62
	1	Medizinethisch-pragmatischer Argumentationstyp		62
		a) Medizinische Unsicherheit und Folgen		63
		b) Fehlen medizinischer Indikation		64
	2	Gesellschaftspolitischer Argumentationstyp		65
		a) Slippery Slope		65
		b) Diskriminierung behinderter und kranker Menschen		68
		c) Ungerechtigkeiten in der Gesundheitsversorgung		68

```
    3   Kategorischer Argumentationstyp ............................................................ 69
        a)  Vernichtung von Embryonen ......................................................... 69
        b)  Playing God/Natürlichkeit ............................................................. 71
        c)  Zukünftige Generationen/Informed Consent ............................. 72
        d)  Verstoß gegen die Menschenwürde ............................................. 74
    III Zusammenfassung ........................................................................................... 74
```

D. Keimbahntherapie am Maßstab des Embryonenschutzgesetzes 77

```
    I   Entwicklung des ESchG ................................................................................ 77
    II  Strafbarkeit der Keimbahntherapie nach dem ESchG .......................... 77
        1   Ratio legis des § 5 ESchG ....................................................................... 78
        2   Genome Editing an menschlichen Zellen ........................................ 78
            a)  Genome Editing am Embryo – § 5 Abs. 1 ESchG ..................... 78
                aa) Objektiver Tatbestand ............................................................. 78
                    (1) Tatobjekt: Erbinformation einer menschlichen
                        Keimbahnzelle ..................................................................... 78
                    (2) Tathandlung: Künstliches Verändern ......................... 80
                    (3) Ausnahmen des § 5 Abs. 4 ESchG ................................ 80
                bb) Subjektiver Tatbestand ............................................................ 82
                cc) Rechtswidrigkeit/Schuld ......................................................... 82
                    (1) § 3 S. 2 ESchG ..................................................................... 82
                    (2) Notwehr, § 32 StGB und rechtfertigender
                        Notstand, § 34 StGB ........................................................... 83
                    (3) Rechtfertigende Einwilligung ........................................ 84
                    (4) Zwischenergebnis ............................................................. 86
            b)  Genome Editing an Gamete – § 5 Abs. 2 ESchG ...................... 86
            c)  Sonderfall Genome Editing an „tripronuklearen" Embryonen .. 87
                aa) Tatbestand des § 5 Abs. 1 ESchG ........................................ 88
                bb) Tatbestand des § 2 Abs. 1 ESchG ........................................ 88
                    (1) „Tripronuklearer" Embryo als Tatobjekt ................... 89
```

		(a)	Entwicklungsfähigkeit bis zur Nidation notwendig	90
		(b)	Entwicklungsfähigkeit bezieht sich lediglich auf befruchtete Eizelle	91
		(c)	Stellungnahme	92
	(2)	Tathandlung		93
	cc)	Subjektiver Tatbestand		93
	dd)	Rechtswidrigkeit/Schuld		93
	ee)	Zwischenergebnis		93
d)	*Genome Editing* an Samenzelle bei gleichzeitiger Befruchtung			93

III Strafbarkeit der somatischen Therapie mit Folgen für die Keimbahn 95

IV Ergebnis 96

E. Verfassungsrechtliche Betrachtung von *Human Genome Editing* 99

I Beginn des Grundrechtsschutzes pränatalen Lebens 99

   1 Grundrechtsträgerschaft im Hinblick auf Art. 1 Abs. 1 S. 1 GG 99

      a) Embryo und Gamete als Träger der Menschenwürde 100

         aa) Menschenwürde ab Verschmelzung von Ei- und Samenzelle 102

            (1) Potentialitätsargument 102

            (2) Kontinuitätsargument 103

            (3) Identitätsargument 103

         bb) Menschenwürdeträger ab Geburt 103

         cc) Theorie des gestuften Schutzes der Menschenwürde 104

         dd) Nidation als wesentliche Zäsur der Menschenwürde 105

         ee) Menschenwürde und überindividuelle Aspekte 106

         ff) Stellungnahme 108

      b) Ergebnis 112

   2 Grundrechtsträgerschaft im Hinblick auf das Recht auf Leben aus Art. 2 Abs. 2 S. 1 Alt. 1 GG 112

a) Normtextorientierte Argumentation 113
b) Historische Betrachtung 113
c) Die Rechtsprechung des Bundesverfassungsgerichts 114
d) Biologisch-physiologische Begründungsansätze 115
   aa) Individuation und Nidation 116
   bb) Beginn der Hirntätigkeit 117
   cc) Erste spürbare Kindsbewegungen 118
   dd) Extrauterine Lebensfähigkeit 119
   ee) Die Geburt 120
e) Kernverschmelzung 121
3 Grundrechtsträgerschaft im Hinblick auf das Recht auf körperliche Unversehrtheit aus Art. 2 Abs. 2 S. 1 Alt. 2 GG 124
4 Ergebnis 124

II Human Genome Editing – Materieller Grundrechtsschutz angesichts des Standes der gegenwärtigen medizinischen Wissenschaft 124
1 Grundrechtsverletzungen durch Vornahme von *Human Genome Editing* am Embryo – Tatbestandsseite 125
   a) Medizinische Rahmenbedingungen 125
      aa) Grundsätzliche Risiken einer Keimbahntherapie 125
         (1) Off-target-Effekte 126
         (2) Nicht ausreichende Erforschung von Genen und deren Wechselwirkungen 127
         (3) Auswirkungen auf den menschlichen Genpool 128
         (4) Zusammenfassung 128
      bb) Medizinische Behandlungswege des *Human Genome Editing* 128
   b) Schutzpflichtenaktivierende Beeinträchtigung des Embryos? 129
      aa) Recht auf Leben des Embryos aus Art. 2 Abs. 2 S. 1 Alt. 1 GG 130
         (1) Konstellationen der Grundrechtsbeeinträchtigungen 130

		(a)	Beeinträchtigung durch die Vornahme einer IVF	130

- (a) Beeinträchtigung durch die Vornahme einer IVF 130
- (b) Beeinträchtigung durch vorgeschaltete PID 131
- (c) Beeinträchtigung durch *Genome Editing* am Embryo 133
- (d) Beeinträchtigung des Rechts auf Leben des Embryos durch *Genome Editing* an Gameten 134
- (2) Zwischenergebnis 136
- bb) Recht auf körperliche Unversehrtheit des Embryos aus Art. 2 Abs. 2 S. 1 Alt. 2 GG 137
- cc) Herleitung staatlicher Schutzpflichten durch drohende Schutzgutbeeinträchtigung 138
- dd) Rechtfertigung 139
- ee) Vorläufiges Ergebnis 141

2 Grundrechtsverletzungen durch ein Verbot von *Human Genome Editing* 141
- a) Recht auf reproduktive Autonomie 141
- b) Berufsfreiheit des Arztes aus Art. 12 Abs. 1 GG 143
  - aa) Schutzbereich 143
  - bb) Eingriff in das Recht der Berufsfreiheit durch ein Verbot von *Human Genome Editing* 144
  - cc) Rechtfertigung 144
  - dd) Ergebnis 146
- c) Wissenschaftsfreiheit aus Art. 5 Abs. 3 GG 146
  - aa) Schutzbereich 146
  - bb) Eingriff in die Wissenschaftsfreiheit durch ein Verbot von *Human Genome Editing* 146
  - cc) Rechtfertigung 147
  - dd) Ergebnis 148
- d) Recht des Embryos auf Leben und körperliche Unversehrtheit aus Art. 2 Abs. 2 S. 1 GG 148
- e) Recht der Frau auf körperliche Unversehrtheit aus Art. 2 Abs. 2 S. 1 Alt. 2 GG 148

		f) Zwischenergebnis	149

      f) Zwischenergebnis 149

  3 Ergebnis 149

      a) Rechtfertigung der Beeinträchtigungen durch konfligierende Grundrechte 149

      b) Verfassungsgebotene Rechtsfolge: Verbot des *Human Genome Editing* 150

III *Human Genome Editing* – Materieller Grundrechtsschutz in zukünftiger klinischer Anwendbarkeit 151

  1 Plausibilität zukünftiger klinischer Anwendbarkeit 152

      a) Wege zur möglichen Verfügbarkeit von potentiellen Nutzen und Risiken von *Human Genome Editing* 152

          aa) Klinische Studien der somatischen Gentherapie 152

          bb) Keimbahneingriffe im Tiermodell 153

          cc) Embryonenforschung 154

          dd) Ergebnis 156

      b) Voraussetzung einer positiven Risiko-Nutzen-Abwägung 157

          aa) Beschränkung auf schwerwiegende monogene Erkrankungen 157

          bb) Sonstige Beschränkungen 159

      c) Ergebnis und konkrete Prämisse 159

  2 Grundrechtsverletzungen durch Vornahme von *Human Genome Editing* am Embryo – Wesentliche Veränderungen 160

      a) Menschenwürde aus Art. 1 Abs. 1 S. 1 GG 160

          aa) Maßstab einer Verletzung der Menschenwürde – Objektformel 160

          bb) Menschenwürde als individualschützendes Grundrecht 161

          cc) Ergebnis 163

      b) Recht auf Leben des Embryos aus Art. 2 Abs. 2 S. 1 Alt. 1 GG 163

      c) Recht auf körperliche Unversehrtheit des Embryos aus Art. 2 Abs. 2 S. 1 Alt. 2 GG 164

          aa) Schutzpflichtenaktivierende Grundrechtsbeeinträchtigung durch *Genome Editing* an Embryo/Gamete(n) 164

bb) Rechtfertigung 164
    (1) Risiko-Nutzen-Abwägung – Behandlungsalternativen 164
    (2) Legitimationssäule „informed consent" 166
        (a) Einwilligung durch das Selbstbestimmungsrecht der Eltern aus Art. 2 Abs. 1 GG i. V. m. Art. 1 Abs. 1 GG 166
        (b) Einwilligung über §§ 1626 ff. BGB 167
        (c) Mutmaßliche Einwilligung/Einwilligung und Aufklärung §§ 1626 ff. BGB analog 168
    (3) Verpflichtung der Eltern eine Einwilligung abzugeben 170
        (a) Klassischer Anwendungsfall des § 1666 BGB: Ersetzung der elterlichen Einwilligung bei einer ärztlich indizierten Bluttransfusion, Zeugen Jehovas 171
        (b) Grenzen der Anwendung des § 1666 BGB analog und *Human Genome Editing* 171
cc) Ergebnis 175
d) Allgemeine Handlungsfreiheit der Eltern aus Art. 2 Abs. 1 GG 175
  aa) Schutzbereich 176
  bb) Beeinträchtigung durch Entstehen eines gesellschaftlichen Drucks 176
  cc) Ergebnis 177
e) Schutz des Gleichheitssatzes aus Art. 3 Abs. 1 GG – Soziale Gerechtigkeit 177

3 Grundrechtsverletzungen durch ein Verbot von *Human Genome Editing* – Wesentliche Veränderungen 178
  a) Recht auf Leben und körperliche Unversehrtheit des Embryos aus Art. 2 Abs. 2 S. 1 GG 178
    aa) Eingriff in das Recht auf Leben und körperliche Unversehrtheit des Embryos durch ein Verbot von *Human Genome Editing* 178
    bb) Rechtfertigung 179
        (1) Gesetzesbegründung § 5 ESchG 180

		(2)	Sicherheitsrisiken	180
		(3)	Benachteiligung behinderter Menschen	182
		(4)	Verhinderung sozialen Drucks	182
		(5)	Fehlende Einwilligung des Embryos/ nachfolgender Generationen	183
	cc)	Ergebnis		184
b)	Recht der Frau auf körperliche Unversehrtheit aus Art. 2 Abs. 2 S. 1 Alt. 2 GG			184
	aa)	Eingriff in das Recht der Frau auf körperliche Unversehrtheit durch ein Verbot von *Human Genome Editing*		185
	bb)	Rechtfertigung/Ergebnis		185
c)	Berufsfreiheit aus Art. 12 Abs. 1 GG und Wissenschaftsfreiheit des Arztes aus Art. 5 Abs. 3 GG			186

4 Ergebnis ... 187

5 *Human Genome Editing* und PID – Rechtspolitische Folgeüberlegung ... 188

F. Einordnung von *Human Genome Editing* in das Gesundheitssystem: Kostenerstattung durch die gesetzlichen Krankenkassen? ... 191

I Der Embryo als Versicherter ... 192

II *Human Genome Editing* als Früherkennung/Verhütung von Krankheiten gem. §§ 20 ff. SGB V ... 192

III *Human Genome Editing* als Krankenbehandlung im Sinne des § 27 Abs. 1 S. 1 SGB V ... 192

IV *Human Genome Editing* als Behandlung zur Herbeiführung einer Schwangerschaft im Sinne des § 27 a Abs. 1 SGB V ... 194

    1 Sonderstellung des § 27 a Abs. 1 SGB V im Leistungssystem der gesetzlichen Krankenkassen ... 194

    2 Anspruchsvoraussetzungen ... 194

        a) Direkte Anwendbarkeit des § 27 a Abs. 1 SGB V ... 194

        b) Analoge Anwendbarkeit des § 27 a Abs. 1 SGB V ... 195

        c) Ergebnis ... 196

V	Kostenerstattung gemäß § 2 Abs. 1 a SGB V	196
VI	Kostenerstattung durch gesetzliche Regelung	197
	1 Vorfrage: *Human Genome Editing* als wunscherfüllende medizinische Behandlung?	197
	2. Kostenerstattung einer *Genome Editing*-Behandlung durch die gesetzlichen Krankenkassen	198

G. Zusammenfassung und Ausblick ... 201

I	Strafbarkeit nach dem EschG	201
II	Grundrechtsschutz angesichts des Standes der gegenwärtigen medizinischen Wissenschaft	202
III	Grundrechtsschutz bei zukünftiger klinischer Anwendbarkeit	202
IV	Kostenübernahme der gesetzlichen Krankenkassen	204
V	Ausblick	205

Literaturverzeichnis ... 207

Abkürzungsverzeichnis

a. A.	andere Ansicht
Abs.	Absatz
AcP	Archiv für die civilistische Praxis
Ak-GG	Kommentar zum Grundgesetz für die Bundesrepublik Deutschland
Alt.	Alternative
AöR	Archiv des öffentlichen Rechts
ARSP	Archiv für Rechts- und Sozialphilosophie
Art.	Artikel
AT	Allgemeiner Teil
Bd.	Band
BeckOK	Beck'scher Onlinekommentar
Begr.	Begründer
BGB	Bürgerliches Gesetzbuch
BGBl.	Bundesgesetzblatt
BGH	Bundesgerichtshof
BGHSt	Entscheidungen des Bundesgerichtshofs in Strafsachen
BGHZ	Entscheidungen des Bundesgerichtshofs in Zivilsachen
BSG	Bundessozialgericht
bspw.	beispielsweise
BT-Drs.	Bundestag Drucksache
BVerfGE	Bundesverfassungsgericht
bzgl.	bezüglich
bzw.	beziehungsweise
DÄBl	Deutsches Ärzteblatt
dass.	dasselbe
ders.	derselbe
d. h.	das heißt
dies.	dieselbe
DNA/DNS	Desoxyribonukleinsäuren
DVBl	Deutsches Verwaltungsblatt
Einl.	Einleitung
ESchG	Embryonenschutzgesetz
et al.	lateinisch für „und andere"
EuGH	Europäischer Gerichtshof

EuGRZ	Europäische Grundrechte-Zeitschrift
EuZW	Europäische Zeitschrift für Wirtschaftsrecht
f., ff.	folgende
FamRZ	Zeitschrift für das gesamte Familienrecht
FAZ	Frankfurter Allgemeine Zeitung
Fn.	Fußnote
FS	Festschrift
gem.	gemäß
GesR	GesundheitsRecht
GG	Grundgesetz
Ggf.	gegebenenfalls
GKV	Gesetzliche Krankenversicherung
hins.	hinsichtlich
Hrsg.	Herausgeber
ICSI	intracytoplasmatische Spermieninjektion
i. d. R.	in der Regel
IVF	in-vitro-Fertilisation
i. V. m.	in Verbindung mit
JWE	Jahrbuch für Wissenschaft und Ethik
JR	Juristische Rundschau
JuS	Juristische Schulung
JZ	Juristenzeitung
KassKom	Kasseler Kommentar
KJ	Kritische Justiz
LSG	Landessozialgericht
MedR	Medizinrecht
medstra	Zeitschrift für Medizinstrafrecht
MüKo	Münchener Kommentar
m. w.	mit weiteren
m. w. A.	mit weiteren Ausführungen
m. w. N.	mit weiteren Nachweisen
NJW	Neue juristische Wochenschrift
NVwZ	Neue Zeitschrift für Verwaltungsrecht
OLG	Oberlandesgericht
p. c.	post conceptionem
PID	Präimplantationsdiagnostik
PKV	Private Krankenversicherung
RGSt	Reichsgericht Strafsachen
Rn.	Randnummer

RNS	Ribonukleinsäure
Rspr.	Rechtsprechung
S.	Satz, Seite
SGB	Sozialgesetzbuch
StGB	Strafgesetzbuch
st. Rspr.	ständige Rechtsprechung
TPG	Transplantationsgesetz
u. a.	unter anderem
vgl.	vergleiche
w. N.	weitere Nachweise
z. B.	zum Beispiel
ZfL	Zeitschrift für Lebensrecht
ZRP	Zeitschrift für Rechtspolitik

A. Einleitung

I Problemaufriss

Genome Editing ist präsenter denn je. Unmittelbar vor Beginn des zweiten internationalen Gipfeltreffens zum *Genome Editing* Ende November des Jahres 2018 in Hongkong, verkündete der chinesische Wissenschaftler *He Jiankui* auf youtube die Geburt von genmanipulierten Zwillingen durch das *Genome Editing*-Verfahren CRISPR/Cas9.[1] Es handele sich dabei um Genmanipulationen an Embryonen, durch die die Zwillinge mittels Keimbahneingriffen resistent gegen das HIV-Virus seien – eine wissenschaftliche Veröffentlichung gibt es bislang nicht.[2]

Diese Nachricht führte weltweit zu heftigen Reaktionen und Empörung, da die Vornahme solcher ethisch hoch umstrittener Genveränderungen an Embryonen, die tatsächlich (erstmals) zu einer Geburt führen, nicht zuletzt aufgrund der hohen Sicherheitsrisiken und Nebenwirkungen einen Tabubruch darstellen.[3] Die Rede ist etwa von „unverantwortlichen Menschenversuchen" und dem „Super-Gau für die Wissenschaft".[4]

Vor diesem Hintergrund beschäftigt sich die vorliegende Arbeit mit Grundlagen, Problemen und Grenzen des deutschen Rechts, die sich mit den so genannten *Genome Editing*-Methoden der Genmanipulation stellen. Der Fokus der Arbeit ist dabei insbesondere auf die rechtliche Einbettung von *Genome Editing*-Behandlungen am Menschen (*Human Genome Editing*) im Rahmen von therapeutischen Keimbahneingriffen gerichtet.[5]

---

1 https://www.youtube.com/watch?v=th0vnOmFltc, zuletzt aufgerufen am 02.12.2018.
2 https://www.zeit.de/wissen/2018-11/crispr-cas9-he-jiankui-genveraenderung-embryonen-china, zuletzt aufgerufen am 02.12.2018.
3 http://www.faz.net/aktuell/wissen/genveraenderte-babys-bei-dieser-geschichte-laeuft-alles-falsch-15910125.html, zuletzt aufgerufen am 02.12.2018.
4 *Dabrock, Peter*, vgl. http://www.faz.net/aktuell/wissen/crispr-erstmals-genetisch-veraenderte-babys-in-china-geboren-15909650.html, zuletzt aufgerufen am 02.12.2018.
5 Unter Keimbahneingriffen versteht man ganz allgemein jegliche Art von Eingriffen in die Keimbahn oder Keimbahnzellen, durch die das Genom, d. h. die Gesamtheit aller Gene eines Organismus, in irgendeiner Weise gezielt unter Anwendung gentechnologischer Verfahren verändert wird, vgl. *Korff/Beck/Mikat*, Lexikon der Bioethik, Bd. 2, S. 349.

Konkret geht es beim *Genome Editing* (auch) um das viel beachtete Instrument der Gentechnik CRISPR/Cas9, das 2012 erstmals von Wissenschaftlern um Emmanuelle Charpentier und Jennifer Doudna herum in einer Größenordnung vorgestellt wurde, die die wissenschaftliche Debatte in vielen Disziplinen nicht mehr ruhen lässt.[6] Es ist unter anderem möglicherweise in der Lage, in der Zukunft (schwere) Erbkrankheiten abzuwenden. Bis dahin ist es aber noch ein (weiter) Weg, denn CRISPR/Cas9 weist noch Nebenwirkungen und unerforschte Gebiete auf, die erst noch untersucht, verstanden und beseitigt werden müssen, bevor es zu einer verantwortlichen Anwendung am Menschen – zumindest im Rahmen eines Keimbahneingriffs – kommen könnte.

Eine neue Dimension bekam die wissenschaftliche Diskussion schon Anfang 2015, als chinesische Forscher erstmals über die tatsächliche und gezielte Vornahme von Keimbahnveränderungen an (menschlichen) Embryonen publizierten.[7] Allerdings handelte es sich um Experimente an nicht entwicklungsfähigen Embryonen, an denen die Wissenschaftler Keimbahnveränderungen durch die CRISPR/Cas9-Methode vornahmen.[8] Bereits diese Veröffentlichung rief eine große öffentliche, ethische, rechtliche und gesellschaftspolitische Auseinandersetzung hervor, da Keimbahneingriffe am Menschen auch aufgrund der im Moment noch nicht überschaubaren Risiken in einer Vielzahl von Ländern verboten sind. Inhaltlich neu war, dass die Forscher in China tatsächlich Keimbahnveränderungen an menschlichen Embryonen vornahmen. Diese Experimente führten zwar nicht zur Geburt von Menschen, wurden aber bisher nur in Tierversuchen durchgeführt.[9]

Gezielte Keimbahnveränderungen ersetzen oder modifizieren ein „defektes" Gen in allen Zellen eines Organismus, um die genetische Information zu verändern.[10] Diese Veränderung einer Geninformation wird auch an die nächsten Generationen übertragen.

---

6 *Jinek et al.*, Science (2012), S. 816–821.
7 *Liang et al.*, Protein & Cell (2015), S. 363–372.
8 In dieser Arbeit wird der Begriff des Embryos nach der Definition von § 8 Abs. 1 EschG verwendet:
   „Als Embryo im Sinne dieses Gesetzes gilt bereits die befruchtete, entwicklungsfähige menschliche Eizelle vom Zeitpunkt der Kernverschmelzung an, ferner jede einem Embryo entnommene totipotente Zelle, die sich bei Vorliegen der dafür erforderlichen weiteren Voraussetzungen zu teilen und zu einem Individuum zu entwickeln vermag.".
9 CRISPR/CAS9 wurde zum Beispiel zur Korrektur einer erblichen Mutation bei Mäusen angewandt, vgl. *Yin et al.*, Nature Biotechnology (2014), S. 551–553.
10 Günther/Taupitz/Kaiser- *Günther*, EschG, A Rn. 158.

Die geführte Kontroverse konzentriert sich inhaltlich auf ähnliche Problemstellungen, die beim „Klonen" und den möglichen Folgen der Präimplantationsdiagnostik diskutiert wurden und werden. Es geht insgesamt um die Sorgen vor Eugenik, Selektion, Diskriminierung von Behinderungen und die Befürchtung einer Art Gesellschaft, die Aldous Huxley schon 1932 in seinem Roman „Schöne neue Welt" beschrieb.

Gleichwohl verbreiten die neuen Möglichkeiten von *Genome Editing* unter anderem Hoffnung, schwere Krankheiten zu heilen, und beispielsweise auch die Erreichung einer gezielten Immunität gegen HIV.[11] Charakteristisch für die CRISPR/Cas9-Methode ist, dass sie schneller, leichter, kostengünstiger, umfangreicher und genauer in das Erbgut von Pflanzen, Tieren und Menschen eingreifen kann, als das mit den bisherigen Methoden der Gentechnik möglich war.[12]

Diese Arbeit schließt sich aufgrund der Tragweite der rechtlichen Fragestellungen einem interdisziplinären Diskurs an, der nicht zuletzt aufgrund der Dynamik der medizinisch-technischen Entwicklung der *Genome Editing*-Methoden angezeigt ist.

II Zielsetzung der Dissertation – Gang der Untersuchung

Die oben beschriebenen technischen Möglichkeiten des *Human Genome Editing* geben Anlass, diese auf unterschiedliche Rechtsfragen zu untersuchen. Dabei ist der Fokus im Wesentlichen auf Keimbahneingriffe mittels *Genome Editing* gerichtet, da dessen Auswirkungen auf den Menschen im Moment unvorhersehbar sind. Zudem treffen Folgen von Keimbahninterventionen nicht nur das behandelte Individuum. Vielmehr wirkt eine solche Therapie generationsübergreifend, weil die Veränderung eines Gens in diesem Stadium erblich ist.

Der zum Verständnis der Verfahren erforderlichen Darstellung der medizinischen Grundlagen schließt sich eine Übersicht über die ethische Kontroverse in Bezug auf eine Keimbahntherapie am Menschen an. Diese ist deshalb notwendig, da die ethischen Argumente, sofern sie rechtlich anschlussfähig sind, Auswirkungen auf die verfassungsrechtliche Bewertung von *Genome Editing*-Behandlungen haben können.

Die Arbeit gliedert sich in drei rechtliche Perspektiven. Beleuchtet wird *Human Genome Editing* im Rahmen des Strafrechts, des Verfassungsrechts und des Sozialrechts.

---

11 *Carroll*, Annual Review of Biochemistry (2014), S. 409 (412).
12 *Faltus*, in: *Müller/Rosenau (Hrsg.)*, Stammzellen – iPS-Zellen – Genomeditierung, S. 217 (221).

In strafrechtlicher Hinsicht wird die Strafbarkeit eines Keimbahneingriffs sowie der somatischen Therapie am Maßstab des Embryonenschutzgesetzes (ESchG) geprüft. Innerhalb der Prüfung von Sonderkonstellationen geht die Bearbeitung auch der Frage nach, ob eine *Genome Editing*-Behandlung eines sogenannten tripronuklearen Embryos von der Strafbarkeit des ESchG umfasst ist. Die Besonderheit solcher Embryonen liegt darin, dass sie sich ihrer Natur nach nicht in die Gebärmutter einnisten und zur Geburt führen können. Ebenso erfolgt die Prüfung einer Fallkonstellation in strafrechtlicher Hinsicht, in der eine genetisch veränderte Samenzelle gleichzeitig zur Befruchtung verwendet wird. Relevanz hat beides vor allem für in Deutschland tätige Wissenschaftler, da solche Versuche bereits im Ausland stattgefunden haben.[13]

Der verfassungsrechtliche Teil konzentriert sich zunächst auf die höchst umstrittene Frage nach dem Beginn des Grundrechtsschutzes pränatalen Lebens, da *Genome Editing*-Behandlungen nach heutigem Technikstand an einem Embryo oder einer Ei- oder Samenzelle vorgenommen werden. Um einerseits dem gegenwärtigen Technikstand von *Genome Editing* und dessen rechtlicher Bewertung gerecht zu werden und andererseits auch mögliche zukünftigen Entwicklungen in die Überlegungen mit einzubeziehen, wird der verfassungsrechtliche Teil in zwei unterschiedliche Ebenen unterteilt: Betrachtet wird der materielle Grundrechtsschutz in einer Gegenwartsperspektive und einer Zukunftsperspektive. Die Gegenwartsperspektive bezieht sich auf den gegenwärtigen Stand der medizinischen Wissenschaft. Die angenommene Zukunftsperspektive sieht *Human Genome Editing* in zukünftiger klinischer Anwendbarkeit. Es wird die Prämisse gesetzt, dass eine *Genome Editing*-Behandlung für bestimmte Erkrankungen im Rahmen eines Heilversuchs möglich ist. Diese Prämisse ist deshalb plausibel, da es aufgrund der rasanten technischen Entwicklungen von *Genome Editing*-Verfahren zumindest nicht ausgeschlossen ist, dass die für einen Heilversuch erforderliche Nutzen-Risiko-Abwägung zukünftig positiv ausfällt. Geprüft werden auf beiden Ebenen mögliche Grundrechtsverletzungen, die sich einerseits durch Vornahme einer *Genome Editing*-Behandlung und andererseits durch ein Verbot von *Genome Editing*-Behandlungen ergeben. Im Ergebnis werden dann beide Untersuchungen zusammengeführt. Es wird herausgearbeitet, ob ein Verbot in Gegenwart und Zukunft verfassungsrechtlich geboten ist. In der Zukunftsperspektive wird zudem der Frage nachgegangen, ob sich durch die

---

13 Vgl. dazu *Liang et al.*, Protein & Cell (2015), S. 363–372; *Ma et al.*, Nature (2017), S. 413–419.

Regelung der Präimplantationsdiagnostik in § 3 a ESchG ein rechtspolitischer Widerspruch im Hinblick auf das Verbot von *Human Genome Editing* ergibt. Der letzte Teil erweitert die Arbeit um die Einordnung von *Human Genome Editing* in das Gesundheitssystem: Konkret wird der Frage einer zukünftigen Kostenerstattung durch die gesetzlichen Krankenkassen nachgegangen.

B. Medizinische und technische Grundlagen

I Der Begriff *Genome Editing*

Der Begriff *Genome Editing* bedeutet wörtlich übersetzt so viel wie „Gene bearbeiten" oder auch „Gene aufbereiten". Er ist damit weder positiv noch negativ besetzt und stellt einen neutralen Begriff dar.

Als Synonym zu dem Begriff *Genome Editing* wird der Begriff „Genomchirurgie", „Gene-Editing" und „Genom Editierung" verwendet.[14]

In der Wissenschaft werden unter *Genome Editing* Methoden zusammengefasst, die zielsicher, effizient und einfach Bearbeitungen im Erbgut vornehmen können.[15] Dazu gehört auch die sogenannte CRISPR/Cas9-Technik.

Der erweiterte Begriff des *Human Genome Editing* meint *Genome Editing*-Behandlungen am Menschen.

II Biologische Grundlagen

Für eine angemessene rechtliche Bewertung des *Human Genome Editing* und der hier im Vordergrund stehenden sogenannten CRISPR/Cas9-Technik ist es zunächst unerlässlich, die Grundlagen von genetischen Informationen, deren Realisierung und Weitergabe sowie das Aufkommen von Mutationen zu verstehen.

1 Genom und Gene

Ein Genom ist die Gesamtheit des spezifisch genetischen Materials eines Organismus. Jede Zelle enthält ein vollständiges Genom. Die komplette Erbinformation ist in jeder Zelle eines Individuums gleichermaßen vorhanden.[16] Dort ist der Genotyp eines Individuums festgelegt.[17] Gene sind die genetisch aktiven Einheiten im Genom und die strukturellen und funktionellen Grundeinheiten der

---

14 Dagegen wird von *Faltus* eingewandt, dass Genomchirurgie als Synonym für die Genomeditierung ungeeignet sei, vgl. *Faltus*, in: *Müller/Rosenau (Hrsg.)*, Stammzellen – iPS-Zellen – Genomeditierung, S. 217 (243).
15 *Deutsche Akademie der Naturforscher Leopoldina e. V. (Hrsg.)*, Chancen und Grenzen des genome editing, S. 4.
16 *Knoop/Müller*, Gene und Stammbäume, S. 2.
17 Günther/Taupitz/Kaiser- *Kaiser*, EschG, A Rn. 12.

Vererbung.[18] Während durch das Human Genome Projekt 2004 fast die komplette Basenfolge und die Lokalisation der Gene aufgeklärt ist, sind bezüglich ihrer Zahl und Funktionen viele Fragen noch ungeklärt. Die Anzahl der Gene wird etwa auf 26.000 bis 31.000 geschätzt.[19] In ihnen sind bei Organismen, deren Zellen wie bei den Menschen einen Zellkern besitzen, Informationen in Form von Desoxyribonukleinsäuren (DNS, im Englischen und Folgenden: DNA) gespeichert.

2 Desoxyribonukleinsäuren

Die DNA stellt die Grundlagen von Vererbungsvorgängen und ein Steuerelement dar, das jede Zelle mit wenigen Ausnahmen enthält.[20] Die Hauptmenge der DNA ist im Zellkern vorhanden und mit Eiweißen (Proteinen) zu einem sogenannten Chromatingerüst verbunden. Das hier entscheidende DNA-Molekül ist aus einer wechselnden Folge von zwei Bausteinen zusammengesetzt, dem Zucker Desoxyribose und aus einem Phosphatrest. An der Desoxyribose befinden sich verschiedene Basen (Adenin, Guanin, Cytosin und Thymin). An jedes Zuckermolekül ist eine der zwei Purinbasen Adenin und Guanin oder eine der zwei Pyrimidinbasen Cytosin und Thymin gebunden. Dieses strangförmige DNA-Molekül ist über die jeweiligen Basen beider Stränge mit einem zweiten komplementären gleichlangen DNA-Molekül zu der sogenannten Doppelhelix verbunden. Die jeweiligen Basen beider Stränge verbinden diese, wobei sie sich immer nur zu zwei bestimmten Paaren verbinden können, nämlich Adenin und Thymin und Guanin und Cytosin. Diese Basenfolge eines DNA-Stranges wird auch Basensequenz genannt. Dabei können drei aufeinander folgende Basen eine informative Einheit darstellen.[21] Durch die sogenannte Transkription und Translation werden die in der DNA enthaltenen Informationen schließlich umgesetzt. Die als Strickleiter verbundenen, einzelnen Stränge der DNA werden an einem bestimmten Abschnitt wieder gelöst und es entsteht eine Verbindung zu den sogenannten Ribonukleotiden. Diese enthalten ein Risbosemolekül statt des Zuckeranteils Desoxyribose und Uracil anstelle von Thymidin. Durch die Anlagerung in einer bestimmten Folge aneinander bilden sich durch einen sehr aufwändigen chemischen Vorgang Transkripte in Form von

---

18 Günther/Taupitz/Kaiser- *Kaiser*, ESchG, A Rn. 16; *Müller*, in: *Rehmann-Sutter/Müller (Hrsg.)*, Ethik und Gentherapie, S. 41 (41).
19 Günther/Taupitz/Kaiser- *Kaiser*, ESchG, A Rn. 12 m. w. N.
20 *Graw*, Genetik, S. 52.
21 Die Ausführungen gehen zurück auf Günther/Taupitz/Kaiser- *Kaiser*, ESchG, A Rn. 6f.

Ribonucleotidmolekülen (RNS). Sie enthalten ein genaues Abbild der Basensequenz des Sinnesstranges der DNA und verlassen als sogenannte Boten-RNS oder auch messenger RNA den Zellkern und wandern in den Zellleib. Dort beginnt dann die Translation, in der die Boten-RNS die Produktion von spezifischen Proteinen veranlasst. Transport-RNS-Moleküle bringen je eine bestimmte Aminosäure zu einem Funktionszentrum (Ribosom) und heften sie so aneinander, wie die Boten-RNS es vorgibt. Dadurch entsteht ein Eiweiß in einer ganz konkreten Folge von Aminosäuren, ein Protein.[22] Das Protein wird spezifisch nach dem genetischen Code der DNA-Basensequenz aufgebaut und das „Zentrale Dogma der Genetik" genannt. Ein solches Protein übernimmt ganz unterschiedliche Aufgaben, wie zum Beispiel die eines Enzyms in der Funktion des Stoffwechsels oder als Bausteine eines Organismus.[23]

In den menschlichen Zellen liegt die DNA im Zellkern in einer besonders kompakten Form des sogenannten Chromatins vor. Dieses besteht aus einer perlenschnurartigen Aufwicklung der DNA in Form von den sogenannten Nukleosomen, die durch die sogenannten Histone, eine besondere Klasse basischer Proteine, entsteht.[24] Zu einem bestimmten Zeitpunkt des Zellzyklus sind diese als Chromosomen sichtbar. Chromosomen sind die lichtmikroskopisch sichtbaren, materiellen Träger der Gene.[25] Der Mensch hat 46 Chromosomen, die aus je zwei Sätzen von 22 Autosomen (eine Hälfte von dem Vater und eine Hälfte von der Mutter) und je einem Gonosom X oder Y bestehen. Die Gonosomen nennt man auch Geschlechtschromosomen, jeder der beiden Sätze der Frau enthält ein X-Chromosom, während beim Mann der eine ein X- und der andere ein Y-Chromosom enthält. Durch diese Differenzierung erfolgt dann die geschlechtliche Festlegung. Die menschliche Chromosomenformel lautet damit für die Frau 46, XX und für den Mann 46, XY.[26]

Neben dem Aufbau von Proteinen hat die DNA eine bedeutende Aufgabe im Rahmen der Zellteilung. Um das Erbmaterial konstant weitergeben zu können, dubliziert sich die DNA identisch: Die beiden Stränge der Doppelhelix einer Chromatide (nicht unterteilbare Längseinheit des Chromosoms) trennen sich, und es kann an jedem der beiden Stränge ein neuer, komplementärer Strang synthetisiert werden, da seine Struktur aufgrund der Basenfolge in dem alten

---

22 Die Ausführungen gehen zurück auf Günther/Taupitz/Kaiser- *Kaiser*, ESchG, A Rn. 17.
23 Günther/Taupitz/Kaiser- *Kaiser*, ESchG, A Rn. 24.
24 *Graw*, Genetik, S. 235.
25 *Graw*, Genetik, S. 218.
26 Günther/Taupitz/Kaiser- *Kaiser*, ESchG, A Rn. 21.

Strang vollständig festgelegt ist. Durch diese sogenannte Replikation entsteht eine zweite DNA-Doppelhelix, wobei jeweils ein Strang der ursprünglichen DNA-Doppelhelix erhalten bleibt. Beide Chromatiden können dann während einer Zellteilung auf die Tochterzellen verteilt werden. Damit ist die Kontinuität des genetischen Materials gesichert.[27]

3 Mutationen

„Eine Mutation ist", so *Graw*, „jede Veränderung der genetischen Konstitution einer Zelle, die nicht durch die normalen Fortpflanzungsmechanismen, ..., hervorgerufen wird".[28]

Als Werkzeug der Evolution treten Mutationen spontan auf, das heißt, durch einen Fehler während der Replikation oder der Zellteilung. Sie können aber auch durch Umwelteinflüsse wie Strahlung oder bestimmte Chemikalien entstehen.[29] Mutationen kommen als sogenannte somatische Mutation und als sogenannte Keimzellmutation vor. Bei der somatischen Mutation tritt diese in einer Körperzelle auf, die nicht an der Fortpflanzung beteiligt ist. Die Veränderung betrifft damit nicht die Nachkommen des Organismus. Keimbahnmutationen hingegen treten in den Zellen auf, aus welchen Spermien und Eizellen hervorgehen. Sie werden damit an die nächste Generation weitergegeben.

Meist werden die Mutationen durch raffinierte sogenannte Repairmechanismen der Zelle repariert, bevor sie sich auswirken können. Die Reparatur erfolgt mit Hilfe von Reparaturenzymen, die vor und während der DNA-Replikation die Basenpaarungen überprüfen und Fehler beheben.[30] Einige Mutationen bleiben aber bestehen und „sind Segen und Fluch zugleich, Segen, weil sie für die Evolution unentbehrlich sind und Fluch, weil sie Ursache einer Vielzahl von zum Teil schwersten Erkrankungen sein können."[31]

III Genome Editing-Techniken

Eine neue Ära der Molekularbiologie begann bereits Anfang der 1970er Jahre mit der Entdeckung sogenannter Restriktionsenzyme (Enzyme, die DNA durchtrennen können). Diese Enzyme erkennen charakteristische DNA-Sequenzen

---

27 Die Ausführungen gehen zurück auf *Graw*, Genetik, S. 18.
28 *Graw*, Genetik, S. 397.
29 *Fritsche*, Biologie für Einsteiger, S. 306.
30 *Fritsche*, Biologie für Einsteiger, S. 303.
31 Günther/Taupitz/Kaiser- *Kaiser*, EschG, A Rn. 77.

und setzen dort einen Schnitt, so dass fremdes Erbgut in Zellen ausfindig und unschädlich gemacht werden kann – allerdings waren diese Restriktionsenzyme wenig genau, es ließ sich nur schwer vorherbestimmen, wo genau das Gen eingebaut wird.[32] Sie dienten insoweit als Vorläufer der *Genome Editing*-Verfahren, da Wissenschaftler nach Wegen suchten, um die Genauigkeit von Restriktionsenzymen zu verbessern. Ein Resultat dieser Forschung sind die sogenannten Zinkfingernukleasen.[33]

Das *Genome Editing*-Verfahren CRISPR/Cas9 ist ein neues, effizientes, kostengünstiges Werkzeug für die Gentechnik und gehört zu der Gruppe der sogenannten Designer-Nukleasen. Das sind künstlich hergestellte Gen-Scheren. „Designernukleasen bestehen aus jeweils einer (sogenannten) DNA-Bindungsdomäne, welche die Spezifität vermittelt, und einer (sogenannten) Effektordomäne, welche einen Doppelstrangbruch induziert, welcher dann von zellulären Reparaturmechanismen erkannt und repariert wird."[34] CRISPR/Cas9 selbst stellt eine Genschere dar, die man gezielt auf eine DNA-Sequenz ansetzen kann.[35] Neben CRISPR/Cas9 gibt es andere *Genome Editing*-Techniken aus der Gruppe der Designer-Nukleasen, die zunächst in einer Auswahl zum Zweck der Vergleichbarkeit kurz vorgestellt werden. Es handelt sich dabei um andere programmierbare sogenannte Nukleasen wie Zinkfingernukleasen (ZFN) oder TALENs (transcription activator-like effector nucleases), die auch bereits vor der Entwicklung des CRISPR/Cas9-Systems zur Genmodifikation in einer Vielzahl von Mechanismen verwendet wurden.[36] Im Gegensatz zu dem Nukleinsäure-basierten CRISPR/Cas9-System sind diese Protein-basiert.[37]

1 Zinkfingernukleasen

Zinkfingernukleasen sind künstlich erzeugte molekulare Genscheren, durch die gezielt Doppelstrangbrüche in die DNA-Sequenz lebender Zellen eingefügt werden können. Durch sie können Gene zerstört und ausgetauscht werden.[38]

---

32 https://www.mpg.de/11032967/genom-editierung-methoden, zuletzt aufgerufen am 23.11.2018.
33 https://www.mpg.de/11032967/genom-editierung-methoden, zuletzt aufgerufen am 23.11.2018.
34 *Fehse/Domasch*, in: *Müller-Röber (Hrsg.), Dritter Gentechnologiebericht*, S. 211.
35 *Groß*, Chemie in unserer Zeit (2015), S. 158 (158).
36 *Kirchner/Schneider*, Angewandte Chemie (2015), S. 13710 (13713).
37 *Fehse/Domasch*, in: *Müller-Röber (Hrsg.), Dritter Gentechnologiebericht*, S. 211 (232 Fn. 40).
38 *Michalsky*, best praktice onkologie (2012), S. 10 (10).

Im Jahr 2000 wurde entschlüsselt, wie Zinkfingernukleasen die DNA spalten, woraufhin es einem Forscherteam erstmals gelang, das Erbgut der Fruchtfliege gezielt zu verändern.[39] Zinkfingernukleasen bestehen aus zwei Teilen: Einer sogenannten DNA-bindenden Zinkfinger-Domäne und einer sogenannten DNA schneidenden Nukleasedomäne. Die Zinkfingerdomäne ist in der Lage, eine ganz bestimmte DNA-Sequenz im Erbgut zu erkennen und dort anzudocken. Die Nukleasedomäne schneidet an dieser Stelle beide DNA-Stränge.[40] Durch den erzeugten Doppelstrangbruch werden die zelleigenen Reparaturwege aktiviert und die DNA-Abschnitte können zielgerichtet modifiziert werden.[41]

2 TALE-Nukleasen

Im Jahr 2011 wurde eine neue Technologie von Forschern vorgestellt, die auf einer Proteinklasse basiert.[42] Diese heißt *Transcription activator-like effector nuclease (sogenannte TALENs). TALE-Nukleasen sind molekulare Scheren, durch die gezielt Genomveränderung möglich ist. Auch sie bestehen aus zwei Teilen: Einer DNA-schneidenden Untereinheit (sogenanntes Restriktionsenzym) und einem Teil zur Sequenzerkennung (sogenannter TAL-Effektor). Durch den Schnitt in das Erbgut und die damit einsetzenden zelleigenen Reparaturmechanismen können ebenfalls Veränderungen im Genom vorgenommen werden.*[43]

3 CRISPR/Cas9

a) Der Begriff CRISPR/Cas9

CRISPR/Cas9 ist eine Abkürzung für „clustered regularly interspaced short palindromic repeats" (CRISPR) und „CRISPR-associated" (Cas), die „9" bezeichnet das konkrete Protein, Cas9.

---

39 *Bednarski/Cathomen*, BIOspektrum (2015), S. 22 (22); vgl. dazu *Bibikova et al.*, Science (2003), S. 764 (764).
40 *Meyer et al.*, BIOspektrum (2011), S. 537 (538).
41 *Bednarski/Cathomen*, BIOspektrum (2015), S. 22 (23).
42 Für weitere Informationen vgl. https://www.mpg.de/11032967/genom-editierungmethoden.
43 Diese Ausführung geht zurück auf *Streubel/Richter/Reschke/Boch*, BIOspektrum (2013), S. 370–372, vgl. dort auch noch tieferer Ausführungen zu der Technik.

b) Entdeckung und Technik von CRISPR/Cas9

CRISPR selbst wurde bereits 1987 von japanischen Wissenschaftlern in dem sogenannten Bakterium Escheria coli beschrieben, wobei die Aufgabe von CRISPR zunächst noch nicht erforscht war.[44] Während CRISPR von diesem Zeitpunkt an in vielen Bakterien und Archaeen gefunden wurde, erkannten Wissenschaftler 2007 dass es sich um Zwischenstücke, sogenannte Spacer, handelt, die aus einer viralen und bakteriellen Herkunft stammen und zum adaptiven Immunsystem zur Abwehr von Viren gehören.[45] Wenn Viren Bakterienzellen infizieren, haben diese intelligente Abwehrmaßnahmen. Die Zellen schützen sich durch CRISPR/Cas-Systeme vor neuen Infektionen, da das System der Infektionsabwehr der Bakterien eine Art Gedächtnis verleiht – etwa die Hälfte aller bekannten Bakterien und Archaeen besitzen ein CRISPR/Cas-System.[46] Die CRISPR-Sequenzen sind nahezu identisch mit den DNA-Sequenzen im Genom. Sie sind als Bestandteil des adaptiven Immunsystems von Bakterien gerade darauf ausgelegt, Viren abzuwehren.[47] Auch die Cas-Proteine gehören zu diesem System, die als Genscheren bestimmte RNA-Sequenzen als zielführende Moleküle binden können. Diese Leit-RNA bestimmt, welche DNA die Genschere ansteuert und punktgenau schneidet.[48] Cas9 nimmt sich im Rahmen des natürlichen adaptiven Immunsystems kleine Teile von der DNA eines angreifenden Virus und baut sie in einem Bereich mit auffälligen Wiederholungen in ihre eigene DNA ein; im Fall einer neuen Begegnung mit diesem Virus werden zielgerichtet Nukleasen gegen diesen losgeschickt.[49]

Der Arbeitsgruppe von Emmanuelle Charpentier und Jennifer Doudna gelang es 2012, das System erstmals strategisch anzupassen, was als ein entscheidender Durchbruch für die Anwendung der CRISPR/Cas9-Technik angesehen wird.[50] In diesem Zusammenhang der Entdeckung des Verfahrens ist auch der Name Feng Zhang mit der Publikation seiner Forschergruppe erstmals 2013 zu

---

44 *Ishino et al.*, Journal of Bacteriology (1987), S. 5429–5433.
45 Vgl. dazu *Barrangou et al.*, Science (2007), S. 1709–1712; *Kirchner/Schneider*, Angewandte Chemie (2015), S. 13710 (13710).
46 https://www.mpg.de/11032886/crispr-cas9-aufgaben, zuletzt aufgerufen am 23.11.2018.
47 Vgl. *Barrangou et al.*, Science (2007), S. 1709–1712.
48 *Deutsche Akademie der Naturforscher Leopoldina e. V. (Hrsg.)*, Chancen und Grenzen des genome editing, S. 4.
49 *Groß, Michael*, Chemie unserer Zeit (2015), S. 158 (158).
50 Vgl. etwa *Deutsche Akademie der Naturforscher Leopoldina e. V. (Hrsg.)*, Chancen und Grenzen des genome editing, S. 4; *Ran et al.*, Nature Protokols (2013), S. 2281–2308.

nennen.⁵¹ Beide Forscherteams streiten seit Jahren um das Patent von CRISPR/Cas9.⁵²

CRISPR/Cas9 kann man zielgerichtet auf eine DNA-Sequenz ansetzen.⁵³ Dabei ist es möglich, diese Genschere so zu programmieren, dass sie erstmals einen gewünschten Ort der DNA-Sequenz ansteuert und dort einen Schnitt setzt. Im weiteren Verfahren können dann einzelne DNA-Bausteine durch einen erneuten Schnitt ausgetauscht oder auch entfernt werden.⁵⁴

Die CRISPR/Cas9-Technik besteht aus drei Komponenten: Die sogenannte CRISPR-RNA ist in der Lage mit ihrem von einer früheren Virusattacke stammenden sogenannten spacer-Bereich einen passenden Abschnitt auf einer Fremd-DNA zu erkennen. Sie bildet dann besonders stabile haarnadelförmige Strukturen mit der sogenannten tracr-RNA. Das Cas9-Enzym kann dann die beiden DNA-Stränge durchtrennen, sofern in unmittelbarer Nähe ein weiterer kurzer Erkennungsabschnitt liegt.⁵⁵

Der durchgeschnittene DNA-Strang wird dann durch die zelleigenen Reparatursysteme wieder zusammengeführt.⁵⁶ Es können dabei einzelne Bausteine der DNA wieder aktiviert, abgeschaltet oder kurze Sequenzen neu eingebaut werden.⁵⁷

Damit wurde das bakterielle adaptive Immunsystem zu einem universellen Werkzeug für die Gentechnik durch CRISPR/Cas9 weiterentwickelt.⁵⁸

---

51 *Ran et al.*, Nature Protokols (2013), S. 2281–2308.
52 Zum Patentstreit vgl. https://www.zeit.de/wissen/2018-07/crispr-gentechnik-emmanuelle-charpentier-jennifer-doudna-feng-zhang, zuletzt aufgerufen am 23.11.2018; insbesondere Emmanuelle Charpentier und Jennifer Doudna bekamen zahlreiche bedeutende Preise für ihre Entdeckung (unter ihnen der Kavli Preis, 2018; Japan Preis, 2017; Paul Ehrlich- und Ludwig Darmstaedter-Preis, 2016 etc.), sie wurden als Nobelpreiskandidaten gehandelt; auch Feng Zhang bekam für seine Beiträge der Entdeckung und Weiterentwicklung Preise (u. a. Tang Prize 2016, mit Emmanuelle Charpentier und Jennifer Doudna zusammen sowie den Lemelson-MIT-Preis 2017).
53 *Groß*, Chemie unserer Zeit (2015), S. 158 (158).
54 *Deutsche Akademie der Naturforscher Leopoldina e. V. (Hrsg.)*, Chancen und Grenzen des genome editing, S. 4.
55 https://www.mpg.de/11032932/crispr-cas9-mechanismus, zuletzt aufgerufen am 23.11.2018; dort auch die Details zu den konkreten Wirkungsmechanismen des Verfahrens.
56 *Knox*, in: *Könneker/Reichert (Hrsg.)*, Spektrum der Wissenschaften Kompakt (2016), S. 4 (7).
57 http://www.transgen.de/lexikon/1845.crispr-cas.html, zuletzt aufgerufen am 23.11.2018.
58 *Kirchner/Schneider*, Angewandte Chemie (2015), S. 13710 (13710).

4 Die „Revolution" von CRISPR/Cas9 – Vergleich der Techniken

Im Unterschied zu den ausgewählten oben aufgeführten anderen Designer-Nukleasen, bietet CRISPR/Cas9 erstmals ein einfaches, schnelles, effizientes und kostengünstiges Werkzeug, das geradezu in jedem Labor eingesetzt werden kann, um schnelle genetische Manipulationen durchzuführen. Zudem kann es im Vergleich zu diesen flexibel verwendet werden, da es die selektive Veränderung fast jedes beliebigen Gens, auch in Säugetieren, ermöglicht.[59] Zinkfingernukleasen und TALE-Nukleasen brauchen für jedes Ziel-Gen die Generierung komplexer synthetischer DNA-bindender Proteindomänen. CRISPR/Cas9-Technologien sind dagegen RNA-basiert, was einen präzisen Eingriff in gewünschte Gene ermöglicht und vereinfacht.[60]

IV CRISPR/Cas9 – Anwendungsmöglichkeiten

1 CRISPR/Cas9 in der Grundlagenforschung

Während bis vor einigen Jahren die molekulargenetische Forschung primär an Modellorganismen (z.B. Bäckerhefe, Maus oder Fluchtfliege) gebunden war – nur für diese Organismen war ausreichendes Grundlagenwissen und die entsprechenden molekularbiologischen Werkzeuge vorhanden – konnte und kann CRISPR/Cas9 bereits in mehreren Mikroorganismen, Pflanzen, Tieren (z.B. Affen) und auch in menschlichen Zellen eingesetzt werden.[61] Auch bisher weniger zugängliche Organismen werden nun für die Forschung erreichbar. Präzision und Effektivität von CRISPR/Cas9 ermöglichen die Aufklärung der Funktion wenig verstandener Gene sowie deren Wechselwirkungen in Netzwerken von Genen.[62]

2 CRISPR/Cas9 – Anwendung in der Biotechnologie und Pflanzenzüchtung

CRISPR/Cas9 wird aufgrund der dargestellten Effizienz, Schnelligkeit und Kostengünstigkeit vielfach in der Biotechnologie und Pflanzenzüchtung angewandt

---

59 *Latorre/Latorre/Somoza*, Angewandte Chemie (2016), S. 3608 (3608).
60 *Pul/Mampel/Zurek/Krohn*, BIOspektrum (2016), S. 62 (62).
61 *Deutsche Akademie der Naturforscher Leopoldina e. V. (Hrsg.)*, Chancen und Grenzen des genome editing, S. 7.
62 *Deutsche Akademie der Naturforscher Leopoldina e. V. (Hrsg.)*, Chancen und Grenzen des genome editing, S. 7.

und gewinnt immer mehr an Bedeutung.[63] So ist es etwa mit der Anwendung von CRISPR/Cas9 gelungen, eine Hefe mit einem größeren Ertrag von Mevalonat zu erzeugen, das für die Synthese von Krebsmedikamenten, Nahrungsergänzungsmitteln und Antimalariamitteln gebraucht wird.[64] Es ist eine Hefe gewonnen worden, die mit dem Ziel der Biotreibstoffproduktion Holzzucker abbaut.[65] Zudem konnte bakterienresistenter Reis und mehltauresistenter Weizen hergestellt werden.[66]

Dies ist nur eine Auswahl der Anwendungsmöglichkeiten, die CRISPR/Cas9 bietet. Es sind bereits weitere Modellstudien in anderen Nutzpflanzen in Arbeit.[67] Im Unterschied zu anderen, konventionell angewandten gentechnischen Züchtungsmethoden, bei denen normalerweise in den gentechnisch veränderten Produkten Fremdsequenzen in den Erbgutabschnitten durch verwendete Bakterien oder Viren nachweisbar sind, kann CRISPR/Cas9 Modifikationen oder Entfernungen von Genabschnitten vornehmen, ohne dass fremde Sequenzen eingefügt werden.[68] Derartige genetische Modifikationen können naturgemäß auch spontan durch natürliche auftretende Mutationen entstehen, so dass anhand des veränderten Erbguts oft nicht mehr festgestellt werden kann, ob es durch einen natürlichen Prozess oder durch CRISPR/Cas9 zustande gekommen ist.[69]

Aufgrund der Tatsache, dass durch die Anwendung von CRISPR/Cas9 kein sichtbar genetisch veränderter Organismus mehr besteht, könnten sich möglicherweise auch neue Sichtweisen hinsichtlich der Einordnung solcher genetisch veränderten Lebensmittel ergeben. So hat zum Beispiel die zuständige Behörde in den USA (US Department of Agriculture) im Jahr 2016 entschieden, dass sie die durch CRISPR/Cas9 genetisch veränderten Champignons nicht mehr als „genetically modified organism" (genetisch veränderter Organismus), sogenannter GMO, reguliert: Es handelt sich dabei um Champignons, die so manipuliert wurden, dass ein Enzym, das dafür verantwortlich ist, dass Pilze nach

---

63 *Deutsche Akademie der Naturforscher Leopoldina e. V. (Hrsg.)*, Chancen und Grenzen des genome editing, S. 7.
64 *Jakociunas et al.*, Metabolic Engineering (2015), S. 213–222.
65 *Tsai et al.*, Biotechnology and Bioengineering (2015), S. 2406–2411.
66 Vgl. dazu *Jiang et al.*, Nucleic Acids Research (2013), e188, S. 1–12 (Reis); *Wang et al.*, Nature Biotechnology (2014), S. 947–951 (Weizen).
67 *Bortesi/Fischer*, Biotechnology Advances (2015), S. 41–52.
68 *Deutsche Akademie der Naturforscher Leopoldina e. V. (Hrsg.)*, Chancen und Grenzen des genome editing, S. 8.
69 *Deutsche Akademie der Naturforscher Leopoldina e. V. (Hrsg.)*, Chancen und Grenzen des genome editing, S. 8.

einer gewissen Lagerungszeit braun werden, durch Anwendung von CRISPR/Cas9 ausgeschaltet wird. Diese stellen damit dort Mutanten dar, die sich nicht an die Regelungen hinsichtlich der GMO anpassen müssen.[70] Allerdings hat der EuGH am 25.7.2018 in einem Grundsatzurteil entschieden, dass konkret die durch Mutagenese hergestellten Organismen genetisch veränderte Organismen („GVO") sind und infolgedessen grundsätzlich den in der GVO-Richtlinien festgelegten Verpflichtungen unterliegen.[71] Unter Mutagenese versteht man ganz allgemein die Entstehung einer Mutation in einem Organismus.[72] Auch CRISPR/Cas9 stellt als neues Verfahren der Genoptimierung ein solches Mutagenese-Verfahren dar, da es gezielte Mutationen ermöglicht. Der EuGH begründete seine Entscheidung damit, das Ziel der GVO-Richtlinie sei, schädlichen Auswirkungen auf Gesundheit und Umwelt vorzubeugen. Ein Ausschluss dieser Organismen aus der Richtlinie würde diese Intention beeinträchtigen.[73]

3 CRISPR/Cas9 und zukünftige Möglichkeiten zur Bekämpfung von Schädlingspopulationen

Grundsätzlich werden in der Vererbung von Mutationen nur fünfzig Prozent eines Allels (ein Allel ist eine Zustandsform eines Gens) auf die nächste Generation weitervererbt, so dass sich eine Mutation in den nächsten Generationen normalerweise immer weiter ausdünnt. Allerdings gibt es in der Natur auch Ausnahmen hinsichtlich dieses natürlichen Gesetzes. Es handelt sich dabei um die besondere, seltene Gegebenheit des sogenannten gene drive. Bei diesem Vorgang ist die Weitervererbung auf die Tochtergeneration über die in höheren Organismen gängigen fünfzig Prozent angehoben. Dies kann durch Übertragung von einzelnen Genen bzw. Genveränderungen auf andere Chromosomen mittels aktiver Enzyme erfolgen.[74] Konkret funktioniert dieser natürliche Vorgang so, dass sich die auf einem Chromosom auftretende Mutation eigenständig auf das schwesterliche Chromosom kopiert und dann alle Generationen die

---

70 *Waltz*, Nature (2016), S. 293 (293).
71 EuGH, EuZW 2018, 778–783; vgl. zu den Ausnahmen dieser Feststellung EuGH, EuZW 2018, 778 (778).
72 *Seitz*, EuZW 2018, S. 757 (759)
73 *Seitz*, EuZW 2018, S. 757 (757); vgl. zu der gesamten Problematik anlässlich der Rechtsprechung *Seitz*, EuZW 2018, S. 757–764.
74 Diese Darstellung folgt *Deutsche Akademie der Naturforscher Leopoldina e. V. (Hrsg.)*, Chancen und Grenzen des genome editing, S. 9.

Veränderung erben.[75] Durch CRISPR/Cas9 könnte der besondere Vorgang des gene drive geplant eingesetzt werden. Veränderte Gene könnten mit dem Ziel der Unschädlichkeit bei Schädlingspopulationen angewandt werden.[76] Ein Beispiel ist die Anopheles Mücke, die Malaria überträgt.[77] In ersten Experimenten wurden Malariaresistenzgene mittels CRISPR/Cas9 in Mücken eingebracht. Es wurden diese Gene an fast alle Nachkommen der Insekten weitergegeben, obwohl im gentechnologischen Normalfall nur die Hälfte der nächsten Mückengeneration die Resistenzgene erbt. Gene drive ist damit hier das rasche vollständige Ersetzen sämtlicher Zielgene in der Population durch die veränderte Variante.[78] Innerhalb eines Zyklus könnten sich damit die eingeführten Resistenzgene gegen Malaria schnell und großflächig ausbreiten, so dass diese Krankheit möglicherweise relativ schnell ausgerottet werden könnte.[79] Solche tiefgreifende Interventionen in Ökosysteme sind bis jetzt unter anderem aufgrund der weitreichenden Folgen, fehlender Risikobewertungen und dem damit zusammenhängenden ausstehenden gesellschaftlichem Diskurs noch nicht durchgeführt worden.[80]

4 CRISPR/Cas9 – Anwendung in der Medizin

a) Chancen und Risiken einer Anwendung am Menschen

Neben Grundlagen- und Pflanzenforschung bietet CRISPR/Cas9 auch verschiedenste Einsatzmöglichkeiten in der Medizin. Hier soll nun eine Auswahl bisher durchgeführten Experimente kurz vorgestellt werden.

Es wurde die erste erfolgreiche Anwendung von CRISPR/Cas9 zur Reparatur einer erblichen Mutation von Mäusen veröffentlicht, mit der die Stoffwechselerkrankung Tyrosinämie einherging.[81] Dabei handelte es sich um die erste Korrektur einer für eine Krankheit verantwortlichen Mutation in erwachsenen Tieren

---

75 *Ledford*, in: *Könneker/Reichert (Hrsg.)*, Spektrum der Wissenschaften Kompakt (2016), S. 12 (21).
76 *Ledford*, in: *Könneker/Reichert (Hrsg.)*, Spektrum der Wissenschaften Kompakt (2016), S. 12 (21).
77 *Oye et al.*, Science (2014), S. 626–628.
78 Die Ausführungen gehen zurück auf *Ledford*, in: *Könneker/Reichert (Hrsg.)*, Spektrum der Wissenschaften Kompakt (2016), S. 12 (17).
79 *Ledford*, in: *Könneker/Reichert (Hrsg.)*, Spektrum der Wissenschaften Kompakt (2016), S. 12 (21).
80 *Deutsche Akademie der Naturforscher Leopoldina e. V. (Hrsg.)*, Chancen und Grenzen des genome editing, S. 9.
81 *Yin et al.*, Nature Biotechnology (2014), S. 551–553.

durch CRISPR/Cas9.[82] In einem anderen Versuch konnte das sogenannte Gen CCR5 in menschlichen Blutstammzellen so verändert werden, wie es natürlicherweise bei einem kleinen Teil der Weltbevölkerung mit einer angeborenen Immunität gegenüber HIV vorkommt, so dass die Zellen immun gegen das Virus werden.[83]

Beide aufgeführten Versuche repräsentieren sowohl das Potential als auch die Grenzen des momentan vorliegenden Entwicklungsstandes. Im ersten Versuch zur Reparatur einer erblichen Mutation von Mäusen war es notwendig, große Mengen an Flüssigkeit in das Blut der Mäuse einzuführen, damit ausreichend Cas9-Protein und Steuer-RNA in die Leber gelangten.[84] In den Leberzellen war die genetische Veränderung nur bei 0,1 Prozent der Leberzellen zu finden, was zwar hier zur Heilung führte, aber bei anderen genetisch bedingten Stoffwechselerkrankungen wohl nicht ausreichen dürfte.[85]

aa) Chancen

Die Anwendung von CRISPR/Cas9 verspricht neben anderen *Genome Editing*-Methoden zum einen die Erforschung von Grundlagen solcher Krankheiten, bei denen die Krankheitsursachen auf Veränderungen der genetischen Ausstattung zurückzuführen sind.[86] Zum anderen wird auch erwartet, dass diese Methoden sich zukünftig so entwickeln, dass sie auch therapeutisch eingesetzt werden können. Erkrankungen, die präzise auf die Veränderung eines oder mehrerer Genomorte zurückzuführen sind (sogenannte monogene oder oligogen verursachte genetische Defektkrankheiten), könnten für solche Gentherapien vielversprechende Einsatzgebiete sein.[87]

Möglich könnte auch die Auslösung gewünschter Dispositionen sein.[88] In Betracht käme eine Immunität gegen konkrete Infektionen (z.B. gegen

---

82 *Ledford*, in: *Könneker/Reichert (Hrsg.)*, Spektrum der Wissenschaften Kompakt (2016), S. 12 (17).
83 *Mandal et al.*, Cell Stem Cell (2014), S. 643–652.
84 *Deutsche Akademie der Naturforscher Leopoldina e. V. (Hrsg.)*, Chancen und Grenzen des genome editing, S. 10.
85 *Deutsche Akademie der Naturforscher Leopoldina e. V. (Hrsg.)*, Chancen und Grenzen des genome editing, S. 10.
86 *Berlin-Brandenburgische Akademie der Wissenschaften (Hrsg.)*, Genomchirurgie beim Menschen, S. 13.
87 *Berlin-Brandenburgische Akademie der Wissenschaften (Hrsg.)*, Genomchirurgie beim Menschen, S. 13 f.
88 *Berlin-Brandenburgische Akademie der Wissenschaften (Hrsg.)*, Genomchirurgie beim Menschen, S. 13 f.

das Humane Immundefizienz-Virus, HIV), die Initiation des körpereigenen Immunsystems gegen Infektionen, Systemerkrankungen oder Tumorarten (sofern mutierte Gene daran beteiligt sind) oder die Prävention der Krebsentwicklung (zum Beispiel bei Trägerinnen des sogenannten Brustkrebs-Gens).[89] Konkrete Hinweise gibt es in Bezug auf HIV-Patienten bereits. So gelang es Forschern bereits mittels CRISPR/Cas9, Teile des Virus-Erbguts aus der DNA menschlicher Zellen herauszuschneiden.[90]

bb) Risiken

Neben den Chancen, die CRISPR/Cas9 möglicherweise bietet, existieren noch ungelöste Probleme.[91] Zum einen ist es notwendig, die grundlegenden molekularen Wirkungsmechanismen von CRISPR/Cas9 weiter zu erforschen. Zum anderen können bei der Anwendung von CRISPR/Cas9 Nebenwirkungen auftreten – bekannt sind als großes Problem momentan die sogenannten off-target-Effekte. Durch die Größe des Genoms und die Vielzahl von Sequenzen können Fehler in der Art vorkommen, dass Genabschnitte angegriffen werden, die man nicht zu treffen beabsichtigt – die DNA also an einer falschen Stelle geschnitten wird, was zu einer unbeabsichtigten Mutation führt, der sogenannten off-target-Mutation.[92] Dann würde man auch woanders im Erbgut diese gewünschten Veränderungen finden, jedoch (auch) an der falschen Stelle. Zudem sind die Gene möglicherweise nicht ausreichend erforscht, deren Wechselwirkungen nicht bekannt und die Auswirkungen auf den menschlichen Genpool ungewiss.[93]

b) Gentherapie – Somatische Therapie versus Keimbahntherapie

Gentherapien sind ganz allgemein „alle Verfahren, die das Ziel haben, genetisch bedingte Erkrankungen durch geeignete Veränderungen des betroffenen Genabschnitts kausal zu behandeln."[94] „Zugrunde liegt allen gentherapeutischen Überlegungen", so *Kaiser*, „die Absicht, eine defekte DNS-Sequenz, die

---

89 *Berlin-Brandenburgische Akademie der Wissenschaften (Hrsg.)*, Genomchirurgie beim Menschen, S. 13 f.
90 https://www.mpg.de/11033456/crispr-cas9-therapien, zuletzt aufgerufen am 23.11.2018.
91 Vgl. dazu in der Tiefe Kapitel E. II. 1. a) aa) (2).
92 *Deutsche Akademie der Naturforscher Leopoldina e. V. (Hrsg.)*, Chancen und Grenzen des genome editing, S. 10.
93 Vgl. dazu in der Tiefe Kapitel E. II. 1. a) aa).
94 *Korff/Beck/Mikat*, Lexikon der Bioethik, Bd. 2, S. 349.

eine bestimmte Erkrankung hervorruft, in den Zellen des Erkrankten durch eine funktionsfähige zu ersetzen, zu ergänzen, zu reparieren oder direkt an ihrer Expression zu hindern."[95]

Der Idee der Gentherapie gingen mehrere Entwicklungsschritte voraus. Gregor Mendel entdeckte im 19. Jahrhundert die Grundregeln der Vererbung. Jahrzehnte später wurde die DNA als Träger von genetischen Informationen erkannt. Mitte des 20. Jahrhunderts wurde der genetische Code entdeckt und die ersten DNA-aufbauenden Enzyme beschrieben. Im Anschluss daran wurde es möglich, Sequenzen von Genen und Proteinen aufzuspüren. Zu Beginn der 1970-er Jahre wurde die Technologie der rekombinierten DNA eingeführt, womit Erbsubstanz neben der Vermehrung auch modifiziert werden konnte. Veröffentlicht wurde die Idee der Gentherapie, die die Korrektur defekter Gene zur Grundlage hatte, bereits Mitte der 1960-er Jahre von den Nobelpreisträgern Joshua Lederberg und Edward Tatum.[96] In den Jahren 1989/1990 begannen die ersten offiziellen genehmigten Genstudien.[97]

Am 14. September 1990 wurde erstmals ein vierjähriges Mädchen mit einer (somatischen) Gentherapie behandelt. Sie litt unter einem genetisch bedingten Immundefekt, ADA-SCID (Severe Combined Immune Deficiency), der mit genetisch manipulierten T-Lymphozyten erfolgreich behandelt wurde.[98] In der Gentherapie wird die somatische Therapie von der sogenannten Keimbahnintervention unterschieden. Der bedeutende Unterschied zwischen den beiden Therapieformen liegt darin, dass genetische Veränderungen im Rahmen der somatischen Therapie in der Regel nicht die Keimzellen verändern. Sie sind damit nicht – zumindest nicht beabsichtigt – auf die Folgegeneration vererbbar.[99]

aa) Die somatische Therapie

Die somatische Therapie zeichnet sich durch genetische Modifikationen oder Korrekturen (nur) an Körperzellen aus und zielt darauf ab, diese so zu verändern, dass ausschließlich der betroffene Patient tangiert wird.[100] Diese

---

95 Günther/Taupitz/Kaiser- *Kaiser*, EschG, A Rn. 147.
96 *Tatum*, Cellular Therapy and Transplantation (2009), S. 74–79.
97 Die gesamte Darstellung folgt im Wesentlichen *Fehse/Domasch*, in: *Müller-Röber (Hrsg.)*, Dritter Gentechnologiebericht, S. 211 (213 f.).
98 *Blaese et al.*, Science (1995), S. 475–480.
99 Günther/Taupitz/Kaiser- *Kaiser*, EschG, A Rn. 148.
100 *Strachan/Read*, Molekulare Humangenetik, S. 730.

Modifikationen oder Korrekturen sind durch unterschiedliche Methoden möglich und werden jeweils entsprechend des jeweiligen Krankheitsbildes ausgewählt.[101]

(1) Gentransfer

Voraussetzung für die gezielte Modifikation oder Korrektur von Zellen ist der sogenannte Gentransfer, die Übertragung von Genen auf die Rezipientenzellen.[102] Diese Übertragung erfolgt unterschiedlich: Ex vivo oder in vivo. Bei der Übertragung ex vivo werden die betroffenen Zellen dem Körper des Patienten entnommen. Sie werden dann im Labor in vitro wie gewünscht expandiert/manipuliert und wieder auf den Patienten übertragen. Die ex vivo Übertragung wird bei den Zellen angewandt, die ihrer Natur nach entnommen werden können, einer erneuten Anwachsung fähig sind und nach der Übertragung eine lange Überlebensdauer haben. Im Rahmen der somatischen Therapie wird nach Möglichkeit diese Form der Gentherapie angewandt, da so gewährleistet ist, dass die richtigen Zellen behandelt werden.

Ein weiterer Vorteil ist, dass die Zellen nach der Manipulation auf den Erfolg der gewünschten Veränderung getestet werden können.

Im Unterschied dazu werden bei der Übertragung in vivo die Gene direkt in den Körper des Patienten injiziert. Diese Übertragung ist die einzige Option für Gewebe, bei dem die zu manipulierenden Zellen sich nicht in genügender Menge in einer in vitro-Kultur vervielfachen lassen. Das ist zum Beispiel bei Gehirnzellen der Fall oder wenn die Zellen sich nicht ergebnisreich auf den Patienten zurückübertragen lassen.[103]

(2) Gentransfervektoren

In der somatischen Therapie werden sogenannte Gentransfervektoren benutzt, die auch „Gentaxis" genannt werden.[104] Sie werden dazu eingesetzt, genetische Informationen möglichst effektiv in die betreffende Zielzelle einzuführen. Daneben regulieren sie die Expression der Transgene durch mitgebrachte Kontrollelemente.

---

101 Vgl. z. B. die vertiefte Darstellung von *Strachan/Read*, Molekulare Humangenetik, S. 730.
102 Die folgende Darstellung folgt im Wesentlichen *Strachan/Read*, Molekulare Humangenetik, S. 734 f.
103 *Strachan/Read*, Molekulare Humangenetik, S. 734 f.
104 Die gesamte Darstellung zu den Gentransfervektoren folgt *Fehse/Domasch*, in: *Müller-Röber* (Hrsg.), Dritter Gentechnologiebericht, S. 211 (216).

Der Gentransfer wird durch unterschiedliche Methoden durchgeführt, die zwei Verfahren zugeordnet werden. Dem sogenannten viralen Verfahren (Transduktion) und dem sogenannten nicht-viralen Verfahren (Transfektion). Bevorzugt werden in der klinischen Gentherapie die viralen Verfahren. Mit Hilfe von Viren (zum Beispiel mit sogenannten Adenoviren, die normalerweise Erkältungskrankheiten auslösen) wird die eigene Erbsubstanz sozusagen wie ein U-Boot in die Zellen des Wirtsorganismus geschleust. Die Viren werden in zunehmendem Maße „entkernt", um die Biosicherheit der viralen Vektoren zu gewährleisten. Mit den Ursprungsviren haben die heutigen Vektoren damit nur noch wenige, für den Gentransfer unerlässliche Elemente, gemein. Allerdings gibt es unter den heute entdeckten Vektoren keine „Alleskönner" und es werden für die verschiedenen Vorhaben unterschiedliche Vektoren mit ihren Vor- und Nachteilen benutzt.[105] Es können manchmal sehr schwere Nebenwirkungen auftreten.[106]

(3) Entwicklung und Forschungsbedarf der somatischen Therapie

Die somatische Therapie erhielt von Anfang an sehr viel Aufmerksamkeit. Die Erwartungen werden in Bezug auf die Gentherapie in ihrem Verlauf auch als „manisch-depressiv" beschrieben. Dies meint den übertriebenen Optimismus und Zeiten des tiefsten Pessimismus, die sich zyklisch abwechselten.[107]

Zeiten des tiefsten Pessimismus waren wohl jene, in denen bekannt wurde, dass der 18-jährige Jesse Gelsinger im September 1999 am Institute for Human Gene Therapy der US-Universität Pennsylvynia nach vier Tagen durch die Verabreichung einer sehr hohen, systemischen Dosis adenoviraler Vektoren im Rahmen einer somatischen Gentherapie starb.[108] Nach den Rückschlägen der Anwendung von Gentherapien wurden die ersten Durchbrüche in den Anfang der 2000-er Jahre bei den sogenannten monogenen Erbkrankheiten erreicht. Diese zeichnen sich dadurch aus, dass sie einen Defekt in einem Gen aufweisen. Es handelte sich dabei um die Gentherapie der schweren Immunschwäche X-SCID – einer Erkrankung, bei denen die Betroffenen anfällig für Infektionen jeder Art sind und ohne weitere Vorkehrungen, z.B. leben in einem sterilen Zelt, nicht lange überleben können.[109]

---

105 Vgl. dazu die vertiefte Darstellung bei *Fehse/Domasch*, in: *Müller-Röber (Hrsg.)*, Dritter Gentechnologiebericht, S. 211 (216).
106 *Fehse/Domasch*, in: *Müller-Röber (Hrsg.)*, Dritter Gentechnologiebericht, S. 211 (216).
107 *Strachan/Read*, Molekulare Humangenetik, S. 730.
108 *Deutsche Forschungsgemeinschaft*, Entwicklung der Gentherapie, S. 6.
109 *Deutsche Forschungsgemeinschaft*, Entwicklung der Gentherapie, S. 7.

Jedoch trat ein weiterer Tiefpunkt ein, als im Jahr 2000 drei Jahre nach der erfolgreichen Behandlung von 10 Patienten mit der Immunschwäche X-SCID drei von ihnen eine Leukämieentwicklung (sogenannte akute T-Zell-Leukämie) aufwiesen, an denen einer der Patienten starb. In den folgenden Untersuchungen stellte sich heraus, dass die verwendeten retroviralen Genvektoren durch das Einschleusen in das Genom der behandelten T-Zellen sogenannte zelluläre Proto-Onkogene aktivierten und auf diese Weise zur Auslösung der Krankheit beitrugen.[110] Obwohl diese Ergebnisse zunächst ernüchternd sind, ist zu bedenken, dass „bei Berücksichtigung ...schwerer Nebenwirkungen...die Langzeitergebnisse deutlich besser sind als mit der besten Alternativtherapie, der allogenen Stammzelltransplantation, die mit einer hohen Mortalität und Morbidität verbunden ist."[111]

Deshalb ist man sich weitgehend einig, dass die Gentherapie ein hohes Innovationspotential hat.[112] „Die Gentherapie bietet", so die *Deutsche Forschungsgemeinschaft*[113], „über bisherige Ansätze hinaus einen neuen Weg der Therapie mit hohem Innovationspotential, da hier Gene als Arzneimittel verwendet werden, während die konventionelle Arzneimittelentwicklung chemische Stoffe, Produkte von Mikro-Organismen oder Proteine verwendet".

Im Hinblick auf die Behandlung sogenannter monogener Erbkrankheiten (z.B. Immundefizienzen, Hämophilie, Blindheit, Stoffwechselerkrankungen) wurden durch die Gentherapie teilweise sehr bemerkenswerte Fortschritte erzielt.[114] Diese Einschätzung betrifft auch die Gentherapie bei Krebserkrankungen.[115] Fortschritte beziehen sich auf die direkte Vernichtung maligner Zellen und die Immuntherapie mit genetisch modifizierten Lymphozyten, die sich international in klinischen Studien wiederfinden – auch der Wiedereinstieg großer Pharmafirmen in dieses Feld wird als Zeichen für die klinischen Fortschritte der Gentherapie gesehen.[116]

---

110 *Deutsche Forschungsgemeinschaft*, Entwicklung der Gentherapie, S. 8.
111 *Fehse/Domasch*, in: *Müller-Röber (Hrsg.)*, Dritter Gentechnologiebericht, S. 211 (217 Fn. 45).
112 *Welling*, Genetisches Enhancement, S. 28.
113 *Deutsche Forschungsgemeinschaft*, Entwicklung der Gentherapie, S. 7.
114 Ausführlicher dazu *Fehse/Domasch*, in: *Müller-Röber (Hrsg.)*, Dritter Gentechnologiebericht, S. 211 (237 ff.).
115 Konkreter dazu im Hinblick auf die verschiedenen Krebsstudien *Fehse/Domasch*, Themenbereich somatische Gentherapie, S. 234 ff.
116 *Fehse/Domasch*, in: *Müller-Röber (Hrsg.)*, Dritter Gentechnologiebericht, S. 211 (294).

Zusammenfassend ist festzustellen, dass bei der Anwendung einer vektorbasierten somatischen Therapie aufgrund der oben aufgeführten und anderen Risiken immer eine Risiko-Nutzen-Abwägung notwendig sein wird. Der Forschungsbedarf im Bereich der somatischen Therapie bleibt weiterhin bestehen. Viele deutsche Wissenschaftler sind bei der Entwicklung von klinisch relevanten Strategien und Methoden des Gentransfers aktiv.[117]

(4) Die somatische Gentherapie und CRISPR/Cas9

In ersten klinischen Studien sind an HIV- und Krebspatienten CRISPR/Cas9, Zinkfingernukleasen und TALENs getestet worden.[118]

Die Anwendung von CRISPR/Cas9 im Rahmen der somatischen Gentherapie ist erstmals 2016 zugelassen worden.[119] Nach einer Behandlung mit CRISPR/Cas9 wiesen beispielsweise Muskeldystrophie Duchenne-Patienten leicht erhöhte Werte eines Proteins auf, das aufgrund eines Gendefekts bei dieser Krankheit nicht gebildet werden kann.[120] Es wurde auch ein aggressives Lungenkarzinom mittels CRISPR/Cas9 behandelt.[121]

In den kommenden Jahren werden in der Wissenschaft weitere klinische Studien mit CRISPR/Cas9-unterstützten Gentherapien an Körperzellen erwartet.[122]

bb) Keimbahntherapie

Der Schwerpunkt der Arbeit ist auf sogenannte Keimbahntherapien gerichtet, da deren Auswirkungen auf den Menschen im Moment unvorhersehbar sind. Zudem treffen Folgen von Keimbahninterventionen nicht nur das behandelte Individuum. Vielmehr wirkt eine solche Therapie generationsübergreifend, da die Veränderung eines Gens in diesem Stadium erblich ist.

Keimbahntherapien sind durch sogenannte Keimbahninterventionen bzw. -manipulationen möglich. Es handelt sich dabei um Eingriffe, die Gene durch gentechnische Verfahren in den Keimbahnzellen in irgendeiner Art gezielt

---

117 *Fehse/Domasch*, in: *Müller-Röber (Hrsg.)*, Dritter Gentechnologiebericht, S. 211 (233).
118 https://www.mpg.de/11033456/crispr-cas9-therapien, zuletzt aufgerufen am 23.11.2018.
119 *Dettmer/Cathomen/Hildenbeutel*, Biospektrum (2017), S. 155 (158).
120 https://www.mpg.de/11033456/crispr-cas9-therapien, zuletzt aufgerufen am 23.11.2018.
121 *Cyranoski*, Nature (2016), S. 476–477; *derselbe*, Nature (2016), S. 479–479.
122 *Deutsche Akademie der Naturforscher Leopoldina e. V. (Hrsg.)*, Chancen und Grenzen des genome editing, S. 10.

verändern – zum Beispiel um vererbbare Krankheiten von den Tochtergenerationen abzuwenden.

(1) Die Keimbahnzellen

Keimbahnzellen sind Spermien- oder Eizellen und ihre Vorläuferzellen. Durch sie werden die genetischen Informationen an die nächste Generation weitergegeben.[123] Keimbahnzellen werden in § 8 Abs. 3 ESchG legaldefiniert:

„Keimbahnzellen im Sinne dieses Gesetzes sind alle Zellen, die in einer Zelllinie von der befruchteten Eizelle bis zu den Ei- und Samenzellen des aus ihr hervorgegangenen Menschen führen, ferner die Eizelle vom Einbringen oder Eindringen der Samenzelle an bis zu der mit der Kernverschmelzung abgeschlossenen Befruchtung."

Die sogenannte Keimbahn stellt Zelllinien dar, die ausschließlich Keimbahnzellen produzieren.[124] Während bei den sogenannten Somazellen genetische Manipulationen – zumindest beabsichtigt– nur auf den betroffenen Menschen beschränkt sind, betreffen die Interventionen an Keimbahnzellen alle Folgegenerationen.[125] Somazellen sind die Körperzellen, die alle Zellen eines Körpers außer den Keimbahnzellen bilden.[126]

(2) Mögliche Eingriffsstadien

Keimbahnmanipulationen sind in verschiedenen Stadien der Keimbahnzellen möglich, die sich danach richten, ob bereits die Verschmelzung von Ei- und Samenzelle stattgefunden hat. Diese Art der Manipulationen können durch *Genome Editing*-Verfahren in vitro (im Reagenzglas) im Rahmen einer künstlichen Befruchtung vorgenommen werden.[127]

Richtet sich eine Behandlung auf den Zeitpunkt vor Verschmelzung von Ei- und Samenzelle, kommt ein Eingriff an den sogenannten Gameten (Keimzellen) in Betracht. Vor oder mit der Befruchtung könnten Manipulationen der Gameten der Spermien des Mannes oder der Gameten der Eizelle einer Frau im Rahmen der künstlichen Befruchtung vorgenommen werden. Ist die Behandlung

---

123 *Korff/Beck/Mikat*, Lexikon der Bioethik, Bd. 2, S. 349.
124 *Graw*, Genetik, S. 821.
125 *Korff/Beck/Mikat*, Lexikon der Bioethik, Bd. 2, S. 349.
126 *Graw*, Genetik, S. 825.
127 *Berlin-Brandenburgische Akademie der Wissenschaften (Hrsg.)*, Genomchirurgie beim Menschen, S. 14.

auf den Zeitpunkt nach der Befruchtung gerichtet, würde die Manipulation an der befruchteten Eizelle, dem Embryo, durchgeführt.[128]

(3) Entwicklung von Keimbahneingriffen

Keimbahneingriffe im Tierexperiment spielen in der Wissenschaft eine große Rolle. Die Versuche an Tieren wurden teilweise dazu verwendet, um über die Keimbahnzellen alle Zellen eines entstehenden Individuums zu verändern, das dann zu einem sogenannten transgenen Individuum wird.[129]

In eine Mauszygote wurden beispielsweise im Jahr 1980 speziell aufgearbeitete Gene injiziert, die dann am adulten Organismus nachgewiesen werden konnten. Ein therapeutischer Erfolg war dann auch die Injektion von Wachstumshormonen bei Mäusen mit Wachstumshormondefizit.[130]

Die Entdeckung von CRISPR/Cas9 hat aufgrund der oben dargestellten Vorteile, insbesondere Effizienz und Schnelligkeit, auch für die Anwendung von Keimbahneingriffen ganz neue Dimensionen erreicht. Während es in Deutschland bis jetzt auch aufgrund bestehender Gesetzeslage keine Experimente an menschlichen Embryonen gegeben hat, haben in anderen Ländern bereits Versuche stattgefunden, die hier in aller Kürze in einer Auswahl vorgestellt werden.

Chinesische Forscher publizierten Anfang 2015 erstmals über die tatsächliche und gezielte Vornahme von Keimbahnveränderungen an (menschlichen) Embryonen. Es handelte sich dabei um Experimente an nicht entwicklungsfähigen Embryonen. Es wurden Eizellen mit zwei Samenzellen befruchtet, sogenannte tripronukleare Embryonen. Solche Embryonen haben die Eigenschaft, dass sie sich nicht zu einem Menschen weiterentwickeln können. An diesen nahmen die Wissenschaftler Keimbahnveränderungen durch die CRISPR/Cas9-Methode vor.[131] Das Potential von CRISPR/Cas9 wurde damit bezüglich einer Modifikation des menschlichen Genoms untersucht.[132] Konkret wurde eine Mutation in das sogenannte Beta-Globin-Gen verbracht. Eine Mutation in einem solchen Gen führt zu der in China häufig vorkommenden autosomal rezessiv erblichen Blutbildungsstörung Thalassämie. Die Untersuchungen zeigten im Ergebnis, dass eine solche Anwendung aufgrund von off-target-Effekten und geringer

---

128 http://www.spektrum.de/lexikon/biologie-kompakt/zygote/13230, zuletzt aufgerufen am 23.11.2018.
129 Günther/Taupitz/Kaiser- *Kaiser*, EschG, A Rn. 160.
130 *Gordon*, American Journal of medical genetics (1990), S. 206–214.
131 *Liang et al.*, Protein & Cell (2015), S. 363–372.
132 *Deutsche Akademie der Naturforscher Leopoldina e. V. (Hrsg.)*, Chancen und Grenzen des genome editing, S. 4.

Effizienz bei weitem noch nicht ausgereift ist. Off-target-Effekte sind Fehler einer unbeabsichtigten Mutation. Es werden Genabschnitte angegriffen, die man nicht zu treffen beabsichtigt. Keimbahnmanipulationen an Embryonen befinden sich damit noch in den Anfängen der Erforschung.[133] Dieses Ergebnis ergab sich auch aus einem weiteren Experiment chinesischer Wissenschaftler, das Anfang 2016 publiziert wurde.[134] Das Potential von CRISPR/Cas9 wurde dort im Hinblick auf HIV untersucht. Es wurde an nicht lebensfähigen Embryonen im Rahmen von künstlichen Befruchtungen die Erbanlage für ein entscheidendes Molekül so verändert, dass das HIV-Virus nicht mehr in die genetisch manipulierte Zelle eindringen kann, sogenannte CCR-Mutation.[135]

Keimbahninterventionen wurden bis zum Erscheinen der ersten chinesischen Publikation über die dort vorgenommenen Versuche Anfang 2015 weltweit nicht durchgeführt.[136] Anfang 2016 genehmigte dann auch die britische Kontrollbehörde *„Human Fertilisation and Embryology Authority"* der britischen Genetikerin Kathi Niakan (Francis Crick Institute, London) – unter Voraussetzung der Zustimmung einer Ethikkommission – erstmals Genversuche an menschlichen Embryonen durch CRISPR/Cas 9.[137]

Ende November des Jahres 2018 verkündete der chinesische Wissenschaftler *He Jiankui* auf youtube die Geburt von genmanipulierten Zwillingen durch CRISPR/Cas9. Es handele sich dabei um Genmanipulationen an Embryonen, durch die die Zwillinge mittels Keimbahneingriffen resistent gegen das HIV-Virus seien.[138] Eine wissenschaftliche Veröffentlichung gibt es bislang nicht.[139]

cc) Transportvehikel für CRISPR/Cas9

Für eine größere Umsetzung von Behandlungen mittels CRISPR/Cas9 für eine Anwendung am Menschen stellt sich aber das grundsätzliche Problem, wie

---

133 *Deutsche Akademie der Naturforscher Leopoldina e. V. (Hrsg.)*, Chancen und Grenzen des genome editing, S. 11.
134 *Kang et al.*, Journal of Assisted Reproduction and Genetics (2016), S. 581–588.
135 http://www.sueddeutsche.de/gesundheit/gene-editing-chinesische-forscher-machen-embryonen-gegen-hiv-immun-1.2945713, zuletzt aufgerufen am 23.11.2018.
136 *Liang et al.*, Protein & Cell (2015), S. 363–372.
137 https://www.hfea.gov.uk/, zuletzt aufgerufen am 23.11.2018; Näheres zu geplanten Experimenten unter https://www.crick.ac.uk/research/a-z-researchers/researchers-k-o/kathy-niakan/hfea-licence/, zuletzt aufgerufen am 23.11.2018.
138 https://www.youtube.com/watch?v=th0vnOmFltc, zuletzt aufgerufen am 02.12.2018.
139 https://www.zeit.de/wissen/2018-11/crispr-cas9-he-jiankui-genveraenderung-embryonen-china, zuletzt aufgerufen am 02.12.2018.

die Genschere durch ein Vehikel in das Zellinnere geschleust wird. Neben den oben bereits beschriebenen Viren, die als Transportvehikel in der Gentherapie bereits eingesetzt wurden und werden, kommen die sich noch in der Entwicklung befindlichen Nanopartikel, beispielsweise Liposomen, in Betracht. Durch das millionstel Millimeter kleine Fetttröpfchen würde die guide-RNA und das Cas9-Enzym in ihrem Inneren eingeschlossen, geschützt durch die Fettmembran die Blutbahn zu den Zellen durchlaufen und diese zu den Zellen transportieren. In der Membran würden dann Rezeptormoleküle dafür sorgen, dass die Liposomen an die Zellen andocken und den Inhalt an das Zellinnere abgeben. Die Nanopartikel sind allerdings für einen medizinischen Einsatz noch nicht ausgereift und werden weiter erforscht.[140]

V Therapie und Enhancement

Gentechnische Manipulationen durch CRISPR/Cas9 bzw. *Genome Editing*-Verfahren sind in vier verschiedenen Variationen denkbar:

- Somatische Gentherapie zur Therapie von Krankheiten
- Keimbahninterventionen zur Therapie von Krankheiten
- Somatische Genmanipulation mit dem Ziel von verbessernden Maßnahmen, dem sogenannten Enhancement
- Keimbahninterventionen zur Verbesserung der genetischen Disposition[141]

Die vorliegende Dissertation beschäftigt sich rechtlich nur mit dem ersten Punkt. Die somatische Gentherapie wird nur auf die unbeabsichtigte Keimbahnintervention kurz im Hinblick auf das EschG beleuchtet.

Das Enhancement stellt einen Sonderfall dar, der in der Arbeit nicht behandelt wird. Sowohl in der ethischen als auch in der juristischen Kontroverse werden in Zusammenhang mit der etwaigen Zulässigkeit bzw. Unzulässigkeit von Keimbahneingriffen unter anderem die Begriffe der medizinischen Indikation für eine ärztliche Behandlung und der ärztlichen Behandlungspflicht angeführt.[142] Damit ist gemeint, dass für eine Keimbahnintervention spricht, dass Ärzte eine Behandlungspflicht trifft, sofern ein Keimbahneingriff eine sinnvolle

---

140 Die Ausführungen des Abschnitts cc) folgen https://www.mpg.de/11033456/crispr-cas9-therapien, zuletzt aufgerufen am 23.11.2018.
141 Diese Vierteilung folgt auch den allgemeinen Überlegungen der Möglichkeiten von genetischen Eingriffen, aufgegriffen von *Welling*, Genetisches Enhancement, S. 22 Fn. 85 m. w. N.
142 Vgl. dazu Kap. C. I. 1.

Möglichkeit ist, um den Patienten zu heilen. Die tatsächliche Möglichkeit von *Human Genome Editing* ist rechtlich unter anderem in der Ermittlung der Risiken und der Nutzen einer solchen Behandlung und deren Abwägung zu sehen. Mittels des Enhancements sollen aber nicht Ziele erreicht werden, die medizinisch indiziert wären.[143] Eine ärztliche Behandlungspflicht kann den Arzt im Rahmen von Enhancement gar nicht treffen. Während Therapien sich gegen Krankheiten richten, betrifft das Enhancement gesunde Systeme und strebt nach deren Verbesserung.[144] Im Bereich des *Human Genome Editing* ist besonders die im Moment bestehende medizinische Unsicherheit im Vordergrund gegenwärtiger Überlegungen. Es steht damit lediglich die Frage im Raum, unter welchen ganz engen Bedingungen sie für therapeutische Eingriffe zulässig sein könnte. Der Versuch einer Unterscheidung von Therapie und Enhancement ist auch dann angezeigt, wenn *Human Genome Editing* für therapeutische Behandlungen in gewissen Rahmenbedingungen (zukünftig) verfassungsgemäß wäre. Denn dann würde sich die Frage auch danach stellen, ob und unter welchen Voraussetzungen die gesetzliche Krankenkasse die Kosten einer solchen Behandlung übernehmen könnte. Deshalb wäre dann die Festlegung von Kriterien wichtig, durch die eine Abgrenzung von der Therapie vom Enhancement vorgenommen werden kann.

Eine solche Abgrenzung erscheint auf den ersten Blick einfach – während das eine einen krankhaften Zustand voraussetzt, stellt das andere lediglich verbessernde Maßnahmen dar.

Bei näheren Überlegungen fällt aber auf, dass insbesondere mögliche Grauzonen definitorische Probleme bereiten.

1 Der Therapiebegriff

Der Ausdruck der Therapie entspringt ursprünglich der griechischen Sprache. Dort bedeutet das Wort „therapia" im eigentlichen Gebrauch Dienst oder Aufwartung und meint heilende medizinische Dienste sowie auch Kriegsdienste und religiöse Verehrung.[145]

Man unterscheidet den antiken von dem modernen Therapiebegriff. In der Epoche der Antike knüpfte der Begriff der Therapie auf die Erhaltung oder Herstellung von Gesundheit an. Der moderne Therapiebegriff zeichnet sich dadurch aus, dass dessen Definitionen sich meist auf den Krankheitsbegriff beziehen,

---

143 *Welling*, Genetisches Enhancement, S. 8.
144 *Welling*, Genetisches Enhancement, S. 8.
145 *Lenk*, Therapie und Enhancement, S. 32.

wobei auch Maßnahmen zur Verbesserung der Gesundheit aufgeführt werden.[146] Therapie in der heutigen Zeit wird damit meist als „Heilung von Krankheit oder Wahrung von Gesundheit" definiert.[147] Probleme bereitet dabei seit jeher die konkrete Bestimmung des Krankheitsbegriffs. „Es gibt keinen allgemein anerkannten, einheitlichen Krankheitsbegriff. Diese Feststellung stimmt zweifellos."[148]

Der Begriff wird unterschiedlich definiert. So stellt beispielsweise die Philosophie der Medizin und Ethik unter anderem auf den objektiven, subjektiven und auf den relationalen Aspekt zur Bestimmung von Krankheit und Gesundheit ab.[149] Ein Ansatz des objektiven Aspektes ist der sogenannte biostatistische von *Christopher Boorse*, nach dem „Gesundheit eine normale Funktion darstellt, wobei normal statistisch und Funktion biologisch" betrachtet wird.[150] Die Weltgesundheitsorganisation hebt den subjektiven Aspekt hervor, indem sie Gesundheit übersetzt definiert als „Zustand eines umfassenden physischen, mentalen und sozialen Wohlbefindens und nicht allein des Fehlens von Krankheit oder Gebrechen."[151]

Ein relationaler Ansatz betont, dass Gesundheit und Krankheit nicht unabhängig von Indizien betrachtet werden können, die außerhalb des zu untersuchenden Patienten liegen.[152] Folgende Kriterien werden beispielsweise genannt: Die individuelle Lebensgeschichte, die Lebensbedingungen, das Angebot an medizinischen Leistungen und der Stand der medizinisch relevanten Wissenschaften.[153]

Im Sozialrecht haben gemäß § 27 Abs. 1 SGB V „Versicherte Anspruch auf Krankenbehandlung, wenn sie notwendig ist, um eine Krankheit zu erkennen, zu heilen, ihre Verschlimmerung zu verhüten oder Krankheitsbeschwerden zu

---

146 Vgl. dazu ausführlicher *Lenk*, Therapie und Enhancement, S. 33.
147 *Beck*, MedR 2006, S. 95 (96).
148 *Rothschuh*, in: *Rotschuh (Hrsg.)*, Was ist Krankheit?, S. 397 (397).
149 Vgl. dazu ausführlich *Lenk*, Therapie und Enhancement, S. 36 ff.
150 *Boorse*, in: *Downes/Machery (Hrsg.)*, Arguing about Human Nature, S. 455 (455): „... health is normal functioning, where the normality is statistical and the funktions biological."
151 Constitution of the World Health Organization, S. 1: „Health is a state of complete physical, mental and social well-being and not merely the absence of disease or infirmity.", http://apps.who.int/gb/bd/PDF/bd47/EN/constitution-en.pdf, zuletzt aufgerufen am 23.11.2018.
152 *Lenk*, Therapie und Enhancement, S. 39.
153 *Vogel*, in: Sitzungsberichte der Heidelberger Akademie der Wissenschaften, Abhandlung 1990/6, S. 331 (331).

lindern." Die ständige Rechtsprechung definiert Krankheit als einen regelwidrigen Körper- und Geisteszustand, der therapeutische Maßnahmen gebietet oder in Arbeitsunfähigkeit wahrnehmbar zutage tritt."[154]

2 Das Enhancement

Enhancement bedeutet wörtlich übersetzt so viel wie „Steigerung", „Verstärkung", „Verbesserung" – es kann aber auch „Übertreibung" heißen.[155]

Im allgemeinen Wortgebrauch meint Enhancement die qualitative oder quantitative Verstärkung einer Eigenschaft oder eines Zustandes, dessen zunächst positive Konnotation durch die Nebenbedeutung „Übertreibung" auch in einem negativen Zusammenhang gebraucht werden kann.[156] Die Assoziationen von Enhancement reichen von Schönheitsoperationen als solche oder auch Doping bis hin zu gentechnischen Manipulationen, um Fähigkeiten wie Intelligenz oder sportliche Exzellenz, aber auch das perfekte oder gewünschte Aussehen zu erreichen – die Bandbreite von Möglichkeiten des Enhancements sind vielfältig.

In dem Diskurs über die Grenzen des Einsatzes von medizintechnischen Verfahren wird der Ausdruck Enhancement regelmäßig in Abgrenzung zu dem Begriff der Therapie verwendet.[157] So wird Enhancement definiert als „korrigierender Eingriff in den menschlichen Körper, durch den nicht eine Krankheit behandelt wird bzw. der nicht medizinisch indiziert ist".[158]

3 Therapie und Enhancement in der Gegenüberstellung

Im Ergebnis stehen sich Enhancement und Therapie als Gegenbegriff gegenüber.[159] Konkret ist bei Überlegungen des *Human Genome Editing* in diesem Zusammenhang danach zu fragen, ob denn überhaupt eine solche Behandlung zu dem Begriff der Krankheit in Bezug zu setzen ist, da die Technik im Rahmen eines Keimbahneingriffes bereits an einer Gamete oder an einem Embryo stattfindet. In Betracht käme dann auch eine Einordnung hinsichtlich lediglich präventiver Behandlungen. Es handelt sich aber (zumindest) bei der Behandlung

---

154 St. Rspr., vgl. etwa BSGE 100, 119 (121).
155 http://de.langenscheidt.com/englisch-deutsch/enhancement?term=enhancement&q_cat=%2Fenglisch-deutsch%2F, zuletzt aufgerufen am 23.11.2018.
156 *Lenk*, Therapie und Enhancement, S. 27.
157 Vgl. dazu *Beck*, MedR 2006, S. 95 (95) Fn. 3 m. w. N.; *Lenk*, Therapie und Enhancement, S. 27.
158 *Korff/Beck/Mikat*, Lexikon der Bioethik, Bd. 1, S. 604.
159 *Welling*, Genetisches Enhancement, S. 8.

des Embryos bereits um eine Therapie, da der Embryo als Träger einer genetischen Erbkrankheit bereits als krank anzusehen ist. Vergleichbar ist diese Situation mit der HIV-Infektion, bei der die Krankheit auch dann vorliegt, wenn sie sich noch nicht in körperlichem Leiden manifestiert, da sie noch nicht ausgebrochen ist.[160]

Der Versuch einer Abgrenzung von Enhancement und Therapie könnte damit über die Definition des Krankheitsbegriffs gelingen. Da dieser aber, wie bereits oben dargestellt, nicht einheitlich definiert wird, stellt sich die Frage, welche Definition nun für die Abgrenzung von Therapie und Enhancement hilfreich sein kann. Richtig ist sicher die Feststellung, dass die aufgeführten Definitionen von Krankheit sich gegenseitig ergänzen, und damit eine Entscheidung für die einzig richtige nicht getroffen werden muss.[161] Dabei gibt es ganz klare Fälle – so würde beispielsweise niemand daran zweifeln, dass es sich bei Vorliegen von Krebs um eine Krankheit handelt, die in einem behandelbaren Stadium eine Therapie erfordert, während es sich beim Vorliegen von dünnen Lippen, die mittels einer Schönheitsoperation unterspritzt werden, um keine Krankheit handelt. Vielmehr ist Letztere als eine Enhancement-Behandlung anzusehen.

Liegt aber beispielsweise bei Fettleibigkeit eine behandlungsnotwendige Krankheit vor? Oder wäre eine solche Behandlung ein Enhancement?

Immer wieder wird in der Literatur das kleinwüchsige Kind als Beispiel für die Schwäche dieser Definition bzw. der daraus resultierenden Folge an Verteilungsgerechtigkeit genannt: Es werden zwei Jungen verglichen. Der eine wird genetisch bedingt, der andere aufgrund einer körperlichen Fehlfunktion, nur 1,60 m groß. Während die Kleinwüchsigkeit des Letztgenannten aufgrund des vorliegenden pathologischen Zustandes unter den Krankheitsbegriff subsumiert werden kann, ist der andere ein gesunder Mensch, bei dem keine Krankheit vorliegt. Der eine könnte mithin Wachstumshormone im Rahmen einer Krankenbehandlung/Therapie bekommen, der andere nur im Rahmen von Enhancement behandelt werden, während die sozialen Folgen bei einer Nichtbehandlung die gleichen blieben. Dieses Ergebnis wirkt unbefriedigend und bleibt zumindest diskussionswürdig.[162]

Im Ergebnis kann die Therapie vom Enhancement in den eindeutigen Fällen durch die genannten Definitionen anhand des Kriteriums eines etwaigen pathologischen Zustandes vorgenommen werden. Die Fälle, die nicht eindeutig

---

160 Vgl. dazu BGH, VersR 1991, 816 (816).
161 *Welling*, Genetisches Enhancement, S. 8.
162 Vgl. dazu *Beck*, MedR 2006, S. 95 (97).

abgegrenzt werden können – man denke etwa an die genetische Kleinwüchsigkeit und die damit zusammenhängenden sozialen Folgen, die möglicherweise auch psychische pathologische Zustände nach sich ziehen können – müssten im Einzelfall betrachtet und dann durch eine Abwägung bewertet werden. Eine pauschale Lösung oder Formel erscheint nicht plausibel, da viele unterschiedliche Konstellationen mit unterschiedlichen Folgen möglich sind.

Zusammenfassend ist daher zu sagen, dass zwar eine Abgrenzung durch die oben genannten Definitionen möglich ist, es aber in speziellen Fällen einer Einzelfallabwägung bedarf.

C. Ethische Kontroverse über die Keimbahntherapie am Menschen

Die ethische Debatte über die Bewertung einer möglichen Keimbahntherapie am Menschen ist nicht neu. Während der somatischen Therapie mittels *Genome Editing* nach allgemeiner Meinung keine grundsätzlichen, neu zu diskutierenden, ethischen Bedenken entgegenstehen, ist spätestens seit der Veröffentlichung der chinesischen Wissenschaftler über die Vornahme von Keimbahneingriffen an menschlichen, nicht entwicklungsfähigen Embryonen die bereits geführte Kontroverse wieder neu entflammt.[163] Diese bezieht sich auf viele alt hergebrachte Argumente, beinhaltet aber auch neue Blickwinkel. Diese ergeben sich aus den neuen Methoden der Genomchirurgie. Was ist aber genau die neue Situation? Und was ist die Alte?

In der Debatte über einen möglichen Keimbahneingriff ging es unter anderem seit jeher darum, dass etwaige Keimbahneingriffe sich auf die nächsten Generationen (unvorhersehbar) auswirken (können). Das hat sich auch in der neuen Diskussion nicht verändert. Verändert hat sich aber, dass sich die genomchirurgischen Verfahren, vor allem mit CRIPR/Cas9, in ihrer Anwendung konkretisiert haben. Die Vornahme eines Keimbahneingriffs am Menschen ist rein technisch gesehen nicht nur möglich, sondern ist bereits durchgeführt worden. Allein dieser Umstand zeigt, dass es sich damit nicht (mehr) um eine „Science-Fiction-Debatte" handelt, sondern nun auch eine konkrete Technik mit ihren Stärken, Schwächen und Folgen bewertet und ethisch eingebettet werden muss.[164]

Höhepunkt des internationalen Diskurses war der „International Summit on Human Gene Editing" im Dezember 2015 in Washington D. C..[165] Verwiesen wurde dort auf die überragenden Risiken der Behandlung am Menschen, so

---

163 Vgl. dazu etwa *Berlin-Brandenburgische Akademie der Wissenschaften (Hrsg.)*, Genomchirurgie beim Menschen, S. 9; *Deutsche Akademie der Naturforscher Leopoldina e. V. (Hrsg.)*, Chancen und Grenzen des genome editing, S. 5; *dieselbe*, Ethische und rechtliche Beurteilung des genome editing in der Forschung an humanen Zellen, S. 7; *Walters/Palmer*, The Ethics of Human Gene Therapy, S. 36–37.

164 a. A. *Graumann, Sigrid*, Vortrag in: Simultanmitschrift der Jahrestagung des deutschen Ethikrates vom 22. Juni 2016, S. (49) 50.

165 Vgl. dazu http://nationalacademies.org/gene-editing/Gene-Edit-Summit/, zuletzt aufgerufen am 23.11.2018.

dass die Nutzung aufgrund von Sicherheitsaspekten und fehlender Erforschung des Nutzen-Risiko-Verhältnisses im Moment nicht zu einer verantwortlichen Anwendung führe. Voraussetzung für die Möglichkeit von Keimbahntherapien im Rahmen von klinischen Anwendungen sei die Lösung der Wirksamkeits- und Sicherheitsprobleme und eine positive Risiko-Nutzen-Abwägung. Zudem wäre eine regulatorische Aufsicht notwendig und ein breiter gesellschaftlicher Konsens.[166] Auch die ethische Stellungnahme des *Nuffield Council on Bioethics* war im Jahr 2016 der Ansicht, es sei noch ein langer Weg, bis die technische Reife für eine klinische Anwendung erreicht sei.[167]

Auf nationaler Ebene wurden bereits im Jahr 2015 Stellungnahmen von der *Deutschen Akademie der Naturforscher Leopoldina e. V.* und der *Berlin Brandenburgischen Akademie der Wissenschaften* verfasst, die sich im Hinblick auf die Keimbahntherapie der viel diskutierten Forderung von Wissenschaft und Öffentlichkeit nach einem Moratorium anschlossen.[168] Der *Deutsche Ethikrat* widmete seine Jahrestagung 2016 dem Thema „Zugriff auf das menschliche Erbgut. Neue Möglichkeiten und ihre ethische Beurteilung".[169] Bei dieser Veranstaltung wurde die Einschätzung allgemein geteilt, es handele sich beim Human Genome Editing um eine noch weit von der Anwendungsreife entfernte Technik, die moralisch außerordentlich strittig sei.[170]

Neues Aufsehen erlangte dann vor diesem Hintergrund die Einschätzung der *National Academy of Science* der Vereinigten Staaten von Amerika, die Anfang des Jahres 2017 eine Anwendung von Human Genome Editing im Rahmen von klinischen Studien für den Fall der Überwindung von technischen Hürden in engen Rahmenbedingungen ethisch dann befürwortete, wenn es sich um die einzige Möglichkeit für ein Paar handele ein eigenes, gesundes Kind zu

---

166 Vgl. inhaltlich dazu die Zusammenfassung von *Reardon*, Nature (2015), S. 173 (173).
167 *Nuffield Council on Bioethics*, Genome editing an ethical review, S. 115.
168 Ausgelöst durch die Veröffentlichungen von *Baltimore et al.*, Science (2015), S. 36 (37); *Lanphier et al.*, Nature (2015), S. 410 (411), so aber beispielsweise auch *European Group on Ethics in Science and New Technologies* (2016), https://ec.europa.eu/research/ege/pdf/gene_editing_ege_statement.pdf, zuletzt aufgerufen am 23.11.2018; *International Bioethics Committee der Unesco* (2015), http://unesdoc.unesco.org/images/0023/002332/233258E.pdf, zuletzt aufgerufen am 23.11.2018; *Brandenburgische Akademie der Wissenschaften (Hrsg.)*, Genomchirurgie beim Menschen, S. 9; *Deutsche Akademie der Naturforscher Leopoldina e. V. (Hrsg.)*, Chancen und Grenzen des genome editing, S. 13.
169 https://www.ethikrat.org/jahrestagungen/zugriff-auf-das-menschliche-erbgut-neue-moeglichkeiten-und-ihre-ethische-beurteilung/, zuletzt aufgerufen am 23.11.2018.
170 *Deutscher Ethikrat*, Keimbahneingriffe am menschlichen Embryo, S. 3.

zeugen.[171] Vor diesem Hintergrund folgerte dann der *deutsche Ethikrat* in seiner Ad-Hoc-Empfehlung zum Thema „Keimbahneingriffe am menschlichen Embryo (...)", dass sich die Tendenz in der Bewertung ethischer Verantwortung von *Human Genome Editing* geändert hätte: „Sie wechselt von einem Nicht-Erlauben, solange die Risiken nicht geklärt sind zu einem Erlauben, wenn die Risiken besser eingeschätzt werden können."[172] In diese Richtung geht auch die Einschätzung des *Nuffield Council on Bioethics*, das in seiner jüngsten Einschätzung von 2018 betont, dass es sich Umstände vorstellen könne, unter welchen *Human Genome Editing* akzeptabel sein könnte.[173]

Die ethischen Überlegungen sind für die hier vorliegende Arbeit deshalb relevant, da sie Einfluss nehmen auf die zu untersuchende Frage, ob das in Deutschland durch § 5 EschG bestehende Verbot eines Keimbahneingriffes auch dann noch haltbar wäre, wenn eine positive Risiko-Nutzen-Abwägung der Technik zukünftig möglich ist. Die ethische Diskussion wird dem rechtlichen Teil vorgeschaltet, da in der späteren verfassungsrechtlichen Prüfung gefiltert wird, welche ethischen Argumente als rechtliche Argumente anschlussfähig sind.[174] Das Augenmerk der ethischen Kontroverse wird ausschließlich auf die Anwendung von genomchirurgischen Verfahren zu therapeutischen Zwecken gelegt, da es eine große Einigkeit gibt, dass nur solche (wenn überhaupt) ethisch vertretbar wären.[175]

I Argumente für die Zulässigkeit eines Keimbahneingriffs

1 Ärztliche Verpflichtung/Medizinische Indikation

„Dem Ärztestand obliegt die moralische Verpflichtung, die bestmöglichen verfügbaren Therapien einzusetzen, um Krankheiten zu bekämpfen bzw. ihnen – wo dies möglich ist – vorzubeugen."[176] Eine ärztliche Verpflichtung bestmögliche verfügbare Therapien einzusetzen, ergibt sich darüber hinaus aus berufsrechtlichen Regelungen. So hat ein Arzt gemäß § 2 Abs. 1 der (Muster-) Berufsordnung

---

171 *The National Academies of Science, Engineering, Medicine*, Human Genome Editing, Science, Ethics, and Governance, S. 133 f.
172 *Deutscher Ethikrat*, Keimbahneingriffe am menschlichen Embryo, S. 3.
173 *Nuffield Council on Bioethics*, Genome editing and human reproduction: social and ethical issues, short guide, S. 10.
174 *Fateh-Moghadam*, medstra 2017, S. 146 (149).
175 Vgl. *Kruip*, Moderation in: Simultanmitschrift der Jahrestagung des deutschen Ethikrates vom 22. Juni 2016, S. 51 (51).
176 *Gordijn*, Zeitschrift für medizinische Ethik (1998), S. 293 (296).

für die in Deutschland tätigen Ärztinnen und Ärzte die Aufgabe, „das Leben zu erhalten, die Gesundheit zu schützen und wiederherzustellen, Leiden zu lindern...".

Es ergibt sich somit dann eine Verpflichtung, Krankheiten durch eine Keimbahntherapie zu heilen, wenn diese einmal die beste verfügbare Behandlung zur Heilung bzw. Vorbeugung einer Krankheit darstellt.[177] Dieses Kriterium ist bei der Keimbahntherapie hinsichtlich der Bekämpfung von Erbkrankheiten voraussichtlich erfüllt, da andere Therapieformen lediglich palliativ, symptomatisch oder selektiv wirken.[178] Nach dieser Ansicht gäbe es demnach eine Verpflichtung zur Anwendung einer Keimbahntherapie mit *Genome Editing*-Verfahren, wenn diese in der Zukunft hinreichend sicher wären und den von vielen erwarteten Zweck erfüllen würden.

In diesem Zusammenhang wird aber gegen das Argument der ärztlichen Verpflichtung eingewandt, dass es zwar eine ärztliche Pflicht sei, lebenden Menschen ihre Gesundheit zu bewahren oder sie zu heilen, jedoch beschränke sich eine solche Verpflichtung ausschließlich auf lebende Menschen, während sich die Keimbahntherapie aber auf noch zu zeugende Menschen richte, da nur das Erbmaterial zukünftiger Menschen behandelt werde.[179] Zudem handele es sich nicht um eine bewusste Inkaufnahme von Leiden nicht anders heilbarer, kranker Patienten. Im Mittelpunkt der Betrachtung stehe vielmehr ein Kind, das erst künstlich gezeugt werden soll.[180] Es würde dann nicht die Erbkrankheit, sondern das Leid der Eltern in Bezug auf ihren unerfüllten Kinderwunsch geheilt, wenn sie aus Vernunftgründen kinderlos blieben und andere Alternativen wie eine Adoption ablehnten – dies führe aber zu einer Pathologisierung des Leidens, um eine Therapierbarkeit zu rechtfertigen.[181]

Diese Argumente, die in Bezug auf die ärztliche Verpflichtung und die medizinische Indikation vorgebracht werden, können dann schwerlich überzeugen, wenn das Verfahren zu einer positiven Nutzen-Risiko-Abwägung führt. Denn fraglich ist bereits, ob etwa ein Verzicht oder eine Adoption eine echte (zumutbare) Alternative zur Heilung sein kann. Darüber hinaus ist es schwer einsehbar, dass bei technisch hinreichend sicherer Möglichkeit den betreffenden Eltern ein

---

177 *Fiddler/Pergament*, Molecular Human Reproduction (1996), S. 75 (76); *Gordijn*, Zeitschrift für medizinische Ethik (1998), S. 293 (296); *Zimmermann*, The Journal of Medicine and Philosophy (1991), S. 593 (596).
178 *Juengst*, The Journal of Medicine and Philosophy (1991), S. 587 (589).
179 *Rehmann-Sutter*, Ethik in der Medizin (1991), S. 3 (9).
180 *Rehmann-Sutter*, Ethik in der Medizin (1991), S. 3 (9).
181 *Rehmann-Sutter*, in: *Rehmann-Sutter/Müller*, Ethik und Gentherapie, S. 176 (180).

solcher Wunsch verwehrt bleiben soll – so könnte sich durchaus bei den (lebenden) Eltern ein pathologischer Befund wie beispielsweise eine Depression ergeben, die nach heutigem Wissensstand in der Regel behandlungsbedürftig ist, so dass der Begriff „Pathologisierung der Leidens" einen solchen Fall nicht treffen dürfte.

Vielmehr kann der Begriff „reproductive health" die Notwendigkeit einer Behandlung bei hinreichend sicherer Anwendung aufzeigen.[182] Wie bereits dargestellt ist der Embryo als Träger einer genetischen Erbkrankheit bereits als krank anzusehen. Vergleichbar ist diese Situation mit der HIV-Infektion, bei der die Krankheit auch dann vorliegt, wenn sie sich noch nicht in körperlichem Leiden manifestiert, da sie noch nicht ausgebrochen ist.[183] Eine medizinische Verpflichtung besteht aufgrund der bereits vorliegenden Erkrankung in diesem Fall auch gegenüber einem Embryo.

2 Entscheidungsrecht der Eltern

Fürsprecher der Keimbahntherapie sind der Ansicht, Eltern obliege die freie Entscheidung hinsichtlich einer Anwendung einer Keimbahnintervention, um die genetische Gesundheit ihres Kindes zu gewährleisten. Der Staat sei nicht befugt, in die elterliche Autonomie einzugreifen.[184]

Dabei wird der Vergleich gezogen, dass die Modifizierung der eigenen Nachkommen mit der In Vitro Fertilisation (IVF = künstliche Befruchtung in einem Reagenzglas), einer PID (genetische Untersuchung von Zellen eines extrakorporal erzeugten Embryos) oder der Auswahl des Samenspenders ähnlich wie die Anwendung der Keimbahntherapie sei.[185] Die Eltern hätten damit einen erheblichen Spielraum an Entscheidungen inne, alle möglichen hinreichend sicheren Varianten, ein gesundes Kind zu bekommen, wahrzunehmen.[186] Dann

---

182 *Fowler/Juengst/Zimmermann*, Theoretical Medicine (1989), S. 151 (158).
183 Vgl. dazu BGH, VersR 1991, 816 (816).
184 Cook-Deegan, Human Gene Therapy (1990), S. 163 (169); *Nolan*, The Journal of Medicine and Philosophy (1991), S. 613 (616); *Resnik*, The Journal of Medicine and Philosophy (1994), S. 23 (25); *Zimmermann*, The Journal of Medicine and Philosophy (1991), S. 593 (597).
185 *Lander*, The New England Journal of Medicine (2015), S. 5 (7); *Zimmermann*, The Journal of Medicine and Philosophy (1991), S. 593 (597).
186 *Cook-Deegan*, Human Gene Therapy (1990), S. 163 (169); *Nolan*, The Journal of Medicine and Philosophy (1991), S. 613 (616); *Resnik*, The Journal of Medicine and Philosophy (1994), S. 23 (25); *Zimmermann*, The Journal of Medicine and Philosophy (1991), S. 593 (597).

müsse auch das Recht zur Entscheidung über eine direkte Genintervention mitumfasst sein.[187]

Allerdings hinkt vor allem der Vergleich zur PID. Diese ist grundsätzlich in Deutschland verboten und nur in den engen Grenzen des § 3 a EschG möglich. Auch generelle Entscheidungsbefugnisse der Eltern über ihr Kind sind grundsätzlich durch entsprechende Normen beschränkt, die sich auf das Wohl des Kindes beziehen, so dass eine Entscheidung für eine etwaige Keimbahntherapie sich zumindest in diesem Rahmen bewegen müsste. Eine Entscheidung der Eltern für eine Keimbahntherapie wirkt sich nicht nur unmittelbar auf ihr Kind aus, sondern auch auf alle Folgegenerationen, so dass sich eine Entscheidung für oder gegen eine Keimbahntherapie nicht ausschließlich allein über die elterliche Autonomie rechtfertigen lässt.[188] Es wären dann im Hinblick auf Sicherheitsaspekte weitere Restriktionen erforderlich.

Die elterliche Entscheidungsbefugnis kann damit kein pauschales Argument für den Keimbahneingriff sein. Bei wachsender Sicherheit ist es aber als Argument für einen Keimbahneingriff in zu definierenden Grenzen als Argument durchaus überzeugend.

II Argumente gegen die Zulässigkeit eines Keimbahneingriffs

Die Argumente gegen einen Eingriff in die menschliche Keimbahn sind ganz unterschiedlicher und vielschichtiger Art. Um einen Überblick über die verschiedenen Argumentationen zu bekommen, werden diese sich teilweise überschneidenden Argumente einzelnen Gruppen zugeteilt. Dabei wird auf das von *Bayertz* entworfene Schema Bezug genommen: Die Aufteilung in einen medizinethisch-pragmatischen, einen gesellschaftspolitischen und einen kategorischen Argumentationstyp.[189]

1 Medizinethisch-pragmatischer Argumentationstyp

Dieser Argumentationstyp zeichnet sich dadurch aus, dass das Leiden des einzelnen in den Mittelpunkt der Betrachtung gestellt wird.[190]

---

187 *Zimmermann*, The Journal of Medicine and Philosophy (1991), S. 593 (597).
188 *Gordijn*, Zeitschrift für medizinische Ethik (1998), S. 293 (297).
189 *Bayertz*, in: *Sass (Hrsg.)*, Genomanalyse und Gentherapie, S. 291 (291 ff); *Bayertz/Runtenberg*, in: *Elstner (Hrsg.)*, Gentechnik, Ethik und Gesellschaft, S. 107 (107 ff.).
190 *Bayertz/Runtenberg*, in: *Elstner (Hrsg.)*, Gentechnik, Ethik und Gesellschaft, S. 107 (109 ff.).

a) Medizinische Unsicherheit und Folgen

Die medizinische Unsicherheit, die Folgen und die damit zusammenhängenden unkalkulierbaren Risiken stellen seit jeher ein tragendes Argument gegen einen Keimbahneingriff dar. Es ist unverantwortlich, einen solchen durchzuführen, zumindest solange ein solcher Eingriff nicht die Bedingung einer sicheren Handhabung erfüllt.[191] Auch die Debatte um *Genome Editing*-Techniken kann diesen Einwänden erst einmal nicht wirklich etwas entgegensetzen. Wie oben beschrieben, haben die dargestellten chinesischen Experimente mit menschlichen Embryonen gezeigt, dass auch CRISPR/Cas9 zur Anwendung am Menschen wegen off-target-Effekten im Moment noch nicht ausgereift ist.[192] Zudem kennt man die genauen genetischen Auswirkungen auf den Embryo nicht, was unbekannte Risiken für Gesundheit und Wohlbefinden des Embryos bedeutet.[193] Eine weitere Unbekannte stellen auch mögliche Probleme des behandelten Menschen und der folgenden Generationen in der Zukunft dar.[194] Dabei ist unklar, wie lange die Behandelten überwacht werden müssten – ein ganzes Leben, oder ob gar ein Langzeit-Monitoring auch auf die Folgegeneration nötig wäre.[195] Durch die Beseitigung von schwerwiegenden Dispositionen können sich zudem ganz andere ernste gesundheitliche Probleme ergeben, auch in Bezug auf Gen-Wechselwirkungen – so ist es unvorstellbar, dass ein Eingriff in ein biologisches System ohne Nebeneffekte bleibt.[196]

Im Unterschied zu der somatischen Gentherapie sind die Folgen eines Fehlschlags oder auch potentielle Gefahren und Risiken nicht auf das einzelne Individuum beschränkt. Vielmehr werden solche an unendlich viele Folgegenerationen weitergegeben, so dass das Risiko von Keimbahnmanipulationen ungleich größer gegenüber Manipulationen an somatischen Zellen ist, und damit die Anforderungen an die Sicherheit an ein solches Verfahren dementsprechend höher sein müssen.[197]

---

191 *Bayertz/Runtenberg*, in: *Elstner (Hrsg.)*, Gentechnik, Ethik und Gesellschaft, S. 107 (118); *Gordijn*, Zeitschrift für medizinische Ethik (1998), S. 293 (295) m. w. N.
192 Vgl. dazu in der Tiefe Kap. E. II. I. a).
193 *Baltimore et al.*, Science (2015), S. 36 (37); *Lanphier et al.*, Nature (2015), S. 410 (411).
194 *Lanphier et al.*, Nature (2015), S. 410 (411).
195 *Araki/Tetsuya*, Reproductive Biology and Endocrinology (2014), S. 1 (9).
196 *Graumann*, Vortrag in: Simultanmitschrift der Jahrestagung des deutschen Ethikrates vom 22. Juni 2016, S. 49 (50); *Unesco (Hrsg.)*, Report of the IBC on updating its reflection on the Human Genome and Human Rights. S. 25.
197 *Bayertz*, in: *Sass (Hrsg.)*, Genomanalyse und Gentherapie, S. 291 (294).

„Für die Gentherapie gilt daher", so *Bayertz*, „was für jede Therapie gilt: Das Risiko muss möglichst klein, zumindest kleiner sein als das Risiko der Nichtbehandlung; der mögliche Schaden, den der Patient durch den Eingriff erleidet, muss durch den damit verbundenen Nutzen aufgewogen werden."[198]

Die Vornahme von *Human Genome Editing* an der Keimbahn ist nach der überwiegenden Ansicht aufgrund der oben genannten Erwägungen noch nicht sicher anwendbar, so dass diese Argumentation begründet ist.[199] Für den Fall aber, dass die Behandlung risikoarm bzw. so risikoarm wie nötig durchführbar ist, bedarf diese Argumentation einer Überprüfung.

b) Fehlen medizinischer Indikation

Dieser Argumentationstyp geht davon aus, dass die Keimbahntherapie eine überflüssige Behandlungsmethode sei, da die PID mit selektivem Embryonentransfer eine eingriffsärmere Alternative zur Bekämpfung von Erbkrankheiten darstelle.[200] Diese Einschätzung lässt aber außer Acht, dass eine Embryoselektion durch die PID nicht immer eine echte Alternative zur Keimbahntherapie darstellen kann, da sie zumindest in den (seltenen) Fällen keine solche ist, in denen alle Nachkommen die Krankheit erben.[201]

Es gibt nämlich seltene Fälle, in denen alle in vitro (im Reagenzglas, lat. „im Glas") erzeugten Embryonen von einer Erbkrankheit betroffen sind, so dass eine Selektion nicht zu dem gewünschten Erfolg führen wird.

In Fällen etwa, wenn zum Beispiel ein Elternteil homozygot (reinerbig) für einen dominanten genetischen Defekt ist oder beide Elternteile homozygot für einen genetischen rezessiven Defekt sind.[202] Als weiteres Beispiel dafür wird

---

198 *Bayertz*, in: *Sass (Hrsg.)*, Genomanalyse und Gentherapie, S. 291 (293).
199 So auch *Araki/Tetsuya*, Reproductive Biology and Endocrinology (2014), S. 1 (9); *Baltimore et al.*, Science (2015), S. 36 (37); *Berlin-Brandenburgische Akademie der Wissenschaften (Hrsg.)*, Genomchirurgie beim Menschen, S. 9; *Deutsche Akademie der Naturforscher Leopoldina e. V. (Hrsg.)*, Chancen und Grenzen des genome editing, S. 13; *Lander*, The New England Journal of Medicine (2015), S. 5 (5); *Lanphier et al.*, Nature (2015), S. 410 (410); *Unesco (Hrsg.)*, Report of the IBC on updating its reflection on the Human Genome and Human Rights, S. 25.
200 Vgl. zur Diskussion *Gordijn*, Zeitschrift für medizinische Ethik (1998), S. 293 (309) Fn. 55 m. w. N.
201 *Merkel*, Vortrag in: Simultanmitschrift der Jahrestagung des deutschen Ethikrates vom 22. Juni 2016, S. 47 (48); *Zimmermann*, The Journal of Medicine and Philosophy (1991), S. 593 (597).
202 Vgl. dazu die konkreten medizinischen Fälle in: *Merkel*, Deutsches Ärzteblatt (2016), S. A 1478 (A1478).

ein genetischer Defekt in der DNA der Mitochondrien aufgeführt.[203] Ein mitochondrialer Defekt führt zu Krankheiten, die vorwiegend Muskeln und Gehirn betreffen.[204] Ein solcher, allein mütterlicherseits vererbbarer Defekt, wird zu 100 % vererbt, so dass die selektive PID diesen Gendefekt nicht ändern kann, da alle erzeugten Embryonen betroffen wären.

Damit können die Ziele, die durch *Genome Editing*-Verfahren erreicht werden könnten, durch die PID nicht unbedingt erreicht werden.[205]

Auch die somatische Therapie als symptomatische Therapie kann den erwarteten Nutzen einer Keimbahntherapie mittels *Human Genome Editing*, mit dem Ziel zur Wiederherstellung einer gestörten Genfunktion, nicht erreichen.

Zudem wird dagegen von einem „pro life" -Standpunkt argumentiert, dass die Selektion und spätere Verwerfung eines Embryos von dessen Standpunkt aus die intensivste Eingriffsmöglichkeit ist, so dass sie aus Schutzgesichtspunkten dem Embryo gegenüber als echte Alternative nicht plausibel ist.[206]

2 Gesellschaftspolitischer Argumentationstyp

Im Mittelpunkt dieses Argumentationstyps stehen die politischen, ökonomischen und sozialen Folgen eines Eingriffs in die Keimbahn.[207]

a) Slippery Slope

Als weiteres Argument gegen eine Keimbahntherapie wird oftmals das sogenannte slippery slope-Argument oder Dammbruchargument angebracht. Die Durchführung gentechnischer Methoden führe unausweichlich auf eine abschüssige Bahn und ende, auch unabsichtlich, in einem Alltag unverantwortlichen genetischen Modellierens an unseren Nachfahren.[208]

---

203 *Graumann,* Streitgespräch in: Simultanmitschrift der Jahrestagung des deutschen Ethikrates vom 22. Juni 2016, S. 51 (52).
204 Zur Vertiefung: http://www.spektrum.de/magazin/mitochondrien-dna-altern-und-krankheit/824167, zuletzt aufgerufen am 23.11.2018.
205 *Merkel,* Vortrag in: Simultanmitschrift der Jahrestagung des deutschen Ethikrates vom 22. Juni 2016, S. 47 (48); vgl. m. w. N. bei *Wagner,* Der gentechnische Eingriff in die menschliche Keimbahn, S. 38 Fn. 87.
206 *Lunshof,* in: *Fischer/Geißler (Hrsg.),* Wieviel Genetik braucht der Mensch?, S. 281 (284); *Wagner,* Der gentechnische Eingriff in die menschliche Keimbahn, S. 44.
207 *Bayertz,* in: *Sass (Hrsg.),* Genomanalyse und Gentherapie, S. 291 (299).
208 *Gordijn,* Zeitschrift für medizinische Ethik (1998), S. 293 (307).

Das Argument basiert auf der Hypothese, dass eine Keimbahntherapie, wenn sie erst einmal praktiziert würde, nicht auf die Therapie schwerwiegender genetischer Erbkrankheiten einzuschränken sei, sondern vielmehr zwangsläufig auf eugenische Eingriffe in die Keimbahn und damit auf das Betreten einer schiefen Bahn hinauslaufe.[209] Möglich sei dabei konkret beispielsweise politischer Missbrauch mit dem Ziel den Genpool „zu verbessern" – etwa den diktatorischen Traum einer Herrenrasse zu verwirklichen – oder auch das private Ziel „Designerbabys" zu erschaffen, Wunschkinder geschneidert nach Maß.[210] Begleitet und unterstützt wird dieses Argument von den historischen Erfahrungen – zum Beispiel die im Nationalsozialismus durchgeführten Zwangssterilisationen, darauf gerichtet die gewünschte „Rassenhygiene" zu erreichen.[211] Das zwangsläufige Betreten der schiefen Bahn sei dem Fehlen einer eindeutigen Grenzlinie zwischen einer reinen Heilung von Krankheiten und eugenischen gentechnischen Manipulationen zur Verbesserung von menschlichen Eigenschaften geschuldet – so sei eine adäquate Steuerung der Durchführung einer Keimbahntherapie beinahe unmöglich. Eine trennscharfe Vorstellung, welcher Zustand des Menschen als noch gesund und bereits als nicht mehr gesund und damit korrekturbedürftig ist, existiere nicht.[212]

Zur eingehenderen weiteren Analyse dieses Arguments wird untersucht, ob die Anwendung einer Keimbahntherapie zu eugenischen Zwecken tatsächlich negativ zu beurteilen ist – dabei sind die Effekte auf individueller und auf gesellschaftlicher Ebene zu unterscheiden.[213]

Auf individueller Ebene ist weniger eindeutig als bei der Prävention schwerer Erbkrankheiten, dass etwa erhöhte Intelligenz oder ein besseres Langzeitgedächtnis das Leben dauerhaft erleichtern. So könnte es überdies sogar sein, dass das Individuum jene Eigenschaften auf Dauer als negativ empfindet, etwa, wenn sich bestimmte äußere Umstände ungünstig ändern.[214] Auf gesellschaftlicher Ebene sind viele negative Vorstellungen gentechnischer Eugenik möglich. Marginalisierung bestimmter gesellschaftlicher Gruppen, die durch gesellschaftlichen

---

209 Vgl. dazu *Gordijn*, Zeitschrift für medizinische Ethik (1998), S. 293 (307) Fn. 43 m. w. N.
210 *Bayertz*, in: *Sass* (Hrsg.), Genomanalyse und Gentherapie, S. 291 (302); *Walters/Palmer*, The Ethics of Human Gene Therapy, S. 84.
211 *Bayertz*, in: *Sass* (Hrsg.), Genomanalyse und Gentherapie, S. 291 (303).
212 Vgl. zur Diskussion *Gordijn*, Zeitschrift für medizinische Ethik (1998), S. 293 (307) Fn. 46 m. w. N.
213 *Gordijn*, Zeitschrift für medizinische Ethik (1998), S. 293 (308).
214 *Gordijn*, Zeitschrift für medizinische Ethik (1998), S. 293 (308).

Druck auf Aneignung bestimmter, von einer Elite bevorzugter und vorgegebener, Eigenschaften entsteht.[215] Dies könnte zu einer Zweiklassengesellschaft führen, in der nur die Klasse der keimbahnbehandelten Menschen gesellschaftliche Akzeptanz findet.[216] Ein weiteres Beispiel eines negativen Effektes wäre ein oben genannter Machtmissbrauch mittels gentechnischer Verfahren, um Menschen mit speziellen Eigenschaften züchten zu können.[217] Betrachtet man diese Beispiele, so wird die Frage nach der tatsächlichen negativen Bewertung der eugenischen Gentechnik bejaht werden müssen, da sie sowohl individuelle wie auch gesellschaftliche Risiken birgt.

Teilweise wird vorgebracht, dass staatliche Züchtungsprogramme mittels Keimbahninterventionen zu viel Zeit beanspruchen würden, um für Diktatoren eine ernsthafte Möglichkeit zu sein. Dies ist allerdings fraglich, da dieser zeitliche Aufwand sich durch den zukünftigen Fortschritt auch negieren könnte.

Das slippery slope-Argument hat damit grundsätzlich seine Berechtigung, da das Risiko dieses „Abgleitens auf die schiefe Ebene" besteht und tatsächlich auch immer wieder überprüft und kontrolliert werden müsste.[218] Im Hinblick auf *Human Genome Editing* bedeutet dies konkret, dass eine rechtliche Regelung, die es einzelnen Paaren nur in Ausnahmefällen erlaubt, eine genetische Manipulation an ihrem Nachwuchs vornehmen zu lassen, dann ihren Sinn verfehlt, wenn die Grenze zwischen zulässigen und unzulässigen Eingriffen nicht eindeutig gezogen wird.[219] Gegen das slippery slope- Argument wird zudem plausibel eingewandt, dass dieses Argument nur dann stichhaltig ist, wenn es nicht überzogen, das heißt die Gefahr des Abgleitens nicht zu einer Unausweichlichkeit überstrapaziert ist.[220] So müsste versucht werden, diese Risiken durch entsprechende moralische Regelungen und Kontrollmechanismen wie Gesetze zu regulieren, so dass das Abgleiten auf die schiefe Ebene beherrscht und eingedämmt werden kann.[221] Beispielhaft wird dabei der Umgang mit der PID genannt.[222]

---

215 *Gordijn*, Zeitschrift für medizinische Ethik (1998), S. 293 (308).
216 *Munson/Davis*, Kennedy Institute of Ethics Journal (1992), S. 137 (145).
217 *Walters/Palmer*, The Ethics of Human Gene Therapy, S. 84.
218 *Bayertz*, in: *Sass (Hrsg.)*, Genomanalyse und Gentherapie, S. 291 (306); *Walters/Palmer*, The Ethics of Human Gene Therapy, S. 86.
219 *Wagner*, Der gentechnische Eingriff in die menschliche Keimbahn, S. 44.
220 *Bayertz/Runtenberg*, in: *Elstner (Hrsg.)*, Gentechnik, Ethik und Gesellschaft, S. 107 (115).
221 So auch *Bayertz/Runtenberg*, in: *Elstner (Hrsg.)*, Gentechnik, Ethik und Gesellschaft, S. 107 (115).
222 *Rubeis/Stegner*, in: *Hruschka/Joerden (Hrsg.)*, Themenschwerpunkt: Neue Entwicklungen in Medizinrecht und -ethik, S. 143 (155).

b) Diskriminierung behinderter und kranker Menschen

Im Zusammenhang mit der Anwendung einer Keimbahntherapie am Menschen wird teilweise befürchtet, dass die Möglichkeit der Verhinderung genetischer Defekte den gesellschaftlichen Umgang mit behinderten Menschen verändere und deren Rechte tangiere, ob gezielt oder ungezielt.[223]

Konkret wird vorausgesagt, dass die Solidarität gegenüber Behinderten schwinde und eine Ausgrenzung abzusehen sei für den Fall, dass ein genetischer Defekt nicht behoben würde – so sei bereits abnehmende Solidarität gegenüber Trägern von Chromosomendefekten mit der Möglichkeit der PID und medizinisch indizierten Schwangerschaftsabbrüchen spürbar.[224]

Es ist vorstellbar und zugegebenermaßen wahrscheinlich, dass es eine gewisse Erwartungshaltung der Gesellschaft geben könnte, wenn es erst einmal Möglichkeiten gibt, schweren Behinderungen vorzubeugen, was den Druck zur Durchführung solcher Behandlungen erhöhen könnte. Jedoch kann mit dieser Argumentation nicht anderen Menschen eine erhebliche Behinderung aufgebürdet werden, wenn es die Möglichkeit zur Verhinderung einer solchen gibt.[225] „Die Einführung der Polioschluckimpfung ist nicht davon abhängig gemacht worden, ob sich möglicherweise der Umgang mit bereits Poliogeschädigten in der Bevölkerung nach verpflichtender Impfgesetzgebung ändern würde. Ordnungsethisch stand die Pflicht zur Prävention oder Heilung vor Überlegungen zur möglichen Sekundärfolge einer Diskriminierung Behinderter."[226]

Diese Argumentation stellt auch eine einleuchtende Erwägung dar, so dass in einer Gesamtschau die mögliche Diskriminierung behinderter oder kranker Menschen als Argument gegen einen Keimbahneingriff nicht zu überzeugen vermag.

c) Ungerechtigkeiten in der Gesundheitsversorgung

Gegen einen Keimbahneingriff wird das Argument der Ungerechtigkeiten in der Gesundheitsversorgung eingewandt. So besteht jetzt schon keine Verteilungsgerechtigkeit moderner Versorgungstechniken – vier Fünftel der Weltbevölkerung haben überhaupt keinen Zugang zur modernen, medizinischen Versorgung.[227]

---

223 *Araki/Tetsuya*, Reproductive Biology and Endocrinology (2014), S. 1 (10).
224 *Rehmann-Sutter*, in: *Rehmann-Sutter/Müller*, Ethik und Gentherapie, S. 176 (181).
225 So ähnlich auch *Wagner*, Der gentechnische Eingriff in die menschliche Keimbahn, S. 47.
226 *Sass*, in: *Sass (Hrsg.)*, Genomanalyse und Gentherapie, S. 3 (12).
227 *Bayertz*, in: *Sass (Hrsg.)*, Genomanalyse und Gentherapie, S. 291 (302).

Durch die Zulassung der Keimbahntherapie verschärfe sich die Ungleichheit in der Gesundheitsversorgung hinsichtlich des Zugangs zu den fortschrittlichsten Möglichkeiten noch.[228] Zudem ist aufgrund der Kostspieligkeit der gentechnischen Verfahren der Keimbahneingriff dann auf die wohlhabenden Gesellschaften bzw. Menschen beschränkt.[229]

Ein solches Argument trifft allerdings nicht nur gentherapeutische Verfahren, sondern gilt letztlich für jede teure(re) Therapie wie etwa die (erlaubten) Organtransplantationen, Dialysen oder auch Herzoperationen. Dies ist damit der Struktur des Gesundheitswesens als solcher geschuldet. Es ist schwer einzusehen, dass gentherapeutische Verfahren aufgrund der allgemein ungleichen Verteilung beschränkt werden, vor allem, da sich dies zum Nachteil der schwer kranken Menschen auswirken würde.[230] Zudem ist mit CRISPR/Cas9 ein zunächst eher kostengünstiges Werkzeug gefunden worden, so dass möglicherweise in der Zukunft auch eine Kostenreduzierung denkbar ist. Es könnte damit sein, dass auch die Keimbahntherapie zukünftig einem breiteren Teil der Gesellschaft zugänglich wäre.[231]

3 Kategorischer Argumentationstyp

Während die pragmatischen Argumente sich auf eine Abwägung von Vor- und Nachteilen stützen, hinterfragt der kategorische Argumentationstyp die Natur des Eingriffs selbst.[232]

a) Vernichtung von Embryonen

Ein Argument des kategorischen Argumentationstyps richtet sich auf den Einwand der Vernichtung von menschlichen Embryonen. Genau genommen müssen dabei zwei Argumente unterschieden werden.

Zum einen wird ausgeführt, die bloße technische Entwicklung von Keimbahninterventionen setze einen Verbrauch von Embryonen voraus, da sie nur

---

228 *Unesco (Hrsg.)*, Report of the IBC on Updating Its Reflection on the Human Genome and Human Rights. S. 26.
229 *Araki/Tetsuya*, Reproductive Biology and Endocrinology (2014), S. 1 (10).
230 *Bayertz*, in: *Sass (Hrsg.)*, Genomanalyse und Gentherapie, S. 291 (305).
231 *Walters/Palmer*, The Ethics of Human Gene Therapy, S. 85.
232 BT-Drs. 10/6775.

zu Forschungszwecken hergestellt und anschließend vernichtet werden – dies sei unvertretbar und kann keinesfalls hingenommen werden.[233]

Zum anderen wird unterstellt, dass bei jeder Keimbahnintervention zwingend eine PID vorgeschaltet werden müsse. Die im Moment noch notwendige Vorschaltung der PID hat den technischen Grund, dass man die genetisch auffälligen Embryonen überhaupt zunächst identifizieren kann, um diese dann einer Keimbahntherapie zu unterziehen – sofern nicht der medizinisch seltene Fall einer genetischen Konstellation vorliegt, dass alle Embryonen von der Erbkrankheit betroffen sind, da dann das Ergebnis einer PID auf der Hand liegt.[234] Das führt dazu, dass Selektion und Verwerfung von Embryonen auch im Rahmen von Keimbahneingriffen stattfinden, so dass die neue Methode keinen Sinn ergebe, da man dann auch mit den gesunden Embryonen arbeiten könne.[235] Das letztgenannte Argument bedarf deshalb einer eingehenden Untersuchung, da, wie oben beschrieben, die fehlende Selektion/Verwerfung als überzeugender Beweggrund für die Keimbahntherapie angeführt wird, der dann wegfiele, wenn trotz Keimbahntherapie eine Selektion mit Verwerfung von Embryonen stattfinden müsste. Betrachtet man die Technik aber genauer, ist dieses Argument zumindest dann obsolet, wenn es sich um eine solche genetische Erkrankung handelt, in denen beide Eltern Träger einer dominant vererbbaren Krankheit wären. In diesen Fällen sind alle hergestellten Embryonen von der Erbkrankheit betroffen und eine PID ist nicht notwendig.[236] Denn dann wäre weder für eine Verwerfung noch für eine Selektion von Embryonen Raum, so dass die Keimbahnintervention ohne die Vornahme einer PID angewendet werden könnte. Zudem wird geltend gemacht, dass die Möglichkeit besteht, dass in der Zukunft eine Diagnosemöglichkeit entwickelt würde, die auf die Vorschaltung einer PID verzichtet, so dass dann bei anderen genetischen Erkrankungen keine Verwerfung von Embryonen mehr zwingend ist.[237]

---

233 BT-Drs. 10/6775; *Wimmer*, in: *Wils/Mieth*, Ethik ohne Chance?, S. 182 (208); zur Diskussion des Arguments vgl. *Gordijn*, Zeitschrift für medizinische Ethik (1998), S. 293 (303) Fn. 30 m. w. N.
234 Dies ist beispw. dann der Fall, wenn die Eltern an derselben rezessiv vererbbaren Krankheit leiden, das defekte Gen also auf beiden Chromosomen vorhanden ist und damit alle Embryonen betroffen sind.
235 *Graumann*, Vortrag in: Simultanmitschrift der Jahrestagung des deutschen Ethikrates vom 22. Juni 2016, S. 49 (50).
236 *Merkel*, Streitgespräch in: Simultanmitschrift der Jahrestagung des deutschen Ethikrates vom 22. Juni 2016, S. 51 (52).
237 *Gordijn*, Zeitschrift für medizinische Ethik (1998), S. 293 (303).

Hinsichtlich der sogenannten verbrauchenden Embryonenforschung könnte es aber möglich sein, dass die Methode im Tierversuch und in kultivierten menschlichen Zellen bereits so gut erforscht würde, dass keine Embryonenforschung mehr notwendig ist.[238] Zudem muss damit gerechnet werden, dass solche verbrauchenden, möglicherweise riskanten Versuche – sollten sie denn nötig sein – im Ausland gemacht werden, was zu einer Verfügbarkeit der notwendigen Erkenntnisse führen werde, wenn man es nicht moralisch verurteilt, ein auf eine solche Weise verschafftes Wissen zu gebrauchen.[239]

Da diese Überlegungen überzeugend sind, ist das Argument der Vernichtung von menschlichen Embryonen im Hinblick auf die verbrauchende Embryonenforschung nur dann relevant, wenn sie zur Erforschung von Keimbahneingriffen erforderlich ist und diese notwendigerweise (in Deutschland) durchgeführt würde. Das Argument der Notwendigkeit der Vorschaltung einer PID im Fall von nicht dominant vererbten Krankheiten hat mithin nur solange Gewicht, bis eine andere Diagnosemöglichkeit gefunden wird.

b) Playing God/Natürlichkeit

Als weiteres Argument gegen einen Keimbahneingriff wird angeführt, die Veränderung des menschlichen Erbguts stelle einen unerlaubten Eingriff in die Grundlagen des Lebendigen dar, da der Mensch sich anmaßen würde, „Gott zu spielen".[240]

Gegen diese theologische Interpretation spricht, dass die Prämisse der Existenz eines Schöpfergottes vorausgesetzt wird. Diese Vorstellung wird zum einen nicht von allen geteilt, und liegt zum anderen nicht in dem Bereich einer wissenschaftlichen Diskussion.[241] Hinzu kommt, dass der Einsatz von *Genome Editing*-Verfahren nicht gleichgesetzt werden kann mit kreativem Schöpferverhalten Gottes: „Gott", so *Schockenhof*, „der die Welt voraussetzungslos schafft und als Motiv außer seiner schöpferischen Liebe nichts vorfindet – das ist der spezifische Begriff des Schöpfungshandelns. Den kann der Mensch sich gar nicht anmaßen, weil hier eine kategoriale Differenz herrscht. Zweitens darf die Schöpfung nicht…als ein abgeschlossener Vorgang gedacht werden…, sondern

---

238 *Rehmann-Sutter*, Ethik in der Medizin (1991), S. 3 (5).
239 *Rehmann-Sutter*, in: Rehmann-Sutter/Müller, Ethik und Gentherapie, S. 176 (181); *Wimmer*, in: Wils/Mieth, Ethik ohne Chance?, S. 182 (181).
240 Vgl. dazu *Gordijn*, Zeitschrift für medizinische Ethik (1998), S. 293 (301) Fn. 27 m. w. N.
241 *Gordijn*, Zeitschrift für medizinische Ethik (1998), S. 293 (302).

evolutiv- dynamisch. Es ist ein offener Prozess…der seinen absoluten Ursprung in Gott hat…, dem der Mensch…als eigenverantwortlicher Partner Gottes und als Mitschöpfer seiner selbst einbezogen ist."[242]

Zudem wird gegen einen Keimbahneingriff das Argument der natürlichen Ordnung vorgetragen. Die natürliche Verfassung des Menschen sei durch eine Keimbahnintervention unzulässig beeinflusst.[243] Kein Mensch besitze das Recht, in die natürliche Ordnung so einzugreifen, dass er an dem daraus entstammenden Erbmaterial vererbbare Modifikationen vornähme. Diese Argumentation stützt sich darauf, dass der Natur ein innerer Eigenwert zugesprochen wird, der unantastbar sei.[244] Dagegen spricht aber, dass nur solche Gattungen durch die evolutionsbedingte natürliche Selektion bleiben, deren Anlagen sich als geeignet darstellen – der Eigenwert der hier konkreten Gattungen und deren Genome lässt sich damit durch diese Auswahl aber bezweifeln.[245]

Zudem ist fragwürdig, ob durch die Elimination von schwerem Leiden, die durch einzelne Gene verursacht würden, tatsächlich die natürliche Konstitution in einer moralisch verwerflichen Weise verändert würde.[246]

In diesem Zusammenhang wird auch das „natürliche Recht auf Zufall auf das genetische Erbe" vorgetragen. Es beinhaltet, dass das genetische Erbe nicht beeinflusst werden dürfe.[247] Ein solches kann aber nur dann bestehen, wenn der Natur ein innerer Eigenwert zugesprochen werden kann.[248] Dies muss aber mit obiger Argumentation ebenfalls abgelehnt werden, so dass weder das das Argument „Playing God" noch der Einwand der unzulässigen Beeinflussung der Natürlichkeit des Menschen überzeugen können.

c) Zukünftige Generationen/Informed Consent

Rechte zukünftiger Generationen könnten durch *Genome Editing*-Verfahren im Rahmen eines Keimbahneingriffs verletzt sein. So wird angeführt, dass eine Keimbahntherapie möglicherweise schwerwiegende Konsequenzen für die

---

242 *Schockenhoff*, Vortrag in: Simultanmitschrift der Jahrestagung des deutschen Ethikrates vom 22. Juni 2016, S. 71 (72).
243 *Jonas*, Technik, Medizin und Ethik, S. 218.
244 Vgl. zur Diskussion des Arguments *Gordijn*, Zeitschrift für medizinische Ethik (1998), S. 293 (302) Fn. 28 m. w. N.
245 *Gordijn*, Zeitschrift für medizinische Ethik (1998), S. 293 (303).
246 *Rehmann-Sutter*, Ethik in der Medizin (1991), S. 3 (8).
247 *Schockenhoff*, Vortrag in: Simultanmitschrift der Jahrestagung des deutschen Ethikrates vom 22. Juni 2016, S. 71 (73).
248 *Gordijn*, Zeitschrift für medizinische Ethik (1998), S. 293 (303).

nachfolgenden Generationen beinhalte, wobei die nötige Zustimmung jedoch fehle. Jeder medizinische Eingriff erfordere grundsätzlich eine freie Einwilligung nach der medizinischen Aufklärung, den sogenannten informed consent. Ein solcher könne aber bei einem Keimbahneingriff aufgrund der Reichweite auf die Folgegenerationen nicht eingeholt werden.[249]

Diesem Argument kann entgegengehalten werden, dass Menschen schließlich andauernd weitreichende Entscheidungen treffen, die Auswirkungen auf die nicht einwilligungsfähigen Folgegenerationen haben.[250] Zudem hat der hier untersuchte Keimbahneingriff das Ziel, schwere Erbkrankheiten abzuwenden und orientiert sich damit am Wohl der Nachwelt.[251]

Neben der fehlenden Zustimmung wird auch eine mögliche Verletzung eines behaupteten Rechtes auf nicht-manipuliertes Erbmaterial diskutiert. Dabei wird festgestellt, jeder Mensch besäße ein Recht auf gentechnisch nicht-manipuliertes Erbe.[252] Allerdings ist ein unangetastetes naturbelassenes Erbmaterial nicht unbedingt als wertvoll zu betrachten. Schwere Erbkrankheiten wie etwa Chorea Huntington oder Cystische Fibrose, die sich eindeutig gegen die vitalen Interessen des Betroffenen richten, würden nicht als wertvoll charakterisiert werden. Ein vermeintliches Recht auf nicht-manipuliertes Erbmaterial würde aber grundsätzlich wertvolles Erbmaterial voraussetzen, damit eine Anerkennung des Status „Recht" ermöglicht werden könnte.[253] Ein solches Recht gibt es daher nicht.

Zudem wird hervorgebracht, Keimbahneingriffe führten zu dem Wegfall der genetischen Vielfalt des menschlichen Genpools. Die Notwendigkeit genetischer Vielfalt wird vor allem mit dem Argument unterfüttert, dass sich gewisse genetisch gelöschte Defekte später möglicherweise noch als wertvoll herausstellen könnten.[254] Dagegen spricht, dass diese Erwägung nicht wissenschaftlich erwiesen ist, und damit lediglich auf Spekulationen beruht.[255]

---

249 *Araki/Tetsuya*, Reproductive Biology and Endocrinology (2014), S. 1 (9); Lappé, The Journal of Medicine and Philosophy (1991), S. 621 (630); vgl. auch *Gordijn*, Zeitschrift für medizinische Ethik (1998), S. 293 (298) Fn. 15 m. w. N.
250 *Moseley*, The Journal of Medicine and Philosophy (1991), S. 641 (643).
251 So auch *Wagner*, Der gentechnische Eingriff in die menschliche Keimbahn, S. 53.
252 Siehe zur Diskussion des Arguments *Gordijn*, Zeitschrift für medizinische Ethik (1998), S. 293 (297), Fn. 14 m. w. N.
253 Die Argumentation folgt *Gordijn*, Zeitschrift für medizinische Ethik (1998), S. 293 (298).
254 *Berger/Gert*, The Journal of Medicine and Philosophy (1991), S. 667 (676).
255 *Gordijn*, Zeitschrift für medizinische Ethik (1998), S. 293 (298).

Keimbahneingriffe zu therapeutischen Zwecken bei einer beherrschbaren Anwendung verletzen damit die Rechte zukünftiger Generationen nicht.

d) Verstoß gegen die Menschenwürde

Als weiteres kategorisches Argument gegen die Keimbahntherapie wird der Verstoß gegen die Menschenwürde durch einen solchen vorgetragen.[256]

Da dieses Argument aber auch in der verfassungsrechtlichen Debatte so schwer wiegt, wird im rechtlichen Teil der Arbeit geprüft werden, ob *Human Genome Editing* einen Verstoß gegen die Menschenwürde darstellen kann.[257]

III Zusammenfassung

Zusammenfassend ist festzustellen, dass von den erörterten Argumenten für die Zulässigkeit von Keimbahneingriffen das Entscheidungsrecht der Eltern für einen Keimbahneingriff spricht. Dies würde aber voraussetzen, dass die Technik so sicher würde, dass sie eine positive Nutzen-Risiko-Abwägung erreichen könnte. Zudem würde sich die Entscheidungsautonomie der Eltern nur auf ganz eng definierende Grenzen beziehen (z. B. konkrete schwerwiegende Erbkrankheiten).

Ebenfalls ist das Argument der ärztlichen Verpflichtung bei einer positiven Nutzen-Risiko-Abwägung überzeugend. Zumindest der Embryo ist als Träger einer genetischen Erbkrankheit bereits als krank anzusehen, da die Situation mit der HIV-Infektion vergleichbar ist, so dass bereits eine ärztliche Behandlungspflicht besteht. Eine medizinische Indikation läge dann auch vor, da die PID nicht in allen Fällen von Erbkrankheiten eine Alternative sein kann.[258] Zudem bedeutet die PID auch immer die Selektion und die Verwerfung von Embryonen.

Erheblich und unerschütterlich sprechen gegen die Zulassung eines Keimbahneingriffs zum gegenwärtigen Zeitpunkt aber die medizinische Unsicherheit und die unüberschaubaren medizinischen Folgen.

Das sogenannte slippery slope-Argument hat grundsätzlich seine Berechtigung, da durch eine etwaige Zulassung eines Keimbahneingriffs das Risiko eines

---

256 Vgl. dazu w. N. in Kap. E. I. 1. a) und Kap. E. III. 2. a).
257 Vgl. dazu Kap. E. I. 1. a) und Kap. E. III. 2 a).
258 Ebenso *Merkel*, Vortrag in: Simultanmitschrift der Jahrestagung des deutschen Ethikrates vom 22. Juni 2016, S. 47 (48); *Zimmermann*, The Journal of Medicine and Philosophy (1991), S. 593 (597).

"Abgleitens auf die schiefe Ebene" besteht und tatsächlich auch immer wieder überprüft und kontrolliert werden müsste.[259] Im Hinblick auf *Human Genome Editing* bedeutet dies konkret, dass eine rechtliche Regelung, die es einzelnen Paaren nur in Ausnahmefällen erlaubt, eine genetische Manipulation an ihrem Nachwuchs vornehmen zu lassen, dann ihren Sinn verfehlt, wenn die Grenze zwischen zulässigen und unzulässigen Eingriffen nicht eindeutig gezogen wird.[260]

Ungerechtigkeiten in der Gesundheitsversorgung aufgrund ungleicher Verteilung sind der Struktur des Gesundheitswesens als solcher geschuldet.[261] Sie können damit kein stichhaltiges Argument gegen die Zulässigkeit eines Keimbahneingriffs sein.

Das Argument der Diskriminierung behinderter Menschen im Fall der Zulassung eines Keimbahneingriffs überzeugt nicht. Von einer Erbkrankheit betroffenen Menschen bzw. Embryonen darf nicht eine erhebliche Behinderung aufgebürdet werden, wenn es die Möglichkeit zur Verhinderung einer solchen gibt.[262]

Das Argument der Vernichtung von menschlichen Embryonen im Hinblick auf die verbrauchende Embryonenforschung ist dann relevant, wenn sie zur Erforschung von Keimbahneingriffen erforderlich ist und diese notwendigerweise (in Deutschland) durchgeführt würde. Das Argument der Notwendigkeit der Vorschaltung einer PID zur technischen Durchführung eines Keimbahneingriffs im Fall von nicht dominant vererbten Krankheiten hat nur solange Gewicht, bis eine andere Diagnosemöglichkeit gefunden wird.

Im Hinblick auf die „Playing God"-Argumentation geht diese unter anderem fehl, da die Prämisse der Existenz eines Schöpfergottes vorausgesetzt wird. Eine solche Vorstellung wird aber nicht von allen geteilt und liegt nicht in dem Bereich einer wissenschaftlichen Diskussion.[263]

Auch der Einwand der unzulässigen Beeinflussung der Natürlichkeit des Menschen durch Zulassung eines Keimbahneingriffs kann nicht überzeugen. Der Natur kann nämlich kein unantastbarer innerer Eigenwert zugesprochen werden, da nur solche Gattungen durch die evolutionsbedingte natürliche Selektion bleiben, deren Anlagen sich als geeignet darstellen – der Eigenwert der hier

---

259 Ebenso *Bayertz*, in: *Sass (Hrsg.)*, Genomanalyse und Gentherapie, S. 291 (306); *Walters/Palmer*, The Ethics of Human Gene Therapy, S. 86.
260 Ebenso *Wagner*, Der gentechnische Eingriff in die menschliche Keimbahn, S. 44.
261 Ebenso *Bayertz*, in: *Sass (Hrsg.)*, Genomanalyse und Gentherapie, S. 291 (305).
262 So ähnlich auch *Wagner*, Der gentechnische Eingriff in die menschliche Keimbahn, S. 47.
263 Ebenso *Gordijn*, Zeitschrift für medizinische Ethik (1998), S. 293 (302).

konkreten Gattungen und deren Genome lässt sich damit durch diese Auswahl aber bezweifeln.[264] Das gegen die Zulässigkeit eines Keimbahneingriffs behauptete Recht auf Zufall auf das genetische Erbe existiert aus ähnlichen Erwägungen nicht.

Die Argumentation hinsichtlich des fehlenden informed consent zukünftiger Generationen gegen die Zulässigkeit eines Keimbahneingriffs überzeugt ebenfalls nicht. Menschen treffen andauernd weitreichende Entscheidungen, die Auswirkungen auf nicht einwilligungsfähige Folgegenerationen haben.[265] Zudem hat der hier untersuchte Keimbahneingriff das Ziel schwere Erbkrankheiten abzuwenden und orientiert sich damit am Wohl der Nachwelt.[266]

Ein vermeintliches Recht auf nicht-manipuliertes Erbmaterial, das gegen die Zulässigkeit eines Keimbahneingriffs behauptet wird, existiert nicht, denn das würde grundsätzlich wertvolles Erbmaterial voraussetzen, was bei einer schwerwiegenden Erbkrankheit nicht vorliegt.

Der Wegfall der genetischen Vielfalt des menschlichen Genpools als Argument gegen die Zulässigkeit eines Keimbahneingriffs scheitert ebenfalls. Dagegen spricht, dass die Erwägung, dass sich gewisse genetisch gelöschte Defekte später möglicherweise noch als wertvoll herausstellen könnten, nicht wissenschaftlich erwiesen ist und letztlich auf Spekulationen beruht.[267]

---

264 *Gordijn*, Zeitschrift für medizinische Ethik (1998), S. 293 (303).
265 *Moseley*, The Journal of Medicine and Philosophy (1991), S. 641 (643).
266 Ebenso *Wagner*, Der gentechnische Eingriff in die menschliche Keimbahn, S. 53.
267 Ebenso *Gordijn*, Zeitschrift für medizinische Ethik (1998), S. 293 (298).

D. Keimbahntherapie am Maßstab des Embryonenschutzgesetzes

Die einfachgesetzliche, strafrechtliche Beurteilung von *Genome Editing*-Techniken im Rahmen einer Keimbahntherapie erfolgt in Deutschland anhand der Regelungen des ESchG. Im Folgenden wird die Strafbarkeit des Keimbahneingriffs und der somatischen Gentherapie mit ihren Folgen für die Keimbahn geprüft.

I Entwicklung des ESchG

Das ESchG wurde am 13. Dezember 1990 erlassen und trat am 1.1.1991 in Kraft.[268] Nachdem in England das erste extrakorporal gezeugte Baby, *Louise Brown*, 1978 geboren wurde, erhielt das Thema der künstlichen Fortpflanzung eine so erhebliche Brisanz, dass etliche Stellungnahmen und Richtlinien von Bundesärztekammer, des deutschen Juristentags, der Kirchen und anderer Arbeitsgruppen erstellt wurden.[269] Der Abschlussbericht der sogenannten *Bendakommission* 1985, Arbeitsgruppe *In-vitro-Fertilisation, Genomanalyse und Gentherapie*, welche nach dem ehemaligen Präsidenten des Bundesverfassungsgerichts, *Ernst Benda*, benannt wurde, stellte die wesentliche Grundlage des ESchG dar.[270] Ebenfalls maßgebend waren der Abschlussbericht der sogenannten *Enquete-Kommission, Chancen und Risiken der Gentechnologie* des Deutschen Bundestages 1987, der Bericht der *Bund-Länder-Arbeitsgruppe Fortpflanzungsmedizin* 1988 und der Entwurf eines Gesetzes zum Schutz von Embryonen 1989.[271]

II Strafbarkeit der Keimbahntherapie nach dem ESchG

Mit Freiheitsstrafe bis zu fünf Jahren oder mit Geldstrafe wird gem. § 5 Abs. 1 ESchG bestraft, wer die Erbinformation einer menschlichen Keimbahnzelle künstlich verändert. Ebenso wird nach § 5 Abs. 2 EschG bestraft, wer eine menschliche Keimzelle mit künstlich veränderter Erbinformation zur

---

268 BGBl. I, S. 2746.
269 Günther/Taupitz/Kaiser- *Taupitz*, ESchG, B Rn. 3.
270 *Arbeitsgruppe „In-vitro-Fertilisation, Genomanalyse und Gentherapie"*, in: *Der Bundesminister für Forschung und Technologie (Hrsg.)*, S. 1.
271 Günther/Taupitz/Kaiser- *Taupitz*, ESchG, § 5 Rn. 3.

Befruchtung verwendet. Der Versuch ist gem. § 5 Abs. 3 ESchG ebenfalls strafbar. § 5 Abs. 4 ESchG regelt drei Ausnahmetatbestände der Vorschrift.

1 Ratio legis des § 5 ESchG

Bei § 5 ESchG handelt es sich um ein konkretes Gefährdungsdelikt. Der Zweck dieser Vorschrift ist, das menschliche Leben vor unverantwortlichen Humanexperimenten auf Kosten des Lebens, der körperlichen Unversehrtheit und der Menschenwürde zu bewahren.[272] Die Begründung des Regierungsentwurfes zum ESchG unterstellt, dass ein Transfer von Genen in menschliche Keimbahnzellen nur durch die Vornahme von vorherigen Versuchen am Menschen entwickelt werden könne. Solche Experimente seien aber jedenfalls nach dem zu diesem Zeitpunkt vorliegenden Kenntnisstand aufgrund der irreversiblen Auswirkungen in der Versuchsphase und den zu erwartenden Misserfolgen nicht zu verantworten. Das wäre nicht mit dem Grundrecht auf Leben und körperliche Unversehrtheit (Art. 2 Abs. 2 S. 1 Grundgesetz, im Folgenden GG) und dem Schutz der Menschenwürde (Art. 1 Abs. 1 GG) zu vereinbaren.[273] Damit hat sich der Gesetzgeber auf den Standpunkt gestellt, dass sich das Verbot von Keimbahneingriffen zum damaligen Zeitpunkt und auf (die damals) absehbare Zukunft durch rein technisch-pragmatische Argumente rechtfertigen lasse.[274]

2 *Genome Editing* an menschlichen Zellen

a) Genome Editing *am Embryo – § 5 Abs. 1 ESchG*

Zu prüfen ist, ob die Durchführung einer *Genome Editing*-Behandlung am Embryo eine Strafbarkeit nach § 5 Abs. 1 ESchG begründet. Dazu müsste der objektive und subjektive Tatbestand rechtswidrig und schuldhaft erfüllt sein.

aa) Objektiver Tatbestand

(1) Tatobjekt: Erbinformation einer menschlichen Keimbahnzelle

§ 5 Abs. 1 ESchG normiert als Tatobjekt die Erbinformation einer menschlichen Keimbahnzelle.

Der Begriff der Keimbahnzelle wird in § 8 Abs. 3 ESchG legal definiert. Danach sind „Keimbahnzellen alle Zellen, die in einer Zell-Linie von der befruchteten

---

272 Günther/Taupitz/Kaiser- *Taupitz*, ESchG, § 5 Rn. 3.
273 BT-Drs. 11/5460, S. 11.
274 Günther/Taupitz/Kaiser- *Taupitz*, ESchG, § 5 Rn. 5.

Eizelle bis hin zu den Ei- und Samenzellen des aus ihr hervorgegangenen Menschen führen, ferner die Eizelle vom Einbringen oder Eindringen der Samenzelle an bis zu der mit der Kernverschmelzung abgeschlossenen Befruchtung." Der Gesetzgeber meint laut der gesetzlichen Definition in § 8 Absatz 3 ESchG die ununterbrochene Keimbahn: Alle Zellen, die in gerader Linie, das heißt einer Zelllinie von der befruchteten Eizelle bis hin zu den Ei- und Samenzellen, des aus ihr entstandenen Menschen führen.[275] Die Intention des Gesetzgebers war nach der Gesetzesbegründung ein umfassender Rechtsgüterschutz vor Eingriffen. Als Keimbahnzelle ist schon die Eizelle vor der Befruchtung vom Einbringen der Samenzelle an bis zur Kernverschmelzung anzusehen.[276]

Des Weiteren muss die Keimbahnzelle menschlich sein, was dann der Fall ist, wenn das codierte Erbmaterial ausschließlich vom Menschen stammt. Beide Keimzellen, aus denen die Keimbahnzellen aus einer Zelllinie hervorgegangen sind, müssen vom Menschen stammen und dürfen nicht aus hybriden, anteiligen tierischen, Keimbahnzellen bestehen – dann wäre vielmehr § 7 ESchG einschlägig.[277]

Letztlich muss die Erbinformation der Keimbahnzelle betroffen sein. Sie ist nach heutiger Kenntnis auf den ca. 26 000 bis 31 000 Genen zu finden, auf bestimmten Sequenzen im Inneren des Zellkerns, verteilt auf 23 Chromosomenpaare. Der Schutz des § 5 ESchG erstreckt sich als Gefährdungsdelikt auf die gesamte DNA jeder Keimbahnzelle und nicht nur auf die DNA-Sequenzen, die den Genen zugeordnet werden – nur von diesem kleineren Anteil der DNA, den Genen, hat man zur Zeit die Kenntnis, dass sie genetische Informationen enthalten und weitergeben, während über die Aufgaben der übrigen ca. 75 % DNA des Zellkerns nichts bekannt ist.[278]

Wie oben beschrieben können *Genome Editing*-Techniken an somatischen Zellen und Keimbahnzellen vorgenommen werden.[279] Eine somatische Zelle stellt durch ihre Eigenschaft als Körperzelle qua Definition kein taugliches Tatobjekt dar.

Tatobjekt einer *Genome Editing*-Behandlung ist aber die menschliche Keimbahnzelle. *Genome Editing*-Techniken können in den frühsten Stadien der Embryonalentwicklung durchgeführt werden. Der Embryo wird in § 8 Abs. 1 ESchG

---

275 Günther/Taupitz/Kaiser- *Taupitz*, ESchG, § 8 Rn. 66.
276 BT-Drs. 11/5460, S. 12.
277 Günther/Taupitz/Kaiser- *Taupitz*, ESchG, § 5 Rn. 10.
278 Günther/Taupitz/Kaiser- *Taupitz*, ESchG, § 5 Rn. 11.
279 Vgl. dazu Kap. B. IV. 4.

definiert: „Als Embryo im Sinne dieses Gesetzes gilt bereits die befruchtete, entwicklungsfähige menschliche Eizelle vom Zeitpunkt der Kernverschmelzung an…". Gemäß § 8 Abs. 3 ESchG gilt als Keimbahnzelle „…ferner die Eizelle … bis zu der mit der Kernverschmelzung abgeschlossenen Befruchtung." Der Embryo im Sinne des § 8 Abs. 1 ESchG stellt eine Keimbahnzelle und somit ein taugliches Tatobjekt dar.

(2) Tathandlung: Künstliches Verändern

Die Tathandlung des § 5 Abs. 1 ESchG ist das künstliche Verändern. Die Erbinformation ist dann verändert, wenn auch nur ein Basenpaar (in der DNA-Doppelhelix die durch zwei Wasserstoffbrückenverbindungen interagierenden Basen Adenin und Thymin und die über drei Wasserstoffbrücken in Wechselwirkung tretenden Basen Cytosin und Guanin[280]) des gesamten Genoms vom ererbten Stadium abweicht. Sie ist künstlich, wenn sie nicht durch eine natürliche Weise, wie etwa eine Mutation, sondern durch eine menschliche Intervention veranlasst wurde.[281] Die tatsächliche Veränderung der genetischen Erbinformationen muss zur Vollendung der Tat vorliegen. Anderenfalls handelt es sich um einen Versuch gemäß § 5 Abs. 3 ESchG.[282]

Die hier zu prüfenden *Genome Editing*-Behandlungen zielen genau darauf ab, das genetische Material zu verändern, die Erbinformation zu modifizieren und stellen damit eine taugliche Tathandlung dar. Bei zum Beispiel konkreter Anwendung der oben beschriebenen CRISPR/Cas9-Methode würden einzelne DNA-Bausteine ausgetauscht oder auch entfernt werden. Es handelt sich bei einer *Genome Editing*-Behandlung an einem Embryo um eine Intervention, durch die im Fall des Erfolges die Erbinformation verändert ist. Es handelt sich somit um eine Tathandlung im Sinne des § 5 Abs. 1 ESchG.

(3) Ausnahmen des § 5 Abs. 4 ESchG

Eingeschränkt wird § 5 Abs. 1 ESchG gem. § 5 Abs. 4 ESchG durch drei enumerativ aufgeführte Möglichkeiten.

§ 5 Abs. 4 Nr. 1 ESchG bestimmt, dass die Veränderung einer außerhalb des Körpers befindlichen Keimzelle dann vom tatbestandlichen Verbot des § 5 Abs. 1 ESchG ausgenommen ist, wenn ausgeschlossen ist, dass diese zur Befruchtung

---

280 https://www.spektrum.de/lexikon/biologie-kompakt/basenpaare/1289, zuletzt aufgerufen am 15.03.2019.
281 Günther/Taupitz/Kaiser- *Taupitz*, ESchG, § 5 Rn. 12.
282 Günther/Taupitz/Kaiser- *Taupitz*, ESchG, § 5 Rn. 13.

verwendet wird. Bei der hier zu prüfenden *Genome Editing*-Behandlung am Embryo hat die Befruchtung bereits stattgefunden. Es handelt sich damit nicht um eine Einwirkung auf eine Keimzelle (Ei- oder Samenzelle), so dass die Ausnahme hier nicht greift.

Die Ausnahme des § 5 Abs. 4 Nr. 2 EschG richtet sich auf die künstliche Modifikation des Erbmaterials von sonstigen körpereigenen Keimbahnzellen, die von einer toten Leibesfrucht, einem Menschen oder einem Verstorbenen stammen.[283] Dabei muss ausgeschlossen sein, dass diese auf einen Embryo, Foetus oder Menschen übertragen wird (Nr. 2 a) oder aus ihr eine Keimzelle entsteht (Nr. 2 b). Sogenannte reine In-vitro-Versuche an menschlichen Zellen, die sich nur im Labor befinden, aus denen kein Embryo entsteht und ohne, dass sie den geborenen Menschen tangieren, sind damit erlaubt.[284] Diese Ausnahme ist hier nicht einschlägig, da sie sich auf körpereigene Keimbahnzellen bezieht. Das sind die Zellen, aus denen sich Ei- oder Samenzelle bilden.[285] Dies trifft auf den Embryo nicht zu.

§ 5 Abs. 4 Nr. 3 EschG lässt bestimmte Arten einer medizinischen Heilbehandlung, die typischerweise Risiken für das Erbgut von Keimbahnzellen darstellen können, zu. Dabei handelt es sich um Impfungen, strahlen-, chemotherapeutische oder andere Behandlungen, mit denen der Arzt keine Veränderung von Keimbahnzellen beabsichtigt. Er darf eine Veränderung der Keimbahnzellen zwar für möglich halten und billigen (bedingter Vorsatz) oder sogar als sicher voraussehen (direkter Vorsatz), aber sie nicht zielgerichtet anstreben.[286] Die vorgetragenen Einschränkungen des § 5 Abs. 4 Nr. 3 EschG greifen bei der Durchführung von *Genome Editing*-Behandlungen im Rahmen einer Keimbahnmodifikation nicht. Bei konkreter Anwendung der CRISPR/Cas9-Methode würden einzelne DNA-Bausteine zielgerichtet ausgetauscht oder auch entfernt werden. Es handelt sich bei einer *Genome Editing*-Behandlung an einem Embryo um eine Intervention, die vielmehr gerade auf die genetische Manipulation des Embryos gerichtet ist.

Mit Ausnahme der Umwandlung von somatischen Zellen ist damit durch die Vornahme von Keimbahnmodifikationen am Embryo mittels *Genome Editing*-Verfahren der objektive Tatbestand des § 5 Abs. 1 EschG erfüllt.

---

283 Günther/Taupitz/Kaiser- *Taupitz*, EschG, § 5 Rn. 21.
284 *Taupitz*, Vortrag in: Simultanmitschrift der Jahrestagung des deutschen Ethikrates vom 22. Juni 2016, S. 21 (22).
285 Günther/Taupitz/Kaiser- *Taupitz*, EschG, § 5 Rn. 21.
286 Günther/Taupitz/Kaiser- *Taupitz*, EschG, § 5 Rn. 22.

bb) Subjektiver Tatbestand

§ 5 Abs. 1 ESchG setzt gemäß § 15 StGB, der nach Art. 1 EGStGB auch für das bestehende und künftige Nebenstrafrecht des Bundes und der Länder und damit auch für das ESchG gilt, (zumindest bedingten) Vorsatz voraus.[287] Unter Vorsatz versteht die herrschende Ansicht den Willen zur Verwirklichung eines Straftatbestandes in Kenntnis aller seiner objektiven Tatumstände.[288] Bei der Anwendung von *Genome Editing*-Techniken zur Keimbahnmodifikation geht es der durchführenden Person gerade um das künstliche Verändern der Erbinformation einer menschlichen Keimbahnzelle. Der subjektive Tatbestand ist mithin ebenfalls erfüllt.

Die Vornahme von Keimbahnmodifikationen durch *Genome Editing*-Behandlungen am Embryo erfüllen damit den Tatbestand des § 5 Abs. 1 ESchG.

cc) Rechtswidrigkeit/Schuld

Die Vornahme von *Human Genome Editing* im Rahmen eines Keimbahneingriffs wird aber nur dann von der Rechtsordnung missbilligt, wenn keine die Handlung rechtfertigenden Gründe vorliegen.

(1) § 3 S. 2 ESchG

Als spezieller Rechtfertigungsgrund kommt die Ausnahmevorschrift des § 3 S. 2 ESchG für die Durchführung einer *Genome Editing*-Behandlung in Betracht. Diese Vorschrift hält von dem grundsätzlichen Verbot der geschlechtsspezifischen Auswahl einer Samenzelle im Zusammenhang mit der künstlichen Befruchtung eine Ausnahme bereit. Diese gilt, wenn die geschlechtsspezifische Auswahl der Samenzelle vor der Befruchtung durch den Arzt dazu dient, das Kind vor der Erkrankung an einer Muskeldystrophie vom Typ Duchenne oder einer ähnlich schwerwiegenden geschlechtsgebundenen Erbkrankheit zu schützen.[289] Allerdings ist § 3 S. 2 ESchG nach der Gesetzesfassung eine Tatbestandseinschränkung und wird damit nicht als Rechtfertigungsgrund verstanden.[290]

Darüber hinaus ist die Vorschrift bei den hier durchzuführenden Eingriffen aber auch nicht einschlägig. *Genome Editing*-Behandlungen zielen nicht lediglich auf die geschlechtsspezifische Auswahl einer Samenzelle ab. Vielmehr geht

---

287 Günther/Taupitz/Kaiser- *Taupitz*, ESchG, § 5 Rn. 23; zu den verschiedenen möglichen Vorsatzformen vgl. *Wessels/Beulke/Satzger*, Strafrecht AT, S. 101 ff.
288 *Wessels/Beulke/Satzger*, Strafrecht AT, S. 101.
289 Günther/Taupitz/Kaiser- *Taupitz*, ESchG, § 3 Rn. 15.
290 Günther/Taupitz/Kaiser- *Taupitz*, ESchG, § 3 Rn. 16.

es dabei um konkrete Manipulationen einer oder mehrerer Erbinformationen, während § 3 S. 2 ESchG darauf abzielt, vermeidbares Leid durch die Möglichkeit einer Spermienselektion auszuschließen.[291]

Die Ausnahmevorschrift des § 3 S. 2 ESchG als spezieller Rechtfertigungsgrund greift damit nicht.

(2) Notwehr, § 32 StGB und rechtfertigender Notstand, § 34 StGB

Der Rechtfertigungsgrund der Notwehr gemäß § 32 StGB greift bei einer Keimbahnmodifizierung durch *Genome Editing*-Techniken nicht ein, da es an einer Notwehrlage fehlt. Der erforderliche Angriff muss bei § 32 StGB von einem Menschen ausgehen, was hier nicht der Fall ist.

Zu prüfen ist der rechtfertigende Notstand gemäß § 34 StGB, der eine Notstandslage und eine Notstandshandlung voraussetzt.

Die Notstandslage beinhaltet eine gegenwärtige Gefahr für Leben, Leib, Freiheit, Ehre, Eigentum oder ein anderes Rechtsgut. Unter Gefahr versteht man einen Zustand, in dem auf Grund bestimmter Risikofaktoren eine bestimmte Wahrscheinlichkeit für den Eintritt eines Schadens besteht.[292] Die Gefahr ist gegenwärtig, wenn die Weiterentwicklung des Zustandes den Eintritt oder die Intensivierung eines Schadens ernstlich befürchten lässt, sofern nicht alsbald Abwehrmaßnahmen ergriffen werden.[293] Erhaltungsgüter hier sind Leben und Körper der Mutter sowie der Embryo als „anderes Rechtsgut". Von einem (schwer) kranken Embryo geht während einer Schwangerschaft ein erhebliches Gesundheitsrisiko für die Mutter aus. Dieses Risiko kann sich beispielsweise in einer Fehl- oder Totgeburt manifestieren. Dies sind für den Körper und im schlimmsten Fall für das Leben der Mutter Risikofaktoren, so dass in physischer und psychischer Hinsicht eine bestimmte Wahrscheinlichkeit für den Eintritt eines Schadens besteht.

Der Embryo stellt ein „anderes Rechtsgut" im Sinne der Vorschrift dar. In Betracht kommt jedes beliebige Rechtsgut, das in irgendeiner Form einen (nicht notwendigerweise strafrechtlichen) Schutz durch die Rechtsordnung erfahren hat.[294] Der Embryo steht durch das ESchG unter dem Schutz der Rechtsordnung. Von einer genetisch bedingten, schwerwiegenden Erbkrankheit geht auch für

---

291 Günther/Taupitz/Kaiser- *Taupitz*, EschG, § 3 Rn. 17.
292 Joecks/Miebach- *Erb*, MüKoStGB, § 34 Rn. 60.
293 Joecks/Miebach- *Erb*, MüKoStGB, § 34 Rn. 78.
294 Joecks/Miebach- *Erb*, MüKoStGB, § 34 Rn. 55.

den Embryo ein erhebliches Gesundheitsrisiko aus, so dass der Eintritt des Schadens der schwerwiegenden Erbkrankheit gewiss ist.

Diese Gefahren sind für die Mutter und den Embryo auch gegenwärtig. Die Notstandshandlung als Mittel der Gefahrenabwehr muss objektiv erforderlich („nicht anders abwendbar") und subjektiv vom Rettungswillen getragen sein. Ob der Handelnde die Gefahr von sich oder einem anderen abwendet ist gleichgültig, so dass sich der eingreifende Arzt hier der Notstandshilfe bedienen kann.[295] Erforderlich kann nur sein, was zur Abwendung der Gefahr geeignet ist und unter Berücksichtigung aller aus der ex-ante-Sicht eines sachkundigen objektiven Betrachters erkennbaren Umständen mit gewisser Wahrscheinlichkeit zur Erhaltung des gefährdeten Gutes führt – unter mehreren gleich geeigneten Mitteln ist das relativ mildeste zu wählen.[296]

Zwar erscheint eine *Genome Editing*-Behandlung durch die Vornahme einer Genkorrektur zur Abwendung der konkreten Genmutation möglicherweise geeignet, jedoch führt sie nicht mit der erforderlichen Wahrscheinlichkeit zur Erhaltung der betreffenden Rechtsgüter. Das ergibt sich aus dem oben beschriebenen Umstand, dass zum heutigen Zeitpunkt *Genome Editing*-Behandlungen zur Anwendung am Menschen weder sicher noch nebenwirkungsfrei durchgeführt werden können. Es ist sogar sehr wahrscheinlich, dass durch die Durchführung der Manipulationen auch Nebenwirkungen für Mutter und Embryo entstehen, die sich gegebenenfalls negativ auf Körper und/oder Leben auswirken.

Im Ergebnis ist der Verstoß gegen § 5 Abs. 1 ESchG nicht durch § 34 StGB gerechtfertigt.

(3) Rechtfertigende Einwilligung

Die Rechtswidrigkeit der Handlung im Sinne des § 5 Abs. 1 ESchG würde aber entfallen, wenn eine rechtfertigende Einwilligung vorläge.

Die rechtfertigende Einwilligung ist ihrem Wesen nach ein Verzicht auf Rechtsschutz. Die Rechtsordnung räumt in manchen Fällen dem Betroffenen die Option ein, durch die Preisgabe seiner Güter von seinem Selbstbestimmungsrecht Gebrauch zu machen. Voraussetzung dabei ist, dass das Rechtsgut disponibel ist, der Einwilligende verfügungsberechtigt und einwilligungsfähig ist.[297] Hinsichtlich der Einwilligungsfähigkeit sind hier zwei verschiedene medizinische Konstellationen zu unterscheiden.

---

295 *Wessels/Beulke/Satzger*, Strafrecht AT, S. 148.
296 BGH St 48, 255 (260f.).
297 *Wessels/Beulke/Satzger*, Strafrecht AT, S. 184.

Zum einen die Durchführung einer *Genome Editing*-Behandlung an einem Embryo. Diesem kommt eine eigene Rechtsposition zu.[298] Aufgrund der fehlenden Einwilligungsfähigkeit des (zukünftigen) Kindes zum erforderlichen Einwilligungszeitpunkt vor der Tat kommt als Rechtfertigungsgrund lediglich die Einwilligung der Eltern des zukünftigen Kindes (des Embryos) in Betracht.[299]

Zum anderen die *Genome Editing*-Behandlung an einer Gamete (Ei- oder Samenzelle) eines oder (je nach genetischer Konstellation und medizinischen Möglichkeiten) der Gamete beider Elternteile.[300] Die Manipulation an einer bloßen Gamete stellt zunächst eine Veränderung an den Gametenspendern selbst dar. Dies könnte auf den ersten Blick darauf schließen lassen, dass es hinsichtlich der hier zu prüfenden rechtfertigenden Einwilligung eindeutig auf die Einwilligung der Gametenspender ankäme, weil noch kein Embryo vorhanden ist. Es ist aber doch fraglich, ob sie einwilligungsbefugt sind. Bei dieser Prüfung kommt es nämlich grundsätzlich auf den Schutzzweck der jeweiligen Vorschrift an.[301] § 5 ESchG schützt als konkretes Gefährdungsdelikt „vor unverantwortlichen Humanexperimenten auf Kosten des menschlichen Lebens, der körperlichen Unversehrtheit und der Menschenwürde".[302] Der Schutz bezieht sich damit konkret auf die medizinische Entwicklung aus den Gameten, so dass es nicht auf die Rechtsposition der Eltern hinsichtlich der Einwilligung ankommen kann. Es geht vielmehr um den Schutz der Rechtsposition des Embryos (und ggf. auch des zukünftigen Kindes).

Eine Einwilligung wäre deshalb in beiden Fällen nur im Rahmen der elterlichen Sorge für den Embryo denkbar. Das elterliche Sorgerecht ist in § 1626 Abs. 1 BGB normiert und in Art. 6 Abs. 2 GG verfassungsrechtlich verankert.[303] Unabhängig von der Frage, ob die Vorschriften über die elterliche Sorge hier überhaupt Anwendung finden können, wäre der elterlichen Sorge in beiden Fällen nicht Genüge getan.[304] Inhalt der elterlichen Sorge im Rahmen der sogenannten Personensorge (§§ 1632 ff. BGB) beinhaltet unter anderem auch das geistige und leibliche Wohl des Kindes sowie zwingend das Recht und die Pflicht der Sorgeberechtigten, Schäden von ihrem Kind und dessen Vermögen fernzuhalten.[305] In

---

298 Vgl. dazu Kap. E. I. 2. und 3.
299 *Welling*, Genetisches Enhancement, S. 67.
300 Näher dazu siehe unten.
301 *Welling*, Genetisches Enhancement, S. 67.
302 Günther/Taupitz/Kaiser- *Taupitz*, ESchG, § 5 Rn. 3.
303 Palandt- *Götz*, BGB, § 1626 Rn. 1.
304 Vgl. dazu Kap. E. III. 2. c) bb) (2).
305 Von Staudinger- *Peschel-Gutzeit*, BGB §§ 1626–1633, § 1626 Rn. 57; *Nebendahl*, MedR 2009, S. 197 (199).

beiden aufgeführten Manipulationen ist aufgrund der im Moment bestehenden Risiken und Unsicherheiten im Hinblick auf eine Keimbahntherapie durch Vornahme einer solchen und Einwilligung in eine solche Behandlung, das leibliche Wohl des Kindes vielmehr gefährdet und sind Schäden in der Zukunft nicht ausgeschlossen.[306] Eine Einwilligung in eine *Genome Editing*-Behandlung würde der elterlichen Sorge nicht genügen. Eine rechtfertigende Einwilligung kommt damit schon deshalb nicht in Betracht.

(4) Zwischenergebnis

Im Ergebnis sind daher die hier untersuchten *Genome Editing*-Techniken, die am Embryo vorgenommen werden, vom Straftatbestand des § 5 Abs. 1 ESchG erfasst.

b) Genome Editing *an Gamete – § 5 Abs. 2 ESchG*

Zu prüfen ist außerdem, ob die Durchführung von *Genome Editing*-Techniken an sogenannten Gameten, Ei- oder Samenzellen, die später zur Befruchtung verwendet werden, eine Strafbarkeit nach § 5 Abs. 2 ESchG begründen.

§ 5 Abs. 2 ESchG erweitert das Verbot einer Veränderung einer Keimbahnzelle um das Verbot der Verwendung von Keimzellen zur Befruchtung. Der Tatbestand ist dabei eingeschränkt auf menschliche Keimzellen, das heißt Samenzellen eines Mannes und Eizellen einer Frau. Diese müssen zur Befruchtung im Sinne des § 5 Abs. 1 ESchG künstlich verändert worden sein.[307]

Wie im medizinischen Teil bereits dargestellt, können *Genome Editing*-Verfahren in verschiedenen Stadien der Zellen vorgenommen werden. Einschlägig ist § 5 Abs. 2 ESchG dann, wenn Ei- oder Samenzelle das Tatobjekt darstellen, der Eingriff also an den sogenannten Gameten vorgenommen wird. Es handelt sich auch bei einer solchen *Genome Editing*-Behandlung um eine menschliche Intervention, durch die im Fall des Erfolges die Erbinformation verändert ist, so dass der objektive Tatbestand bereits erfüllt ist.

Im Rahmen des erforderlichen subjektiven Tatbestandes meint das Tatbestandsmerkmal „Verwendung zur Befruchtung", dass der Handelnde die Absicht haben muss, dass sich die Zellkerne von Ei- und Samenzelle zum Embryo vereinigen – zur Vollendung braucht es damit gar nicht zu kommen.[308] Auch diese tatbestandliche erforderliche Absicht im Sinne eines dolus directus ersten

---

306 Vgl. dazu Kap. E. II. 1. a) aa).
307 Günther/Taupitz/Kaiser- *Taupitz*, ESchG, § 5 Rn. 26.
308 Günther/Taupitz/Kaiser- *Taupitz*, ESchG, § 5 Rn. 26.

Grades ist bei der dargestellten Modifikation einer Gamete gegeben, da das Ziel ja gerade darin liegt, einen Embryo mit verändertem Erbmaterial zu erschaffen. Der objektive und subjektive Tatbestand des § 5 Abs. 2 EschG ist damit durch eine *Genome Editing*-Behandlung an einer Gamete erfüllt. Rechtfertigungsgründe und Schuldausschließungsgründe liegen nicht vor.[309]

c) Sonderfall Genome Editing *an „tripronuklearen" Embryonen*

Für in Deutschland tätige Wissenschaftler ist in Bezug auf *Genome Editing*-Verfahren zu Forschungszwecken die Frage von besonderer Relevanz, ob *Genome Editing*-Behandlungen an sogenannten tripronuklearen Embryonen von der Strafbarkeit des EschG umfasst sind.[310]

Für die Prüfung der Strafbarkeit nach dem EschG ist es zunächst notwendig, deutlich zu machen, was genau trippronukleare Embryonen sind.

Triploidie ist ein Vorkommen in der natürlichen menschlichen Schwangerschaft und liegt in 2–3 % aller Schwangerschaften vor.[311] In der Regel kommt es bei der regelmäßigen menschlichen Befruchtung zur Verschmelzung von je einem haploiden (einfachen) Chromosomensatz von Mutter und Vater zu einem diploiden (zweifachen) Chromosomensatz. Bei der Triploidie ist das Ergebnis ein dreifacher statt des üblichen zweifachen Chromosomensatzes. Dieses Phänomen ist in zwei verschiedenen Konstellationen möglich: Es kann entweder das Ergebnis einer Befruchtung der sogenannten Digyny (extra haploider Satz von der Mutter) oder der sogenannten Diandry (extra haploider Satz von Vater) sein.[312] Wissenschaftler aus China verwendeten in Experimenten die letztgenannte Methode.[313] Es wurden demnach Eizellen künstlich mit zwei Samenzellen befruchtet. An diesen nahmen die Wissenschaftler Keimbahnveränderungen durch die CRISPR/Cas9-Methode vor.[314] Die Besonderheit ist, dass diese Embryonen sich nicht zu einem Menschen weiter entwickeln können und nicht zur Nidation, der Einnistung in die Gebärmutter, gelangen können.[315]

---

309 Vgl. dazu die Ausführungen Kap. D. II. 2. a) cc).
310 *Faltus*, in: *Müller/Rosenau (Hrsg.)*, Stammzellen – iPS-Zellen – Genomeditierung, S. 217 (250); solche Versuche wurden in China bereits durchgeführt, vgl. dazu *Liang et al.*, Protein & Cell (2015), S. 363–372.
311 *McFadden/Robinson*, Journal of Medical Genetics (2006), S. 609 (609).
312 *McFadden/Robinson*, Journal of Medical Genetics (2006), S. 609 (609).
313 *Liang et al.*, Protein & Cell (2015), S. 363–372.
314 *Liang et al.*, Protein & Cell (2015), S. 363–372.
315 Für genaue Informationen hinsichtlich des Gestationsalters.
vgl. *Redline/Hassold/Zaragoza*, Human Pathology (1998), S. 505 (507).

Damit stellt sich die Frage, ob sich solche Embryonen, die zwar leben, sich aber im späteren Verlauf nicht zu einem Menschen weiterentwickeln können, von dem Schutz des ESchG umfasst sind.

aa) Tatbestand des § 5 Abs. 1 ESchG

Keimbahneingriffe an tripronuklearen Embryonen könnten eine Strafbarkeit nach § 5 Abs. 1 ESchG begründen. Dann müsste es sich bei der Anwendung von *Genome Editing*-Verfahren an tripronuklearen Embryonen um eine vorsätzliche, künstliche Veränderung einer menschlichen Keimbahnzelle im Sinne des § 5 Abs. 1 ESchG handeln, um zunächst die Tatbestandmäßigkeit zu erfüllen. Wie bereits oben beschrieben, handelt es sich bei dieser Vorschrift aber um ein konkretes Gefährdungsdelikt zum Schutz vor unverantwortlichen Humanexperimenten zu Lasten des menschlichen Lebens, der körperlichen Unversehrtheit und der Menschenwürde.[316]

Eine solche konkrete Gefährdung für den später geborenen Menschen käme aber dann nicht in Betracht, wenn wie hier tripronuklearen Embryonen verwendet werden, denn diese können sicher nicht zu einem geborenen Menschen führen.

Die aus der Gesetzesbegründung folgende Ratio ist dahingehend zu verstehen, dass der geborene Mensch geschützt werden soll.[317] So heißt es dort: „Indes ist davon auszugehen, daß die Methode eines Gentransfers in menschliche Keimbahnzellen ohne vorherige Versuche am Menschen nicht entwickelt werden kann. Derartige Experimente sind aber wegen der irreversiblen Folgen der in der Experimentierphase zu erwartenden Fehlschläge – d. h. von nicht auszuschließenden schwersten Mißbildungen oder sonstigen Schädigungen – jedenfalls nach dem gegenwärtigen Erkenntnisstand nicht zu verantworten. Sie wären weder mit dem objektiv-rechtlichen Gehalt des Grundrechts auf Leben und körperliche Unversehrtheit (Artikel 2 Abs. 2 Satz 1 GG) noch mit der Grundentscheidung des Artikels 1 Abs. 1 GG für den Schutz der Menschenwürde zu vereinbaren."

Der objektive Tatbestand des § 5 Abs. 1 ESchG ist damit nicht erfüllt.

bb) Tatbestand des § 2 Abs. 1 ESchG

Diese Norm ist zuvor bei *Genome Editing*-Behandlungen der „normalen" Embryonen nicht geprüft worden, da § 2 ESchG als lex generalis zurücktritt, soweit

---

316 Günther/Taupitz/Kaiser- *Taupitz*, ESchG, § 5 Rn. 3.
317 Problem wird thematisiert von *Taupitz*, Vortrag in: Simultanmitschrift der Jahrestagung des deutschen Ethikrates vom 22. Juni 2016, S. 21 (22).

das ESchG einzelne Verwendungsformen in leges speciales (hier § 5 Abs. 1 ESchG) verbietet.[318]

Die Ratio legis von § 2 Abs. 1 ESchG als umfassender Auffangtatbestand bezweckt die Verhinderung der missbräuchlichen Verwendung menschlicher Embryonen, die vor der Nidation in der Gebärmutter „verfügbar" geworden sind. In der Gesetzesbegründung zu § 2 Abs. 1 ESchG heißt es: „Dahinter steht die Erwägung, daß menschliches Leben grundsätzlich nicht zum Objekt fremdnütziger Zwecke gemacht werden darf. Dies muß auch für menschliches Leben im Stadium seiner frühesten embryonalen Entwicklung gelten."[319]

Zu prüfen ist deshalb weiter, ob die Keimbahnintervention an tripronuklearen Embryonen eine Strafbarkeit nach § 2 Abs. 1 ESchG begründet.

Dazu müsste der objektive und subjektive Tatbestand rechtswidrig und schuldhaft erfüllt sein.

(1) „Tripronuklearer" Embryo als Tatobjekt

§ 2 Abs. 1 ESchG normiert als Tatobjekt den extrakorporal erzeugten oder einer Frau vor Abschluss seiner Einnistung in der Gebärmutter entnommenen menschlichen Embryo. Fraglich ist hier, ob der sogenannte tripronukleare Embryo von dem Schutzzweck der Vorschrift umfasst ist.

Der Begriff des Embryos wird in § 8 Abs. 1 ESchG legal definiert. Tripronukleare Embryonen entstehen wie oben beschrieben durch Verschmelzen von Ei- und Samenzellen und damit geschlechtlich, so dass sie zumindest zunächst von § 8 ESchG erfasst werden.[320] Die Festlegung des Begriffs Embryo in § 8 ESchG ist nicht mehr als eine normative Festlegung für den Anwendungsbereich des ESchG, und skizziert damit den Anfang des strafrechtlichen Schutzes des ESchG für einen solchen.[321]

Hinsichtlich der Eigenschaft als Embryo im Sinne des § 8 Abs. 1 ESchG ist auf die Befruchtung abzustellen: Die Vereinigung zweier haploider Keimzellen

---

318 Günther/Taupitz/Kaiser- *Taupitz*, ESchG, § 5 Rn. 3.
319 BT-Drs. 11/5460, S. 10.
320 *Faltus*, in: *Müller/Rosenau (Hrsg.)*, Stammzellen – iPS-Zellen – Genomeditierung, S. 217 (251) – umstritten ist in einem weiteren Zusammenhang die Frage, ob § 8 Abs. 1 ESchG auch ungeschlechtlich entstandene Embryonen erfasst, vgl. dazu *Faltus*, in: *Müller/Rosenau (Hrsg.)*, Stammzellen – iPS-Zellen – Genomeditierung, S. 217 (249) Fn. 72 m. w. N.
321 Allerdings ist diese Festlegung unvollständig, vgl. dazu Günther/Taupitz/Kaiser- *Taupitz*, ESchG, § 8 Rn. 9.

zu einer diploiden Zelle.³²² Voraussetzung für die Embryoeigenschaft ist, dass die Kernverschmelzung stattgefunden hat. Das Gesetz meint nach allgemeiner Ansicht als Zeitpunkt den Entwicklungsprozess, in dem sich die Kernmembranen der Vorkerne auflösen, so dass sie bei mikroskopischer Betrachtung nicht mehr erkennbar sind.³²³ Diese Voraussetzung ist bei tripronuklearen Embryonen erfüllt. Zudem muss nach § 8 Abs. 1 EschG die befruchtete Eizelle aber auch entwicklungsfähig sein. Als entwicklungsfähig gilt die befruchtete menschliche Eizelle gemäß § 8 Abs. 2 EschG jedenfalls in den ersten 24 Stunden nach der Kernverschmelzung, „es sei denn, dass schon vor Ablauf dieses Zeitraumes festgestellt wird, dass sich diese nicht über das Einzellstadium hinaus zu entwickeln vermag".

Unstreitig schützt das EschG nur lebende Embryonen. Zwar leben tripronukleare Embryonen zunächst, würden sich aber nie zu einem Menschenleben entwickeln, da sie nicht zur Nidation gelangen können. Anforderungen, die an die Entwicklungsfähigkeit des Embryos gestellt werden, sind umstritten.

(a) Entwicklungsfähigkeit bis zur Nidation notwendig

Zum Teil wird die Auffassung vertreten, Entwicklungsfähigkeit bedeute stets die Fähigkeit der Entwicklung bis zur Nidation, das heißt die Fähigkeit zur Einnistung in die Gebärmutter, so dass grundsätzlich nur dementsprechende entwicklungsfähige Embryonen vom EschG geschützt seien.³²⁴ Dies ergebe sich unter anderem daraus, dass das EschG vor allem ein an Ärzte gerichtetes Gesetz zur Regelung der assistierten Reproduktion sei, was schon aus dem Arztvorbehalt des § 9 EschG folge. Entwicklungsfähigkeit müsse deshalb zunächst auch als reproduktionsmedizinischer Begriff aufgefasst werden. Er spiele eine große Rolle in der frühen Embryologie, da eine kontinuierliche Weiterentwicklung des Embryos das Hauptqualitätsmerkmal für ein hohes Implantationsvermögen sei.³²⁵ Hinzu komme die Deutung eines weiteren Bestandteils des § 8 Abs. 1 EschG. Die mit dem Embryo gleichgesetzte totipotente Zelle müsse sich zu einem Individuum entwickeln können. Diese ausdrückliche Benennung der Totipotenz, erlaube ebenfalls den Schluss, dass die Fähigkeit der Entwicklung bis zur Implantation oder Nidation gemeint sei.³²⁶

---

322 Günther/Taupitz/Kaiser- *Taupitz*, EschG, § 8 Rn. 27.
323 Günther/Taupitz/Kaiser- *Taupitz*, EschG, § 8 Rn. 28 und 29 m. w. N.
324 *Neidert*, MedR 2007, S. 279 (284); *Kreß*, in: *Sharon/Hrschka/Joerden (Hrsg.)*, Jahrbuch für Recht und Ethik, S. 23 (33); *Derselbe*, Ethik in der Medizin (2005), S. 234 (237).
325 *Neidert*, MedR 2007, S. 279 (284).
326 *Neidert*, MedR 2007, S. 279 (285).

Die Frage, ob ein tripronuklearer Embryo ein solcher des § 8 Abs. 1 ESchG sein kann, würde nach dieser Ansicht verneint, da dieser sich nicht bis zur Nidation weiterentwickeln kann und damit das Tatbestandsmerkmal der Entwicklungsfähigkeit verneint würde. Ein tripronuklearer Embryo wäre demnach von dem Schutzzweck der Norm nicht umfasst.

(b) Entwicklungsfähigkeit bezieht sich lediglich auf befruchtete Eizelle
Nach einer anderen Ansicht bezieht sich das Erfordernis der Entwicklungsfähigkeit lediglich auf die befruchtete Eizelle, nicht aber auf das Leben im weiterentwickelten Stadium der Zellteilung. So sei menschliches Leben im fortgeschrittenen Stadium der Zellteilung auch vom ESchG geschützt, falls es sich nicht weiterentwickeln könne.[327]

Dies ergebe sich bereits aus dem Wortlaut des § 8 Abs. 1 ESchG, der den Embryo in seinen späteren Entwicklungsstufen nicht ausdrücklich erfasse. Zudem sei auch problematisch, aus zwei besonderen Fallkonstellationen, zu denen § 8 Abs. 1 ESchG spezielle Definitionen des Embryos enthalte, zu schließen, dass der gesamte Schutz des ESchG nur Entitäten erfasse, die eines der Definitionsmerkmale einer der speziellen Definitionen aufweise.[328] Der Schutz des ESchG würde zudem wegen der Schwierigkeiten, die Entwicklungschancen einigermaßen sicher abzuschätzen, massiv eingeschränkt. Dies gelte insbesondere für die vom ESchG unzweifelhaft erfassten Entitäten, die aus einer Befruchtung hervorgegangen seien. Von 100 befruchteten Zellen schafften es nur ca. 30 sich zu implantieren. Wesentliche Ursachen dieses hohen Verlustes in der menschlichen Embryonalentwicklung seien genetische und chromosomale Aberrationen. Da sich eine signifikante Abnahme der Entwicklungspotenz nach jeder Zellteilung zeige, sei es insbesondere in den frühen Zellteilungsphasen daher zwar nicht unwahrscheinlich, aber doch jedenfalls nicht überwiegend wahrscheinlich, dass der Embryo bis zur Nidation gelange. Daraus könne aber nicht geschlossen werden, dass das Gesetz Embryonen im Zweifel selbst dann nicht mehr schützen wolle, wenn sie auf natürliche oder der Natur nachempfundene Weise durch künstliche Befruchtung erzeugt worden seien.

---

327 Antwort der Bundesregierung vom 14.12.1993 auf eine kleine parlamentarische Anfrage, BT-Drs. 12/6455 (zu Frage 2); Günther/Taupitz/Kaiser- *Taupitz*, EschG, § 8 Rn. 15 ff.

328 Die folgenden Ausführungen gehen zurück auf Günther/Taupitz/Kaiser- *Taupitz*, EschG, § 8 Rn. 16 ff.

Das Tatbestandsmerkmal der Entwicklungsfähigkeit des § 8 Abs. 1 ESchG bezieht sich damit nach dieser Ansicht auf die befruchtete Eizelle, so dass der tripronukleare Embryo ein solcher des § 8 Abs. 1 ESchG wäre.

(c) Stellungnahme

Im Ergebnis ist der zweiten Meinung zuzustimmen. Es sind keine durchgreifenden Gründe dafür ersichtlich, dass das Tatbestandsmerkmal der Entwicklungsfähigkeit stets die Fähigkeit der Entwicklung bis zur Nidation beinhalten sollte.

Zunächst überzeugt das Argument des Wortlauts von § 8 Abs. 1 ESchG. Selbst die Tatsache, dass im Hinblick auf totipotente Zellen die Fähigkeit, sich zu einem Individuum zu entwickeln, explizit genannt ist, ist mithin nicht zwingend dahingehend zu verstehen, dass der Entwicklungsfähigkeit insoweit eine besondere, nämlich den Schutz begrenzende Funktion, zukommt.[329] Denn zutreffend enthält die Ergänzung „die sich...zu einem Individuum zu entwickeln vermag" des § 8 Abs. 1 ESchG nicht mehr als eine Beschreibung des Begriffs der Totipotenz.[330]

Diejenigen, die die Fähigkeit zur Entwicklung bis zur Nidation verlangen, verkennen indes, dass es in den Vorschriften des ESchG nicht nur um das Vorenthalten der Chance zur Weiterentwicklung im Rahmen einer Schwangerschaft, das Verbot der Tötung geht, sondern um das Verbot der Instrumentalisierung.[331] Dabei kann es aber zweifelsohne nicht darauf ankommen, dass sich die zu schützende Entität ohne die Instrumentalisierung noch mehr oder weniger lange entwickeln könnte – schließlich darf ein Mensch auch dann nicht instrumentalisiert werden, wenn er ohnehin nicht mehr lange leben wird.[332]

Das Tatbestandsmerkmal der Entwicklungsfähigkeit des § 8 Abs. 1 ESchG bezieht sich damit auf die befruchtete Eizelle, so dass ein tripronuklearer Embryo ein Embryo des ESchG ist.[333]

---

329 Günther/Taupitz/Kaiser- *Taupitz*, ESchG, § 8 Rn. 16.
330 Günther/Taupitz/Kaiser- *Taupitz*, ESchG, § 8 Rn. 16.
331 *Schlink*, Aktuelle Fragen des pränatalen Lebensschutzes, S. 17 f.
332 Günther/Taupitz/Kaiser- *Taupitz*, ESchG, § 8 Rn. 17.
333 Vgl. zu dieser Fragestellung auch die etwas andere Herangehensweise von *Faltus*, in: *Müller/Rosenau (Hrsg.), Stammzellen – iPS-Zellen – Genomeditierung*, S. 217 (252 ff.), der sich dem Problem insofern nähert, dass er die aus seiner Sicht entscheidende Frage des „Beginn des Menschseins" aus der sog. Brüstle- sowie der ISCO-Entscheidung des EuGH, in denen es um patentrechtliche Fragestellungen ging, als „Hinweis- und Argumentgeber zur späteren Beantwortung der Frage" in seine Bewertung mit einfließen lässt. Im Ergebnis stellt er fest, dass im Moment „...eine Entität so lange als Embryo im Sinne des Embryonenschutzgesetzes gilt, so lange sie sich (weiter)entwickelt", so dass auch er zu dem Ergebnis kommt, dass jene chinesischen Experimente in Deutschland durch § 2 Abs. 1 i. V. m. § 8 Abs. 1, 2 ESchG verboten wären.

(2) Tathandlung

§ 2 Abs. 1 ESchG unterscheidet vier Tathandlungen: Die Veräußerung des Embryos und die drei Varianten „abgibt, erwirbt oder verwendet". In Betracht kommt durch die Keimbahneingriffe an den Embryonen die Tathandlung des Verwendens. Diese Variante ist immer dann einschlägig, wenn der Täter durch eine aktive Verhaltensweise das Schicksal des Embryos beeinflusst, auf ihn einwirkt, mit ihm agiert, ohne dass speziellere Verwertungsverbote greifen.[334] Davon umfasst sind auch Experimente jeder Art an und mit dem Embryo im Rahmen der chinesischen Keimbahneingriffe, da sie ein Experiment an den Embryonen darstellen.[335]

cc) Subjektiver Tatbestand

Genome Editing-Behandlungen an tripronuklearen Embryonen zur Veränderung von Genen werden auch vorsätzlich durchgeführt. Über den Vorsatz hinaus ist bei den Tatbestandsmerkmalen „abgibt, erwirbt oder verwendet" ein spezielles prägendes subjektives Tatbestandsmerkmal erforderlich: Die Absicht des Täters, den Embryo zu einem nicht seiner Erhaltung dienenden Zweck zu nutzen.[336] Die Experimente an den Embryonen wurden zum Zweck der Keimbahnintervention, nicht zu der Erhaltung des Embryos durchgeführt, so dass das subjektive Tatbestandsmerkmal der Absicht ebenfalls erfüllt wäre.

dd) Rechtswidrigkeit/Schuld

Rechtfertigungsgründe und Schuldausschließungsgründe sind nicht ersichtlich.[337]

ee) Zwischenergebnis

Genome Editing-Behandlungen an tripronuklearen Embryonen begründen eine Strafbarkeit nach § 2 Abs. 1 ESchG.

d) Genome Editing *an Samenzelle bei gleichzeitiger Befruchtung*

Eine Forschergruppe aus Korea, USA und China an der Science and Health Universität von Oregon nahm genetische Korrekturen mittels CRISPR/Cas9

---

334 Günther/Taupitz/Kaiser- *Taupitz*, ESchG, § 2 Rn. 30; zum Meinungsstreit, ob § 2 Abs. 1 ESchG einen Auffangtatbestand darstellt, vgl. ebenfalls § 2 Rn. 30 und Fn. 38 m. w. N.
335 Günther/Taupitz/Kaiser- *Taupitz*, ESchG, § 2 Rn. 30.
336 Günther/Taupitz/Kaiser- *Taupitz*, ESchG, § 2 Rn. 39.
337 Vgl. etwa zur möglichen Einwilligung auch die Ausführungen zur Rechtswidrigkeit bei der Prüfung von § 5 Abs. 1 ESchG.

an menschlichen Entitäten vor.[338] Die Besonderheit dieser Methode war, dass CRISPR/Cas9 nicht wie bei den Versuchen mit den tripronukelaren Embryonen nach der Befruchtung eingebracht wurde, sondern bereits an einer Gamete. Diese wurde gleichzeitig zur Befruchtung verwendet.

Konkret wurden gespendete Eizellen mit den Samenzellen eines Mannes befruchtet, der an der erblichen Herzmuskelschwäche (sogenannte MYBPC3 Mutation) leidet. Dabei wurde CRISPR/Cas9 zusammen mit dem Spermium in die Eizelle, also während der Befruchtung, mittels intracytoplasmatischer Spermieninjekion (sogenannte ICSI: Einspritzen der Samenzelle in das Zytoplasma einer Eizelle), coinjiziert.[339] Im Ergebnis wiesen dann 42 von den 58 gezeugten Embryonen die Genmutation nicht mehr auf, und auch off- target-Effekte waren nicht nachweisbar. Trotzdem blieb die Quote einer nicht brauchbaren Reparatur von 27,6 %.[340]

Zu prüfen ist, ob eine solche Methode in Deutschland von der Strafbarkeit des EschG umfasst ist.

§ 5 Abs. 1 EschG ist hier nicht einschlägig, da die *Genome Editing*-Behandlung an einer Gamete und nicht an einer Keimbahnzelle vorgenommen wurde. Daran ändert auch der Umstand nichts, dass die Samenzelle gleichzeitig zur Befruchtung verwendet wird, da die Manipulation letztlich nur an der Samenzelle stattfindet.

Hier wurde eine durch CRISPR/Cas9 veränderte Samenzelle zur Befruchtung verwendet, so dass damit eine Strafbarkeit nach § 5 Abs. 2 EschG in Frage kommt, die das Verbot einer Veränderung einer Keimbahnzelle gemäß § 5 Abs. 1 EschG um das Verbot der Verwendung einer Keimzelle zur Befruchtung erweitert. Durch die Coinjektion von CRISPR/Cas9 zusammen mit der Samenzelle in die Eizelle wurde eine künstliche Veränderung der Samenzelle und damit einer Keimzelle im Sinne des § 5 Abs. 2 EschG vorgenommen. Der objektive Tatbestand des § 5 Abs. 2 EschG ist damit erfüllt. Im Rahmen des erforderlichen subjektiven Tatbestandes meint das Tatbestandsmerkmal Verwendung zur Befruchtung, dass der Handelnde die Absicht haben muss, dass sich die Zellkerne von Ei- und Samenzelle zur Zygote vereinigen, wovon hier ebenfalls auszugehen ist.[341]

---

338 *Ma et al.*, Nature (2017), S. 413–419.
339 Vgl. Figure 3 in: *Ma et al.*, Nature (2017), S. 413 (416).
340 *Ma et al.*, Nature (2017), S. 413 (416).
341 Günther/Taupitz/Kaiser- *Taupitz*, EschG, § 5 Rn. 26.

Zusammenfassend ist damit festzustellen, dass ein solcher Versuch gemäß § 5 Abs. 2 ESchG verboten ist.

III Strafbarkeit der somatischen Therapie mit Folgen für die Keimbahn

Die somatische Gentherapie durch *Genome Editing*-Behandlungen ist generell sowohl am geborenen als auch am ungeborenen Menschen (innerhalb des Mutterleibes) technisch möglich.

Für den geborenen Menschen gelten grundsätzlich bei Anwendung einer somatischen Gentherapie die allgemeinen ärztlichen Schranken eines Heilversuchs, des sogenannten Neulandversuchs. Bei Durchführung der somatischen Gentherapie sind regelmäßig nur die somatischen Körperzellen betroffen, so dass eine Strafbarkeit durch die Normen des ESchG kraft Natur der Sache entfällt.[342] Generell ist es aber medizinisch möglich und auch durch *Genome Editing*-Behandlungen zu erwarten, dass in bestimmten Fällen unbeabsichtigte Keimbahninterventionen durch die Anwendung der somatischen Gentherapie auftreten können.

Denkbar ist dies konkret bei Gentherapien, die beim Embryo ansetzen, etwa bei Fehlbildungen, die sich sehr früh in der Embryonalentwicklung manifestieren und bei denen in einem späteren Stadium keine Korrektur mehr möglich ist: Ein Beispiel hierfür wäre das Vorliegen einer genetisch bedingten Störung des Embryos bei Einnisten in die Gebärmutter – je früher in der Embryonalentwicklung eine Gentherapie erfolgt, desto weniger kann eine unbeabsichtigte Keimbahnintervention ausgeschlossen werden.[343]

Die objektiven Tatbestandsvoraussetzungen des § 5 Abs. 1 ESchG wären durch Vornahme einer somatischen Therapie dann erfüllt, wenn die Erbinformation einer menschlichen Keimbahnzelle künstlich verändert würde.

Es stellt sich die Frage, ob eine solche nicht intendierte, aber mögliche Veränderung der Keimbahn bereits von der Einschränkung des negativen Tatbestandsmerkmals des § 5 Abs. 4 Nr. 3 ESchG umfasst ist.[344] Wie oben beschrieben, lässt § 5 Abs. 4 Nr. 3 ESchG bestimmte Arten einer medizinischen Heilbehandlung zu, die typischerweise Risiken für das Erbgut von Keimbahnzellen darstellen

---

342 Vgl. zur somatischen Gentherapie die Ausführungen Kap. B. IV. 4. b) aa).
343 *Berlin-Brandenburgische Akademie der Wissenschaften (Hrsg.)*, Genomchirurgie beim Menschen, S. 21.
344 BT-Drs. 11/5460, S. 11.

können. Dabei handelt es sich um Impfungen, strahlen-, chemotherapeutische oder „andere Behandlungen", mit denen der Arzt die Veränderung von Keimbahnzellen nicht beabsichtigt. Der Arzt darf bei der Vornahme der Heilbehandlung eine Veränderung der Keimbahnzellen für möglich halten und billigen (bedingter Vorsatz) oder sie sogar als sicher voraussehen (direkter Vorsatz), er darf sie aber nicht zielgerichtet anstreben.[345]

In der Ausnahmevorschrift des § 5 Abs. 4 Nr. 3 EschG wird ein unbeabsichtigter Keimbahneingriff durch die somatische Therapie nicht ausdrücklich genannt. Aus dem Wortlaut der Vorschrift ergibt sich aber, dass der Gesetzgeber mit dem Tatbestandsmerkmal „und andere Behandlungen, mit denen eine Veränderung der Erbinformation von Keimbahnzellen nicht beabsichtigt ist" die Ausnahmevorschrift auf andere mögliche (zukünftige) Therapien ausweiten wollte, die in erster Linie heilend wirken (wie die Strahlen- oder Chemotherapie).

Nach der Ratio der Vorschrift ist somit auch die somatische Therapie unter das Tatbestandsmerkmal zu subsumieren.[346] Dies wird überzeugend auch damit begründet, dass nach dem Willen des Gesetzgebers die Heilung des konkreten Individuums Vorrang gegenüber unbeabsichtigten Schädigungen möglicher zukünftiger Individuen hat.[347]

Im Ergebnis sind damit unbeabsichtigte Keimbahneingriffe mittels zukünftig möglicher *Genome Editing*-Verfahren im Rahmen einer somatischen Gentherapie nicht von dem Straftatbestand des § 5 EschG umfasst.

IV Ergebnis

Die Vornahme von *Genome Editing*-Behandlungen am Embryo und einer Gamete, die später oder gleichzeitig zur Befruchtung verwendet werden, sind grundsätzlich von der Strafbarkeit des § 5 EschG umfasst.[348]

---

345 Günther/Taupitz/Kaiser- *Taupitz*, EschG, § 5 Rn. 22.
346 *Berlin-Brandenburgische Akademie der Wissenschaften (Hrsg.)*, Genomchirurgie beim Menschen, S. 15; *Taupitz*, Vortrag in: Simultanmitschrift der Jahrestagung des deutschen Ethikrates vom 22. Juni 2016, S. 21 (22); *Wagner/Morsey*, NJW 1996, S. 1565 (1568).
347 *Taupitz*, Vortrag in: Simultanmitschrift der Jahrestagung des deutschen Ethikrates vom 22. Juni 2016, S. 21 (22).
348 Zu den etwaigen Lücken des EschG, wie etwa die Keimbahnintervention bei Ersetzung eines Zellkerns einer (unbefruchteten) Eizelle durch den Zellkern einer anderen Eizelle, der im Ergebnis einen Mitochondrien-Austausch darstellt, vgl. *Taupitz*, Vortrag in: Simultanmitschrift der Jahrestagung des deutschen Ethikrates vom 22. Juni 2016, S. 21 (23).

Ergebnis

Dies gilt auch für die Vornahme solcher Techniken an sogenannten tripronuklearen Embryonen, welche die Strafbarkeit nach § 2 Abs. 1 EschG begründet.[349]

Auch der Sonderfall von *Genome Editing*-Behandlungen an Samenzellen bei gleichzeitiger Befruchtung ist von der Strafbarkeit des § 5 Abs. 2 ESchG umfasst.

Der Fall der unbeabsichtigten Keimbahnintervention im Rahmen einer somatischen Therapie fällt unter das negative Tatbestandsmerkmal des § 5 Abs. 4 Nr. 3 und ist damit nicht strafbar.

---

349 Vgl. dazu *Liang et al.*, Protein & Cell (2015), S. 363–372.

E. Verfassungsrechtliche Betrachtung von *Human Genome Editing*

Die verfassungsrechtliche Betrachtung von *Genome Editing*-Behandlungen stellt aufgrund der wesentlichen Bedeutung verschiedener Grundrechtspositionen einen Schwerpunkt der Bearbeitung dar.

Nach der Klärung der Grundrechtsträgerschaft pränatalen Lebens erfolgt die Betrachtung in einer Gegenwartsperspektive. Es wird der materielle Grundrechtsschutz angesichts des Standes der gegenwärtigen medizinischen Wissenschaft im Hinblick auf *Human Genome Editing* untersucht. Im Anschluss daran erfolgt die Beleuchtung einer hier gesetzten Zukunftsperspektive: Der materielle Grundrechtsschutz bei hypothetischer klinischer Anwendbarkeit von *Genome Editing*-Behandlungen.

I Beginn des Grundrechtsschutzes pränatalen Lebens

Keimbahneingriffe sind durch *Genome Editing*-Verfahren in mehreren Stadien eines noch nicht geborenen Menschen möglich. In Betracht kommt momentan pränidativ vor allem der Embryo im Zeitpunkt der Kernverschmelzung und auch die Gamete (Samen- oder Eizelle) als taugliches Eingriffsziel, so dass der Frage der Grundrechtsfähigkeit der verschiedenen Eingriffsmöglichkeiten von erheblicher Bedeutung ist.

1 Grundrechtsträgerschaft im Hinblick auf Art. 1 Abs. 1 S. 1 GG

Die allgemeine Frage, ob sich aus Art. 1 Abs. 1 S. 1 GG überhaupt eine subjektive Berechtigung, ein Individualgrundrecht, ergibt, wird nicht einheitlich beantwortet. Beispielsweise betonte *Günter Dürig* hinsichtlich eines objektiv rechtlichen Verständnisses der Menschenwürde, dass kein Fall denkbar sei, der bei einem Angriff auf die Menschenwürde nicht durch nachfolgende Einzelgrundrechte aufgefangen würde – eine Ausgestaltung des Art. 1 Abs. 1 S. 1 GG zu einem subjektiven Recht sei deshalb entbehrlich.[350] Art. 1 Abs. 1 S. 1 GG macht aber zumindest (auch) ein subjektives Grundrecht aus, so dass der Frage des Beginns des Grundrechtsschutzes pränatalen Lebens nachgegangen werden muss.[351]

---

350 *Dürig*, AÖR 1956, S. 117 (122).
351 Vgl. dazu etwa vertiefend *Hufen*, Staatsrecht II, S. 137 m. w. N. und zu den unterschiedlichen Ansichten und deren Argumentation die Darstellung und w. N. bei *Schneider*, Rechtliche Aspekte der Präimplantations- Präfertilisationsdiagnostik, S. 93 ff.

Träger des Grundrechts der Menschenwürde ist zunächst jede natürliche Person. Dabei spielen weder Kriterien des Geschlechts, der Herkunft, Rasse, Staatsangehörigkeit etc. eine Rolle. Voraussetzung sind nicht Mündigkeit oder Bewusstsein. Deshalb sind unter anderem auch Kinder, geistig Behinderte und Bewusstlose Träger der Menschenwürde.[352] Es „kommt Menschenwürde jedermann zu, ohne Rücksicht auf seine persönlichen körperlichen, geistigen oder seelischen Eigenschaften und auf seine sonstigen Verhältnisse."[353] Das ist im Kern unbestritten.[354]

Träger der Menschenwürde ist zudem jedenfalls der geborene Mensch. Der Zeitpunkt des Beginns der Trägerschaft von Menschenwürde ist allerdings umstritten.

Die Besonderheit dieser Fragestellung im Verhältnis zu anderen Freiheitsgrundrechten, wie dem Recht auf Leben, liegt bereits darin, dass die Menschenwürde unantastbar ist. Die Menschenwürdegarantie kann nicht eingeschränkt werden, so dass Eingriffe nicht gerechtfertigt werden können. Weder verfassungsimmanente Schranken noch eine Abwägung mit anderen Verfassungsgütern kommen für eine Rechtfertigung in Betracht. Ein Eingriff in den Schutzbereich der Menschenwürde stellt damit zugleich eine Verletzung derselben dar.[355]

Konkret bedeutet dies, dass für den Fall, dass *Human Genome Editing* ein Eingriff in die Menschenwürde wäre, dieser nicht gerechtfertigt werden könnte. Wegen der Ewigkeitsgarantie des Art. 79 Abs. 3 GG könnte in dem Fall dann auch keine Veränderung des Grundgesetzes die Verfassungswidrigkeit von *Genome Editing*-Behandlungen beseitigen.

a) Embryo und Gamete als Träger der Menschenwürde

In Bezug auf die Vornahme von *Genome Editing*-Behandlungen stellt sich somit als erster Problemkreis die Frage, ob bereits der Embryo (zum Zeitpunkt der Kernverschmelzung) bzw. die Gamete Träger der Menschenwürde sein kann. Die Diskussion der Trägerschaft von Menschenwürde pränatalen Lebens ist nicht neu und hat sich insbesondere in der Vergangenheit im Zusammenhang mit dem Einsatz embryonaler Stammzellen und der Präimplantationsdiagnostik entfacht.[356]

---

352 BVerfGE 39, 1 (41).
353 *Benda*, in: *Benda/Maihofer/Vogel* (Hrsg.), Handbuch des Verfassungsrechts der Bundesrepublik Deutschlands, § 6 Rn. 9.
354 Vgl. dazu Dreier- *Dreier*, GG, Art. 1 Rn. 46.
355 Sachs- *Höfling*, GG, Art. 1 Rn. 11.
356 Vgl. dazu Maunz/Dürig- *Herdegen*, GG, Art. 1 Abs. 1 Rn. 59.

Dabei erstreckt sich das Meinungsbild von der ausnahmslosen Verneinung einer eigenen Würdehaftigkeit des Embryos über einen gestuften, von der Entwicklung des vorgeburtlichen Lebens abhängigen Würdeschutzes, bis hin zu einer Bejahung von Menschenwürde aller Formen menschlichen Lebens.[357] Zunächst ist dabei die unterschiedlich interpretierte höchstrichterliche Rechtsprechung des Bundesverfassungsgerichts zu umreißen.[358]

Das Bundesverfassungsgericht beschäftigte sich in zwei Urteilen zur Abtreibung nur im weitesten Sinne mit der Frage, ob das ungeborene Leben vom Schutzgut des Art. 1 Abs. 1 GG umfasst ist.[359] In einem ersten Urteil zum Problemkreis der Abtreibung des Bundesverfassungsgerichts vom 25. Februar 1975 stellte das Gericht fest, dass jedem menschlichen Leben Menschenwürde zukomme. Dies gelte unabhängig davon, ob der Träger sich dieser Würde bewusst sei oder sie selbst zu wahren wisse.[360] Um die Menschenwürde zu begründen, genügten die im menschlichen Sein angelegten potentiellen Fähigkeiten.[361] „Leben im Sinne der geschichtlichen Existenz eines menschlichen Individuums", so das *Bundesverfassungsgericht* hinsichtlich des Beginns der Trägerschaft im Hinblick auf Art. 2 Abs. 2 S. 1 GG, "besteht nach gesicherter biologisch-physiologischer Erkenntnis jedenfalls vom 14. Tage nach der Empfängnis (Nidation, Individuation) an ...".[362] In seinem zweiten sogenannten Abtreibungsurteil vom 28. Mai 1993 bestätigte das Bundesverfassungsgericht seine Rechtsprechung, die in der Literatur nicht unkritisiert blieb.[363] „Mit seiner unvermittelten Verknüpfung von Lebensschutz und Menschenwürde begeht das Bundesverfassungsgericht einen biologistisch-naturalistischen Fehlschluss."[364]

In der Literatur ist umfangreich und argumentativ ganz unterschiedlich Stellung bezogen worden zu der Fragestellung, wann der Schutz der Menschenwürde beginnt. Diese werden im Folgenden mit ihren wesentlichen Argumenten dargestellt.

---

357 Maunz/Dürig- *Herdegen*, GG, Art. 1 Abs. 1 Rn. 60.
358 Vgl. dazu die Darstellung unterschiedlicher Positionen in *Merkel*, Forschungsobjekt Embryo, S. 45–63.
359 BVerfGE 39, 1 (1 ff.); BVerfGE 88, 203 (203 ff).
360 BVerfGE 39, 1 (1 ff.).
361 BVerfGE 39, 1 (41).
362 BVerfGE 39, 1 (37).
363 BVerfGE 88, 203 (252).
364 Dreier- *Dreier*, GG, Art. 1 Abs. 1 Rn. 50 Fn. 116.

aa) Menschenwürde ab Verschmelzung von Ei- und Samenzelle

Zum Teil wird mit unterschiedlichen Argumenten die Auffassung vertreten, ein Mensch im Sinne von Art. 1 Abs. 1 GG liege ab dem Zeitpunkt der Kernverschmelzung von Ei- und Samenzelle vor. Dann wäre der ganz frühe, pränidative Embryo ab diesem Zeitpunkt Träger der Menschenwürde.[365] Folgte man dieser Auffassung, wäre eine *Genome Editing*-Behandlung am Embryo auch am Maßstab des Art. 1 Abs. 1 GG zu messen. *Human Genome Editing* an einer Gamete mangels Kernverschmelzung von Ei- und Samenzelle hingegen nicht.

(1) Potentialitätsargument

Der Potentialitätsthese zufolge soll bereits die Möglichkeit des frühembryonalen Lebens zur Weiterentwicklung zu einem geborenen Menschen als Argument ausreichen, um dem Embryo ab dem Zeitpunkt der Kernverschmelzung Menschenwürde zuzusprechen.[366] Da dem geborenen Menschen Menschenwürde zukomme, könne für den Embryo nichts anderes gelten. Die von Beginn des menschlichen Seins angelegten Optionen reichten aus, um Würde zu begründen.[367] Dies ergebe sich aus der zu diesem Zeitpunkt vorliegenden, identitätsstiftenden Festlegung des genetischen Programms und der damit festgelegten Entwicklungsperspektive zu einem Menschen.[368] Teilweise wird von Vertretern dieser Ansicht auf die Rechtsprechung des Bundesverfassungsgerichts zur Abtreibung verwiesen.[369] So seien die Urteile des Bundeverfassungsgerichts zum Schwangerschaftsabbruch das Fundament der Potentialitätsthese.[370]

---

365 *Benda*, NJW 2001, S. 2147 (2148); *Böckenförde*, JZ 2003, S. 809 (812) Fn. 16 m. w. N; Maunz/Dürig- *Herdegen*, GG, Art. 1 Abs. 1 Rn. 65 Fn. 5 m. w. N.; a. A. Dreier- *Dreier*, GG, Art. 1 Abs. 1 Rn. 50 Fn. 116 m. w. N.; *Heun*, JZ 2002, S. 517 (523); etwas anders z. B. *Ipsen*, JZ 2001, S. 989 (993), der dem Embryo in vitro zwar die Grundrechtssubjektivität abspricht, aber über die Rechtsfigur der sogenannten Schutzpflicht des Staates eine Vorwirkung der Menschenwürde auf den Embryo in vitro über die Rechtsprechung des BVerfG herleitet.
366 Epping/Hillgruber- *Hillgruber*, BeckOK GG, Art. 1 Rn. 4 m. w. N.
367 von Mangoldt/Klein/Starck- *Starck*, GG, Art. 1 Rn. 18.
368 Epping/Hillgruber- *Hillgruber*, BeckOK GG, Art. 1 Rn. 4 m. w. N.
369 Vgl. dazu etwa Maunz/Dürig- *Herdegen*, GG, Art. 1 Abs. 1 Rn. 65 Fn. 5; a. A. dazu aber etwa *Hillgruber/Goos*, ZfL 2008, S. 43 (46), die die Entscheidungen des BVerfGE von 1975 und 1993 als „inkonsistent" bewerten und dem Embryo dennoch Menschenwürde zusprechen; Sachs- *Höfling*, GG, Art. 1 Rn. 62, der bekundet, das BVerfGE habe diese Frage offengelassen.
370 *Gounalakis*, Embryonenforschung und Menschenwürde, S. 57.

(2) Kontinuitätsargument

In der juristischen Literatur wird die Festlegung des Beginns der Menschenwürde auf den Zeitpunkt der Kernverschmelzung zudem mit dem sogenannten Kontinuitätsargument unterfüttert.[371] Danach beginne mit der Befruchtung ein Entwicklungsprozess, der als im Wesentlichen kontinuierlicher Vorgang keine scharf abgrenzbaren Stufen zulasse.[372] Deshalb sei keine willkürfreie Abgrenzung des Beginns des Lebens möglich und der Menschenwürdeschutz auf alle Stadien dieser kontinuierlichen Entwicklung sei auf den Zeitpunkt der Kernverschmelzung auszudehnen.[373] Im Unterschied zur Potentialitätsthese, die auf das alleinige Potential zur Weiterentwicklung zum Menschen abstellt, richtet sich das Argument der Kontinuität auf das kontinuierliche Wachstum ab Kernverschmelzung hin zum geborenen Menschen, das „eine genaue Abgrenzung der verschiedenen Entwicklungsstufen des menschlichen Lebens nicht zulässt".[374]

(3) Identitätsargument

Das Identitätsargument stellt auf die Identität zwischen dem Embryo und dem geborenen Menschen ab. Diese unzweifelhaft vorliegende Identität des Embryos und des später geborenen Menschen, die einmalig und unverwechselbar feststehe, begründe die Zuschreibung der Menschenwürde bereits ab dem Zeitpunkt der Kernverschmelzung. Allein diese reiche für die Bejahung der Menschenwürde des Embryos aus.[375]

bb) *Menschenwürdeträger ab Geburt*

Eine andere Ansicht sieht „erst" den geborenen Menschen als einen Träger der Menschenwürde im Sinne von Art. 1 Abs. 1 GG an.[376] Dann wären Embryo und Gamete keine Menschenwürdeträger.

Der soziale Wert- und Achtungsanspruch gebiete es zwingend, dass Träger der Menschenwürde nur der Mensch sein könne und dies nichts anderes

---

371 Vgl. z. B. von Mangoldt/Klein/Starck- *Starck*, GG, Art. 1 Rn. 18.
372 *Graf Vitzthum*, JZ 1985, S. 201 (208).
373 von Mangoldt/Klein/Starck- *Starck*, GG, Art. 1 Rn. 18.
374 BVerfGE 39, 1 (37); das Kontinuitätsargument wird dort in Bezug auf Art. 2 Abs. 2 S. 1 GG thematisiert.
375 Epping/Hillgruber- *Hillgruber*, BeckOK GG, Art. 1 Rn. 4.
376 *Hilgendorf*, in: *Gethmann/Huster* (Hrsg.), Recht und Ethik in der Präimplantationsdiagnostik, S. 175 (184); Wassermann- *Podlech*, AK- GG, Art. 1 Rn. 57; *Ipsen*, DVBl 2004, S. 1381 (1384).

bedeute, als dass die Subjektqualität erst nach der Vollendung der Geburt eintrete.[377] Dies ergebe sich in erster Linie aus der Rechtsprechung des Bundesverfassungsgerichts, da die Straflosigkeit der Abtreibung unabwendbar voraussetze, dass dem Embryo keine Grundrechtssubjektivität zukomme.[378] Zudem sei die Würde des Menschen keine Fragestellung der Biologie, sondern eines reinen geistigen Aktes.[379] Maßgeblich sei allein die Tradition der Menschenrechte, wie sie in der Philosophie begründet und in den modernen Menschenrechts-Deklarationen definiert wurde. Diese Tradition beinhalte, dass die Menschenrechte dem Menschen aufgrund seiner Würde erst mit seiner Geburt zukomme.[380]

cc) Theorie des gestuften Schutzes der Menschenwürde

Vertreten werden zudem auch die sogenannten (teils unterschiedlich begründeten) Theorien des gestuften Schutzes der Menschenwürde.[381] Diese befürworten die Zuschreibung von Menschenwürdeschutz auch in den frühesten Formen menschlichen Lebens. So soll vor etwaiger Implantation bzw. Nidation die Würde entwicklungsbezogen konkretisiert werden. Deshalb sei von einem abgestuften Schutz der Menschenwürde auszugehen, dessen Differenzierungen aber nur bis zum Zeitpunkt der Nidation notwendig seien.[382] Basis des gestuften Schutzes sei die abschließende genetische Prägung und die damit entwickelte Individualität, beginnend mit der Befruchtung. Die Menschenwürde entfalte demnach sukzessive Schutz auch auf den Zeitpunkt der Kernverschmelzung: Konkret falle dem frühgeburtlichen Leben aber weniger Menschenwürdeschutz zu als beispielsweise dem geborenen Menschen.[383] Diese Herangehensweise erspare schwierige Zäsuren, die sich an bestimmte Entwicklungsschritte knüpften.[384]

---

377 *Ipsen*, DVBl 2004, S. 1381 (1384).
378 *Ipsen*, JZ 1989, S. 889 (992); derselbe DVBl 2004, S. 1381 (1384); *Merkel*, Forschungsobjekt Embryo, S. 34 ff.
379 Vertiefend dazu: Friauf/Höfling- *Enders*, GG, C Art. 1 Rn. 134 Fn. 502 und *Merkel*, Forschungsobjekt Embryo, S. 28 ff., im Vordergrund die geschichtliche Betrachtung im Hinblick auf Art. 2 Abs. 2 S. 1 GG.
380 Friauf/Höfling- *Enders*, GG, C Art. 1 Rn. 134.
381 Etwa *Kloepfer*, JZ 2002, S. 417 (420) Fn. 35 m. w. N; Vgl. zu den unterschiedlichen Theorien, teilweise auch gepaart im Hinblick auf Art. 2 Abs. 2 S. 2 GG *Weschka*, Präimplantationsdiagnostik, Stammzellforschung und therapeutisches Klonen, S. 258 ff.
382 *Herdegen*, JZ 2001, S. 773 (775).
383 Vertiefend dazu *Herdegen*, JZ 2001, S. 773 (775).
384 *Herdegen*, JZ 2001, S. 773 (775).

Innerhalb dieser Theorien wird teilweise ab dem Zeitpunkt der Kernverschmelzung eine Erstreckung der Menschenwürde in Form einer Konstruktion der Quasi- „Grundrechtsanwartschaft" angenommen.[385] Dieser vorwirkende Menschenwürdeschutz auf embryonale Zellen rechtfertige sich daraus, dass bei ungestörter bzw. gebotener Entwicklung der befruchteten Eizelle ein unverwechselbarer, individueller Embryo entstehe, der jedenfalls mit seiner Geburt voller Träger der Menschenwürde sei.[386] Über die sogenannte Rechtsfigur der Schutzpflicht könne die Menschenwürde nicht nur Nachwirkungen, sondern auch Vorwirkungen entfalten. Zwar seien Tote keine Träger subjektiver Rechte, jedoch komme ihnen durch Nachwirkungen der Menschenwürde gleichwohl jene zu, die den Gesetzgeber über den Tag des Todes hinaus zu einem Minimum gesetzlicher Schutzmaßnahmen verpflichte.[387] In vergleichbarer Weise ergäben sich damit auch die Vorwirkungen der Menschenwürde im Sinne des Art. 1 Abs. 1 GG auch auf den Embryo, weil dieser selbst kein Träger subjektiver Rechte sei und damit nicht Menschenwürdeträger. Über die „Rechtsfigur der Schutzpflicht" könnten Embryonen weder nach Belieben erzeugt, abgetötet oder mit ihnen nach Belieben verfahren werden.[388]

dd) Nidation als wesentliche Zäsur der Menschenwürde

Eine andere Auffassung vertritt, dass die Nidation (Einnistung in die Gebärmutter) als wesentliche Zäsur den Zeitpunkt zur Bejahung der Menschenwürde beinhalte.[389] Embryo und Gamete wären dann keine Träger der Menschenwürde.

Diese Vertreter berufen sich im Wesentlichen auch auf die Rechtsprechung des Bundesverfassungsgerichts, dass dem Embryo jedenfalls ab dem 14. Tag seiner Empfängnis den Schutz der Menschenwürdegarantie zuspricht.[390] Zudem wird darauf verwiesen, dass sich nur 30 Prozent der befruchteten Eizellen in die Gebärmutter einnisten, so dass frühestens ab diesem Zeitpunkt eine Menschenwürdeträgerschaft möglich sei.[391] Darüber hinaus gebe es vor der Nidation zwar schon artspezifisches menschliches Leben, aber nicht individuelles menschliches Leben. Das Leben vor der Nidation könne noch nicht einmal als Leibesfrucht bezeichnet werden, denn „in den ersten 60 bis 70 Stunden nach der Befruchtung

---

385 *Kloepfer*, JZ 2002, S. 417 (420).
386 *Kloepfer*, JZ 2002, S. 417 (420).
387 *Ipsen*, JZ 2001, S. 989 (993).
388 *Ipsen*, JZ 2001, S. 989 (993).
389 Kahl/Waldhoff/Walter- *Zippelius*, BK, Art. 1 Abs. 1 Rn. 51 Fn. 66 m. w. N.
390 Kahl/Waldhoff/Walter- *Zippelius*, BK, Art. 1 Abs. 1 Rn. 51.
391 Vgl. w. N. in Dreier- *Dreier*, GG, Art. 1 Abs. 1 Rn. 85 Fn. 275 m. w. N.

sind die Zellen des Keimlings noch totipotent, d. h. nicht in einer bestimmten Weise funktionell differenziert".[392] Erst etwa am 12. Tag schließe sich der Keim dem mütterlichen Kreislauf an und würde dann zur Leibesfrucht.[393]

ee) Menschenwürde und überindividuelle Aspekte

Im bioethischen Zusammenhang werden auch überindividuelle Aspekte der Menschenwürde hervorgebracht. Darunter werden Konstruktionen verstanden, die über den individuellen Kontext des Subjekts hinausgehen. Zum Teil wird vertreten, die Menschenwürde schütze nicht nur den einzelnen Menschen als individualschützendes Recht, sondern es wird vielmehr die Würde der „Menschheit an sich" als geschützt angesehen.[394] Folgte man dieser Ansicht, wären Embryo und auch Gamete über die Würde der Menschheit an sich geschützt „Wer über die Folgen gentechnologischer Entwicklungen für künftige Generationen nachdenkt, muß mit einer vertretbaren Hilfskonstruktion den verfassungsrechtlichen Schutz auf vorstellbare, aber noch nicht lebende Menschen ausdehnen."[395]

Es wird argumentiert, die Menschenwürde sei in dieser Hinsicht kein Aspekt der Freiheit, sondern die Verpflichtung des Menschen, die Würde seines Geschlechts nicht zu untergraben.[396] Ausdruck der Achtung sei dabei das Gebot des Gesetzes, das Erbgut des Menschen nicht anzutasten sowie die Akzeptanz genetischer Kombinationen, konkret: Das Prinzip der Unantastbarkeit des menschlichen Genoms.[397]

Die Menschenwürde beinhalte auch die Möglichkeit, durch die Kontingenz der Gattung Mensch, selbstverantwortlich Persönlichkeiten hervorzubringen – so müsse sich der entstehende Mensch als Angehöriger der Gattung Mensch verstehen können.[398]

---

392 *Hofmann*, JZ 1986, S. 253 (258).
393 *Hofmann*, JZ 1986, S. 253 (258).
394 *Benda*, in: *Flöhl (Hrsg.)*, Genforschung – Fluch oder Segen?, S. 205 (210); *Isensee*, in: *Bohnert et al. (Hrsg.)*, FS Hollerbach, S. 243 (261) Fn. 56 m. w. N.; *Höfling*, in: *Gesellschaft für Rechtspolitik (Hrsg.)*, Bitburger Gespräche, 2002/II, S. 99 (114); *Witteck/Erich*, MedR 2003, S. 258 (262); vgl. auch w. N. in Dreier-*Dreier*, GG, Art. 1 Rn. 116 Fn. 388.
395 *Benda*, in: *Flöhl (Hrsg.)*, Genforschung – Fluch oder Segen?, S. 205 (210).
396 *Isensee*, in: *Bohnert et al. (Hrsg.)*, FS Hollerbach, S. 243 (261) Fn. 56 m. w. N.
397 *Isensee*, in: *Bohnert et al. (Hrsg.)*, FS Hollerbach, S. 243 (262).
398 *Höfling*, in: *Gesellschaft für Rechtspolitik (Hrsg.)*, Bitburger Gespräche, 2002/II, S. 99 (114), der diese Begründung allerdings als „vage" beschreibt.

Konkret wird beispielsweise ein Rekurs auf Art. 1 Abs. 1 GG dann als zulässig erachtet, „wenn es", so *Vitzthum*[399], „um den verfassungsrechtlichen Fundamentalkonsens geht. ...bei der Gefahr einer Zerstörung des Zerstörbaren, bedarf es einer der Größe der Bedrohung angemessenen Schutznorm, einer letzten Schranke, die ein Abstürzen in die prinzipielle Verfügbarkeit des Menschen verhindert. Art. 1 I GG ist diese Notbremse im System des verfassungsrechtlichen Rechtsgüterschutzes." Ein Zugriff auf Art. 1 Abs. 1 GG sei dann legitim, wo Einzelgrundrechte der Wucht des Angriffs schwerlich gewachsen seien. Insbesondere beim optimierenden Zugriff der Gattung Mensch sei dies der Fall.[400]

Diese Interpretation der Menschenwürde erscheint sehr pauschal und im Bereich der bioethischen und rechtlichen Diskussion jederzeit einsetzbar, wenn es um die Verhinderung von technischen Interventionen bzw. Innovationen geht.[401] Zudem kann sie sich weder auf den Wortlaut der Norm noch auf die Entstehungsgeschichte bei Schaffung von Art. 1 Abs. 1 GG berufen.[402] Darüber hinaus dient der Menschenwürdesatz in erster Linie der Vermittlung von Schutz und Achtung der einzelnen Individuen gegenüber staatlichen Gewalteingriffen und anderen Gesellschaftsmitgliedern, damit dem Individuum in seinem Eigenwert und seiner Eigenständigkeit eine nicht antastbare Freiheit gegenüber Allgemeininteressen gewährleistet werden kann.[403] Es stellt sich die Frage, wie sich dann der kollektive Würdeanspruch und der Anspruch der Menschenwürde des Individuums gegenüberstehen würden: Nähme man an, die Gattungswürde setzte sich gegenüber der Individualmenschenwürde durch, wäre nicht nur das allgemein anerkannte Prinzip untergraben, dass die Menschenwürde keiner Abwägung fähig ist, sondern es wäre auch die Aufgabe des Würdeschutzes als tragendes Konstitutionsprinzip der Verfassung obsolet.[404] Die Theorie einer Gattungswürde kann auch deshalb nicht überzeugen. Ein überindividueller Kontext der Menschenwürde in diesem Sinne ist damit abzulehnen.[405]

---

399 *Graf Vitzthum*, ZRP 1987, 33 (36).
400 *Graf Vitzthum*, ZRP 1987, 33 (36).
401 Vgl. dazu in der Tiefe bspw. *Neumann*, ARSP 1998, S. 153 (159 ff.).
402 *Seelmann, Kurt*, in: *Fateh-Moghadam/Sellmaier/Vossenkuhl (Hrsg.)*, Grenzen des Paternalismus, S. 206 (213).
403 *Gutmann*, in: *van den Daele (Hrsg.)*, Biopolitik Leviathan, Zeitschrift für Sozialwissenschaft (2005), S. 235 (243).
404 So wie hier auch: *Gutmann*, in: *van den Daele (Hrsg.)*, Biopolitik Leviathan, Zeitschrift für Sozialwissenschaft (2005), S. 235 (243).
405 Ebenfalls mit ähnlicher Argumentation wird auch im überindividuellen Kontext die Konstruktion einer Schutzfunktion über eine objektiv rechtliche Dimension vertreten,

Mit den Szenarien der Menschenzüchtung in engstem Zusammenhang steht auch das sogenannte Dammbruchargument, sogenanntes slippery slope-Argument. Das Argument ist im ethischen Teil bereits ausführlich dargelegt worden.[406] Ergänzend dazu ist der von den Gegnern einer teilweisen Ausnahmeregelung von der Strafbarkeit der PID (Präimplantationsdiagnostik) befürchtete Dammbruch, wie etwa das „Designerbaby", nicht eingetreten.[407] Nach den nun vorliegenden ersten aussagekräftigen Zahlen zur PID in Deutschland sind in 2017 knapp 300 Anträge von Paaren bei den fünf zuständigen Ethikkommissionen eingegangen, etwa 95 Prozent dieser Anträge wurden, nach den Angaben der federführenden Ärztekammern, auch bewilligt.[408] Damit sind die Zahlen sehr nah an dem angenommenen Höchstwert der Bundesregierung von 2015, und es wird erwartet, dass in den nächsten Jahren die Höchstzahl von 300 Anträgen pro Jahr nicht überschritten wird.[409] Auch das Bundesministerium stellte klar, dass es keine Hinweise darauf gäbe, dass die in 2015 angenommene Grenze unzutreffend wäre.[410]

Die PID kann zum gegenwärtigen Zeitpunkt als Beispiel dafür dienen, dass eugenische Eingriffe und ein Abgleiten auf eine „schiefe Ebene" durch entsprechende Gesetze und Einrichtungen wie Ethikkommissionen reguliert werden können.

Embryo und Gamete können im Ergebnis auch nicht durch überindividuelle Aspekte der Menschenwürde geschützt sein.

ff) Stellungnahme

Da *Genome Editing*-Behandlungen nach heutigem Kenntnisstand überwiegend an einem Embryo oder einer Gamete (Ei- oder Samenzelle) vorgenommen werden könnten, ist zu klären, ob der Embryo bzw. die Gamete Menschenwürdeträger sind.

---

vgl. in der Tiefe dazu etwa *Gutmann*, in: *van den Daele (Hrsg.)*, Biopolitik Leviathan, Zeitschrift für Sozialwissenschaft (2005), S. 235 (243 ff.).
406 Vgl. dazu Kap. C. II. 2. a).
407 *Becker*, FAZ vom 7.2.2018, S. 3 (3).
408 Die genannten Zahlen gehen auf Daten der für die PID zuständigen Ethikkommissionen zurück, die der FAZ vorlagen, vgl. FAZ vom 7.2.2018, S. 1 (1).
409 *Becker*, FAZ vom 7.2.2018, S. 3 (3); diese Einschätzung wird aber unterschiedlich bewertet – so streiten Fachleute nun darüber, welche Schlussfolgerungen aus diesen Zahlen zu ziehen seien, vgl. dazu *Becker*, FAZ vom 7.2.2018, S. 3 (3).
410 FAZ vom 7.2.2018, S. 2 (2).

Zunächst kann sich (auch) die Kernverschmelzungstheorie nicht auf den Text des Grundgesetzes, Art. 1 Abs. 1 GG, als primäre Rechtsquelle berufen. Denn dieses schweigt zu der Fragestellung, ob dem Embryo der Status der Menschenwürde zukommt. Der Wortlaut aus Art. 1 Abs. 1 GG „die Würde des Menschen" könnte beliebig den Embryo erfassen oder aber auch nicht.[411] Zudem ist eine Berufung mit Blick auf die verfassungsrechtliche Geschichte der Menschenwürde sicherlich nicht möglich. In ihrer geschichtlichen Betrachtung bezog sich die Menschenwürde auf geborene Personen.[412] Es sollte Folter, Stigmatisierung und Demütigung verhindert werden; Menschen sollten nicht wie Tiere behandelt werden dürfen, das pränatale Leben wurde – zumindest im Hinblick auf Art. 1 Abs. 1 GG – nicht bedacht.[413]

Auch die Judikatur des Bundesverfassungsgerichts als sekundäre Rechtsquelle stützt die Kernverschmelzungsthese nicht.[414] Das Gericht äußerte sich nämlich nicht konkret zu der Fragestellung, ob dem Embryo auch vor dem Zeitpunkt der Nidation Menschenwürde zuzusprechen ist, da dies für die zu entscheidenden Fälle nicht von Belang war.[415] Gegenstand des Urteils waren die strafrechtlichen Vorschriften des Schwangerschaftsabbruches.[416] Dass das Gericht Leben „jedenfalls" vom 14. Tage nach der Empfängnis (Nidation, Individation) an zusprach, hat ebenfalls keine Indizwirkung dafür, dass schon zu einem früheren Zeitpunkt Menschenwürdeträgerschaft des pränatalen Lebens vorliegt – es stellte lediglich fest, dass zu dem Zeitpunkt der Nidation Menschenwürde zuzusprechen ist und hat damit andere, etwaige in Betracht kommende Zeitpunkte offen gelassen.[417] Diese Rechtsprechung bestätigte das Bundesverfassungsgericht durch das zweite Urteil zur Abtreibung 1993.[418]

Überdies vermag auch das Kontinuitätsargument nicht zu überzeugen.[419] Es handelt sich bei diesem um einen klassischen Fehlschluss des sogenannten Sôritês-Paradoxon, das schon in der Antike bekannt war.[420] Es wird zumeist an

---

411 Vgl. dazu in der Tiefe *Merkel*, Forschungsobjekt Embryo, S. 26 ff.
412 Vgl. w. N. Dreier- *Dreier*, GG, Art. 1 Abs. 1 Rn. 85 Fn. 258 m. w. N.
413 Dreier- *Dreier*, GG, Art. 1 Abs. 1 Rn. 85; Vgl. dazu später Kap. E. I. 2. c) im Hinblick auf die Diskurse des Parlamentarischen Rates.
414 BVerfGE 39, 1 (1 ff.); BVerfGE 88, 203 (203 ff).
415 *Hufen*, ZRP 2002, S. 372 (372).
416 BVerfGE 88, 203 (252).
417 BVerfGE 39, 1 (37); *Jerouschek*, JZ 1989, S. 279 (281).
418 BVerfGE 88, 203 (252).
419 Dreier- *Dreier*, GG, Art. 1 Abs. 1 Rn. 85; *Heun*, JZ 2002, S. 517 (520); *Hilgendorf*, NJW 1996, 758 (761); *Welling*, Genetisches Enhancement, S. 68.
420 Dreier- *Dreier*, GG, Art. 1 Abs. 1 Rn. 85 und Fn. 274: „Abgeleitet von sorôs (Haufen)".

einem Sandhaufen Beispiel demonstriert. „Ein Sandkorn macht noch keinen Sandhaufen. Ein Sandkorn und ein weiteres Sandkorn ebenfalls nicht. Das gilt auch für jedes weitere zugefügte Sandkorn. Dennoch bilden eine Million Sandkörner einen Sandhaufen."[421] Dies zeigt, dass neue qualitative Stufen trotz Fehlens klarer Zäsuren im Prozess kontinuierlicher Entwicklung erreicht werden können. Hiermit kann jedoch nicht begründet werden, dass die höchste qualitative Stufe (Sandhaufen) von Anfang an dem ersten Sandkorn, beziehungsweise bezogen auf *Human Genome Editing* der befruchteten Eizelle die Trägerschaft der Menschenwürde zuzusprechen ist.[422]

Gegen das Potentialitätsargument spricht, dass sich die Eigenschaft der Potentialität nicht nur auf den Zeitpunkt der Kernverschmelzung beziehen muss. Potentialität in diesem Sinne kommt mithin schon der Ei- und der Samenzelle zu, so dass auch eine Verschmelzung von Ei- und Samenzelle damit nicht die Potentialität an sich erhöhen würde.[423] Dieser volle Grundrechtsschutz würde dann ebenfalls für die Zellen im Vorkernstadium gelten, da sich aus ihnen auch ein Embryo bilden kann, so dass verstärkte Potentialität bei Kernverschmelzung als maßgebender Zeitpunkt nicht vorliegt.[424] Es erscheint schon deshalb als Abgrenzungskriterium ungeeignet.[425]

Gegen die Kernverschmelzungsthese spricht zudem, dass die Perspektive, dass eine in der Zukunft eintretende Rechtsposition bereits im vollen Ausmaß dem früheren Entwicklungsgrad zugesprochen werden soll, der Rechtsordnung generell fremd ist.[426]

Das Ergebnis, dass die Kernverschmelzung von Ei- und Samenzelle nicht der maßgebliche Zeitpunkt des Beginns der Menschenwürde sein kann, wird auch nicht mit (kurzem) Blick auf die allgemeinen (umstrittenen) Menschenwürdetheorien zur Frage des personalen Trägers der Menschenwürde erschüttert.[427]

---

421 Dreier- *Dreier*, GG, Art. 1 Abs. 1 Rn. 85 und Fn. 274.
422 *Welling*, Genetisches Enhancement, S. 129.
423 *Heun*, JZ 2002, S. 517 (520); *Merkel*, Forschungsobjekt Embryo, S. 157; *Schöne-Seifert*, Contra Potentialitätsargument S. 171 ff.; *Welling*, Genetisches Enhancement, S. 130 ff. m. w. N.
424 *Rosenau*, Reproduktives und therapeutisches Klonen, in: *Amelung et al. (Hrsg.)*, FS Schreiber, S. 761 (768).
425 *Heun*, JZ 2002, S. 517 (520) Fn. 59 m. w. N.
426 Dreier- *Dreier*, GG, Art. 1 Abs. 1 Rn. 85 Fn. 279 m. w. N.
427 Dreier- *Dreier*, GG, Art. 1 Abs. 1 Rn. 83.

Die sogenannte Leistungstheorie von *Niklas Luhmann* sieht Menschenwürde als die Befähigung zur Selbstpräsentation und damit als Leistung an, zu der der Embryo in keinem Stadium in der Lage ist.[428] Sie kann damit nicht als Argument für die Kernverschmelzungstheorie herangezogen werden.

Die Kommunikationstheorie verknüpft die Menschenwürde mit der gesellschaftlichen Solidarität einer Anerkennungsgemeinschaft: Danach sind alle Menschen unabhängig von ihren Fertigkeiten Menschenwürdeträger – allerdings keine Embryonen, so dass auch diese nicht für die Kernverschmelzungsthese spricht.[429]

Durch die sogenannte Mitgifttheorie in der idealistischen Alternative wird die Menschenwürde auf die Vernunft des Menschen, seine freie Selbstbestimmung und Autonomie zurückgeführt.[430] Diese Eigenschaften können aber nicht auf pränatales Leben übertragen werden. Sie scheidet damit als Argument für die Kernverschmelzungsthese ebenfalls aus.

Eine theologische Alternative der Mitgifttheorie sieht im ungeborenen Leben und auch schon in der befruchteten Eizelle Menschenwürde.[431] Jedoch reichen diese theologischen Glaubenssätze allein nicht aus, um die Menschenwürdeträgerschaft des Embryos zu begründen, wenn und da es sich um das Grundgesetz eines säkularen Rechtsstaates handelt.[432]

Ferner vermögen auch die Theorien des gestuften Schutzes der Menschenwürde nicht überzeugen. Dagegen streitet entschieden der verfassungsrechtliche hohe Rang der Menschenwürde, der sich aus der Unantastbarkeit und der damit zusammenhängenden Unabwägbarkeit ergibt.[433] Eine prinzipielle Abstufung des Schutzes der Menschenwürde nach den jeweiligen Entwicklungsstufen würde Art. 1 Abs. 1 GG genau dieser Besonderheit als unantastbares Grundrecht untergraben und einen schwer erklärbaren Bruch der dogmatischen Konstruktion bedeuten.[434]

---

428 *Luhmann*, Grundrechte als Institution, S. 68; vgl. dazu auch Dreier- *Dreier*, GG, Art. 1 Abs. 1 Rn. 84 und zur Leistungstheorie allgemein Rn. 58.
429 Vgl. dazu auch *Dreier*, Bioethik zwischen gesellschaftlicher Pluralität und staatlicher Neutralität, S. 16, https://www.uni-muenster.de/imperia/md/content/kfg-normenbegruendung/intern/publikationen/_fellows/01_dreier_-_pluralit__t_und_neutralit__t.pdf, zuletzt aufgerufen am 23.11.2018.
430 Dreier- *Dreier*, GG, Art. 1 Abs. 1 Rn. 55.
431 Dreier- *Dreier*, GG, Art. 1 Abs. 1 Rn. 55 ff. Fn. 266 m. w. N.
432 Dreier- *Dreier*, GG, Art. 1 Abs. 1 Rn. 84.
433 *Welling*, Genetisches Enhancement, S. 135.
434 *Heun*, in: *Gethmann/Huster (Hrsg.)*, Recht und Ethik in der Präimplantationsdiagnostik, S. 103 (107 f.).

Die Begründung der Theorie der Vorwirkung der Menschenwürde passt dogmatisch nicht. Die Darstellung der Parallele des allgemein anerkannten postmortalen Menschenwürdeschutzes, von dem dann auf den vorwirkenden Menschenwürdeschutz der Geburt geschlossen wird, hinkt insofern, als dass der postmortale Menschenwürdeschutz eine Verlängerung der Menschenwürde desjenigen bedeutet, der einmal lebte, während es für einen pränidativen Menschenwürdeschutz an einer vergleichbaren Basis, einem vergleichbaren Substrat, fehlt.[435]

b) Ergebnis

Zusammenfassend ist damit festgestellt, dass der Embryo kein Träger der Menschenwürde ist. Im Wege des Erst-Recht-Schlusses gilt dies auch für die Ei- oder Samenzelle (Gamete).[436]

2 Grundrechtsträgerschaft im Hinblick auf das Recht auf Leben aus Art. 2 Abs. 2 S. 1 Alt. 1 GG

Der Schutzbereich des Rechts auf Leben beinhaltet die biologisch-physische Existenz des Menschen.[437] Während Einigkeit besteht, dass das verfassungsrechtlich gewährleistete Recht auf Leben zumindest mit Beginn der Geburt bis zum Tode reicht, stellt sich die Frage, ob auch der Embryo und die Gamete (Ei- und Samenzelle) Grundrechtsträger des Rechts auf Leben sind – die fehlende Grundrechtsträgerschaft der Menschenwürde von Embryo und Gamete bedeutet nicht, dass jene keine Grundrechtsträger von Art. 2 Abs. 2 S. 1 Alt. 1 GG sein können.[438]

Wären Embryo (oder auch Gamete) Träger des Rechts auf Leben, wären *Genome Editing*-Behandlungen bzw. eine Erlaubnis oder ein Verbot dessen auch am Maßstab des Art. 2 Abs. 2 S. 1 Alt. 1 GG zu messen. Dabei ist zu bedenken, dass Eingriffe in das Grundrecht auf Leben – im Unterschied zur Menschenwürde – verfassungsrechtlich gerechtfertigt werden können.[439]

---

435 Dreier- *Dreier*, GG, Art. 1 Abs. 1 Rn. 79 Fn. 253; zum postmortalen Menschenwürdeschutz allgemein vgl. BVerfGE 30, 173 (194).
436 Ganz vereinzelt wird auch den Gameten Menschenwürde zugesprochen. Dies kann aber aufgrund oben dargestellter Argumentation nicht überzeugen; a. A. *Starck*, in: *Ständige Deputation des deutschen Juristentages (Hrsg.)*, A 17.
437 *Hufen*, Staatsrecht II, S. 217.
438 Zur sogenannten Entkopplung von Art. 1 GG zu Art. 2 Abs. 2 S. 1 GG vgl. die Argumentation bei Dreier- *Dreier*, GG, Art. 1 Abs. 1 Rn. 67 Fn. 203 m. w. N.
439 *Hufen*, Staatsrecht II, S. 220.

Es bleibt damit zu prüfen, ob Embryo bzw. Gamete als „jeder" im Sinne des Art. 2 Abs. 2 S. 1 GG anzusehen sind.

a) Normtextorientierte Argumentation

Der Wortlaut des Art. 2 Abs. 2 S. 1 Alt. 1 GG erwähnt Embryo und Gamete als Grundrechtsträger des Rechts auf Leben nicht. „Jeder" ist im Zusammenhang mit Art. 2 Abs. 2 S. 1 Alt. 1 GG als „jeder Mensch" zu verstehen. Gewöhnlich wird der Embryo vornehmlich weder im alltäglichen Sprachgebrauch noch qua Gesetz als „Mensch" bezeichnet. Es ist vielmehr der „Embryo", der „Fötus", die „befruchtete Eizelle", die „Leibesfrucht", oder der „werdende Mensch".[440] Auch im juristischen Zusammenhang bezieht sich der Begriff „Mensch" regelmäßig nicht auf den Embryo oder gar eine Gamete. Insbesondere meint § 1 BGB ausdrücklich den geborenen Menschen. § 218 Abs. 1 S. 2 StGB und die Vorschriften des EschG deklarieren den Embryo auch nicht als „Mensch".[441]

Ein methodischer Rückschluss auf die Verfassung ergibt sich daraus allerdings nicht. Sie kann als Fundament der Rechtsordnung einem so wesentlichen Rechtsbegriff eine andere, umfassendere Bedeutung geben.[442] Da die Verfassung diesbezüglich aber schweigt, lässt sich der Begriff „jeder" sowohl im Sinne von „jedes menschliche Wesen" als auch im Sinne „jeder geborenen Mensch" interpretieren.[443] Es handelt sich damit im Hinblick auf den Wortlaut der Verfassung um ein non liquet.[444]

b) Historische Betrachtung

Während der Beratungen des Parlamentarischen Rates wurde der seit 1949 unveränderte Normtext des Art. 2 Abs. 2 S. 1 GG verfasst.[445] Für die umstrittene Frage des Beginns pränatalen Lebensschutzes wird die Entstehungsgeschichte

---

440 *Giwer*, Rechtsfragen der Präimplantationsdiagnostik, S. 63.
441 *Merkel*, Forschungsobjekt Embryo, S. 26.
442 *Merkel*, Forschungsobjekt Embryo, S. 27.
443 *Giwer*, Rechtsfragen der Präimplantationsdiagnostik, S. 63; *Hoerster*, JuS 1989, S. 172 (173); *Merkel*, Forschungsobjekt Embryo, S. 27; a. A. *Weiß*, JR 1992, S. 182 (183), der der Ansicht ist, das Tatbestandsmerkmal „jeder Mensch" umfasse alle Angehörigen der Gattung Homo sapiens vor und nach der Geburt...der Wortlaut sei insoweit eindeutig.
444 Zur Wortlautinterpretation vgl. auch: *Giwer*,
Rechtsfragen der Präimplantationsdiagnostik, S. 63 Fn. 5 m. w. N.
445 Friauf/Höfling- *Höfling*, GG, C Art. 2 (3. Teil) Rn. 16.

des Art. 2 Abs. 2 S. 1 GG unterschiedlich interpretiert. Diese ist aber unergiebig, da es keine übereinstimmende Meinung dazu gab, ob die Lebensschutzgarantie auch das keimende Leben mit umfassen sollte.[446] Einen Antrag, das keimende Leben ausdrücklich in den Art. 2 Abs. 2 S. 1 GG aufzunehmen, lehnte der Hauptausschuss des Parlamentarischen Rates in seiner Sitzung am 18. Januar 1949 mit 11:7 Stimmen ab.[447] Teilweise wird dies als Verneinung eines pränatalen Lebensschutzes interpretiert.[448] Überdies wird darauf verwiesen, die ablehnende Mehrheit habe sich zum Teil aus solchen Abgeordneten zusammengesetzt, für die eine Klarstellung aufgrund einer weiten (und damit den Embryo umfassenden Vorschrift) Auslegung des Begriffs Leben überflüssig gewesen sei.[449] Diese Interpretationen bewegen sich letztlich aber in einem spekulativen Bereich.[450] Schließlich kann man auch bei der historischen Betrachtung weder den Einschluss noch den Ausschluss des Embryos als „jeder" bejahen oder verneinen, so dass dies unentschieden bleibt („non liquet").[451]

c) Die Rechtsprechung des Bundesverfassungsgerichts

Der grundrechtliche Lebensschutz des pränatalen Embryos war erstmals Thema höchstrichterlicher Rechtsprechung im sogenannten ersten Abtreibungsurteil von 1975. Dieses hatte das fünfte Strafrechtsreformgesetz, das die Abtreibung in den ersten zwölf Wochen nach Empfängnis unter bestimmten Voraussetzungen von Strafe ausnahm (Fristenlösung), zum Gegenstand.[452] Das Gericht stellte in diesem Urteil klar, dass das sich im Mutterleib entwickelnde Leben unter dem Schutz des Art. 2 Abs. 2 S. 1 Alt. 1 GG steht.[453] „Leben im Sinne der geschichtlichen Existenz eines menschlichen Individuums", so das *Bundesverfassungsgericht* hinsichtlich des Beginns der Trägerschaft im Hinblick auf Art. 2 Abs. 2 S. 1

---

446 Friauf/Höfling- *Höfling*, GG, C Art. 2 (3. Teil) Rn. 17; *Müller-Terpitz*, Der Schutz des pränatalen Lebens, S. 238 Fn. 466 m. w. N.
447 Vgl. dazu die zitierte Zusammenfassung der Auseinandersetzung des zuständigen Ausschusses des Parlamentarischen Rates von *Wernicke* in der Erstfassung des Bonner Kommentars zum Grundgesetz zu Art. 2 Abs. 2 GG in: *Merkel*, Forschungsobjekt Embryo, S. 28 ff.
448 Vgl. dazu z. B. *Hoerster*, JuS 1989, S. 172 (173).
449 *Giwer*, Rechtsfragen der Präimplantationsdiagnostik, S. 64 Fn. 7 m. w. N.
450 Friauf/Höfling- *Höfling*, GG, C Art. 2 (3. Teil) Rn. 18 Fn. 55 m. w. N.
451 Friauf/Höfling- *Höfling*, GG, C Art. 2 (3. Teil) Rn. 18 Fn. 55 m. w. N.; im Ergebnis so auch *Merkel*, Forschungsobjekt Embryo, S. 31.
452 BVerfGE 39, 1 (1 ff.).
453 BVerfGE 39, 1 (36).

GG, "besteht nach gesicherter biologisch-physiologischer Erkenntnis jedenfalls vom 14. Tage nach der Empfängnis (Nidation, Individuation) an …".[454] „Jeder" im Sinne des Art. 2 Abs. 2 S. 1 Alt. 1 GG sei daher auch das ungeborene menschliche Wesen.[455]

Diese Rechtsprechung bestätigte der zweite Senat im zweiten Abtreibungsurteil vom 28. Mai 1993, indem es feststellte, dass es sich jedenfalls nach der Nidation um ein individuelles, in seiner genetischen Identität und damit in seiner Einmaligkeit und Unverwechselbarkeit bereits festgelegtes, nicht mehr teilbares Leben handele, das sich im Prozess des Wachsens und Sich-Entfaltens nicht erst zum Menschen, sondern als Mensch entwickele.[456]

Inwiefern sich der Schutz des Art. 2 Abs. 2 S. 1 Alt. 1 GG auch auf das pränidative Leben beziehen könnte, ließ das Bundesverfassungsgericht offen, da es in ihm vorliegenden Verfahren keiner Entscheidung bedurfte. Es merkte aber an, dass Erkenntnisse der medizinischen Anthropologie nahelegten, dass menschliches Leben bereits mit der Verschmelzung von Ei- und Samenzelle entstehe.[457] Beide Entscheidungen sind sowohl für als auch gegen einen Lebensschutz bereits ab Konjugation interpretiert worden.[458] Die Gamete wäre nach allen Interpretationen aber jedenfalls vom Grundrechtsschutz nicht erfasst. Die verfassungsgerichtliche Begründung in Bezug auf die Grundrechtsträgerschaft des Embryos hat demgegenüber Aspekte für beide Positionen und bleibt deshalb im Ergebnis offen.[459]

d) Biologisch-physiologische Begründungsansätze

Die überwiegende Mehrheit von Autoren stützt sich hinsichtlich des grundrechtlichen Lebensschutzes auf biologisch-physiologische Kriterien und geht bestimmten Zäsuren in der Ontogenese (Entwicklung von dem Embryo zu einem differenzierten Organismus) nach.[460]

---

454 BVerfGE 39, 1 (37).
455 BVerfGE 39, 1 (37).
456 BVerfGE 88, 203 (251).
457 BVerfGE 88, 203 (251); siehe zum Thema der fehlenden Maßgeblichkeit des naturwissenschaftlichen Indizes bereits vorher ausgeführte Aspekte.
458 Vgl. dazu in der Tiefe *Müller-Terpitz*, Der Schutz des pränatalen Lebens, S. 143 Fn. 52 und Fn. 55 m. w. N.
459 *Müller-Terpitz*, Der Schutz des pränatalen Lebens, S. 143 Fn. 56 m. w. N.
460 *Müller-Terpitz*, Der Schutz des pränatalen Lebens, S. 172; vgl. zu den von einer kleinen Minderheit vertretenen, nicht-biologischen Ansätzen, die Darstellung von *Müller-Terpitz*, Der Schutz des pränatalen Lebens, S. 144–172 sowie die Darstellung, jenes schon beginnend mit der sogenannten Imprägnation (Verbindung der beiden Vorkerne in einer Eizelle), in Dreier- *Schulze-Fielitz*, GG, Art. 2 Abs. 2 Rn. 50.

aa) Individuation und Nidation

Teilweise wird als beginnenden Zeitpunkt des grundrechtlich gewährleisteten Lebensschutzes auf den Zeitpunkt der sogenannten Individuation verwiesen. Die Individuation benennt das Stadium, in dem die Möglichkeit des Embryos zu einer monozygoten (eineiigen) Mehrlingsbildung verschwindet, die sich nach vollzogener Nidation, etwa nach 14 Tagen, ereignet.[461] Aus eben diesem Verlust der Mehrlingsbildung wird unter anderem hergeleitet, dass erst dann ein individualisierbares Leben existiere, welches für die Zuweisung des Lebensrechtes geeignet sei. Da es noch an der vorausgesetzten Individualisierung fehle, sei von „latentem menschlichen Leben" zu sprechen.[462] Danach wären die Gamete und der Embryo zum Zeitpunkt der Kernverschmelzung nicht vom Grundrechtsschutz des Art. 2 Abs. 2 S. 1 GG erfasst.

Dagegen lässt sich aber einwenden, dass der Embryo vor der Individuation trotz seines Potentials zur Mehrlingsbildung als eine unverwechselbare und ungeteilte funktionelle Einheit zu sehen ist. Vor etwaiger Zwillingsbildung als ein Individuum, nach jener folglich als zwei Individuen.[463] Der Umstand, dass es vor der Individuation offen ist, ob sich das gestartete genetische Programm in einem oder in mehreren Individuen seine Ausprägung findet, streitet eher für als gegen einen Schutzanspruch, da dann mehrere (schützenswerte) Individuen betroffen wären.[464] Die Annahme der Individuation als maßgebender Zeitpunkt überzeugt damit nicht.

Teilweise wird auf den Zeitpunkt der Nidation (vollständige Einnistung der Blastozyte in die Gebärmutterschleimhaut) als den Beginn der Grundrechtsträgerschaft des Art. 2 Abs. 2 S. 1 Alt. 1 GG abgestellt.[465] Die Nidation ist als rechtsrelevante Zäsur erstmals 1974 durch das Strafrechtsreformgesetz in die Rechtsordnung eingeführt worden (früher § 219d StGB) und bestimmt durch § 218 Abs. 1 S. 2 StGB den Zeitpunkt des Beginns strafrechtlichen Schutzes pränatalen Lebens ab Nidation, was aber für den Rückschluss von einer einfach gesetzlichen Regelung auf eine verfassungsrechtliche Lebensrechtsgarantie

---

461 *Coester-Waltjen*, FamRZ 1984, S. 230 (235); vgl. dazu auch die Nachweise in *Müller-Terpitz*, Der Schutz des pränatalen Lebens, S. 189 Fn. 272.
462 *Coester-Waltjen*, FamRZ 1984, S. 230 (235); eine weitere Darstellung (widerlegter) Argumente siehe ebenfalls *Müller-Terpitz*, Der Schutz des pränatalen Lebens, S. 189 ff.
463 *Müller-Terpitz*, Der Schutz des pränatalen Lebens, S. 192.
464 *Müller-Terpitz*, Der Schutz des pränatalen Lebens, S. 192 Fn. 286 m. w. N.
465 z. B. *Dederer*, AöR 2002, S. 1 (19); w. N. *Müller-Terpitz*, Der Schutz des pränatalen Lebens, S. 201 Fn. 201.

ausscheidet.⁴⁶⁶ Gestützt wird diese sogenannte Nidationsthese mit dem Argument, es gelangten aufgrund natürlicher Selektion nur ca. 30 % aller befruchteten Embryonen zur Nidation, so dass es wenig sinnvoll sei, Embryonen bereits zu einem Zeitpunkt das grundrechtliche Lebensrecht zuzusprechen, zu dem ihr Überleben noch nicht gesichert sei.⁴⁶⁷ Der Mensch sei nicht verpflichtet, sich sorgfältiger zu verhalten als die Natur, die verschwenderisch selektiere, und dafür zu sorgen, dass jedes befruchtete Ei die Möglichkeit zur Nidation bekomme.⁴⁶⁸

Diese Argumentation kann aber nicht überzeugen. Denn die statistische Überlebenswahrscheinlichkeit kann schon deshalb kein Maßstab für die Entscheidung für oder gegen den Lebensschutz des Embryos sein, da der Wortlaut des Art. 2 Abs. 2 S. 1 Alt. 1 GG jedem, der aktuell „lebt", voraussetzungslos das Recht auf Leben gewährleistet.⁴⁶⁹ Zudem würde eine solche Herangehensweise, übersetzt auf lebende Menschen, bedeuten, dass jenen mit einer verringerten Lebenschance der grundrechtliche Lebensschutz ebenfalls entzogen werden müsste.⁴⁷⁰ Die Annahme der Nidation als maßgebender Zeitpunkt des grundrechtlich abgesicherten Lebensschutzes scheidet damit ebenfalls aus.

bb) Beginn der Hirntätigkeit

Der Beginn der Hirntätigkeit wird als weitere biologisch-physiologische Zäsur für den verfassungsrechtlichen Beginn pränatalen Lebens vorgeschlagen.⁴⁷¹ Diese Konzeption wird durch eine Übertragung zum Ende des menschlichen Lebens, auf das sogenannte Hirntod-Kriterium gestützt. Dieses ist im medizinischen, ethischen und juristischem Schrifttum vorherrschend.⁴⁷² Da dieser Zeitpunkt aber bei den Individuen auch unterschiedlich eintrete, müsse eine zeitliche Grenze (bis ca. zwei Monate nach der Befruchtung) gezogen werden,

---

466 BGBl. I S. 57 f.; *Müller-Terpitz*, Der Schutz des pränatalen Lebens, S. 201.
467 Diese These wird zudem noch mit dem (ebenfalls nicht überzeugenden) sogenannten Argument der biologischen Abhängigkeit unterfüttert. Der Vollständigkeit halber vgl. dazu *Müller-Terpitz*, Der Schutz des pränatalen Lebens, S. 204 ff.
468 z. B. *Rosenau*, Reproduktives und therapeutisches Klonen, in: *Amelung et al. (Hrsg.)*, FS Schreiber, S. 761 (771); w. N. in *Müller-Terpitz*, Der Schutz des pränatalen Lebens, S. 202 Fn. 319.
469 *Müller-Terpitz*, Der Schutz des pränatalen Lebens, S. 202.
470 *Welling*, Genetisches Enhancement, S. 169.
471 *Joerden*, JuS 2003, S. 1051 (1053) Fn. 15 m. w. N.; vgl. zur medizinischen und ethischen Argumentation die Darstellung bei *Sass*, in: *Sass (Hrsg.)*, Medizin und Ethik, S. 160 (163 ff.).
472 Vgl. die Darstellung bei *Müller-Terpitz*, Der Schutz des pränatalen Lebens, S. 183.

die sicherstelle, dass jedenfalls davor noch keine Gehirntätigkeit vorliege.[473] Nach dieser Ansicht wären die Gamete und der Embryo zum Zeitpunkt der Kernverschmelzung nicht vom Schutz des Art. 2 Abs. 2 S. 1 GG erfasst.

Für den Zeitpunkt der Gehirntätigkeit als Beginn des Grundrechtsschutzes spreche, dass das für den Menschen und sein Leben charakteristische Gehirn eine neue Qualität in das sich entwickelnde Wesen bringe. Es wären dann zumindest die physiologischen Voraussetzungen dafür gegeben, dass sich neben der Natur so etwas wie (rudimentärer) Geist etabliere. Erinnerungen könnten jetzt prinzipiell gespeichert werden, auch wenn das auch ohne Bewusstsein im engeren Sinne erfolge.[474]

Die Parallele des Hirntodkriteriums auf die Vorgänge des Beginns der menschlichen Ontogenese überzeugt indes nicht. Im Ergebnis lässt sich das nicht schlüssig begründen, da das Erlöschen der Hirnaktivität am Lebensende den irreversiblen Übergang vom Leben zum Tod kennzeichnet, während die Ausbildung zerebraler Strukturen und Funktionen den Beginn von agierendem Leben zu weiter entwickeltem Leben markiert.[475]

cc) Erste spürbare Kindsbewegungen

Eine andere Möglichkeit für den Beginn des Lebensschutzes ist der Zeitpunkt, ab dem die Mutter die ersten Kindsbewegungen spürt und naturgemäß eine engere Bindung zu dem werdenden Leben entsteht – dies ist regelmäßig zwischen der 16. und 18. Schwangerschaftswoche der Fall.[476] Danach wären die Gamete und der Embryo zum Zeitpunkt der Kernverschmelzung nicht vom Schutz des Art. 2 Abs. 2 S. 1 GG erfasst.

Geschichtlich betrachtet war das Erspüren der ersten Kindsbewegungen für die Strafbarkeit der Abtreibung von zentraler Relevanz, da im common law und nach Art. 132 der Peinlichen Gerichtsordnung von 1532 (Constutio Criminalis Carolina) ein Schwangerschaftsabbruch vor diesem Zeitpunkt entweder nicht oder erheblich milder geahndet wurde.[477]

Mehrere Aspekte sprechen jedoch gegen das Abstellen auf die ersten spürbaren Kindsbewegungen: Zunächst vollzieht das Ungeborene schon viel früher,

---

473 *Joerden*, JuS 2003, S. 1051 (1053f.).
474 Die gesamte Darstellung geht zurück auf *Joerden*, JuS 2003, S. 1051 (1053 f.).
475 *Müller-Terpitz*, Der Schutz des pränatalen Lebens, S. 186, Nachweise ablehnender Stimmen des Hirntodarguments dort Fn. 264.
476 *Giwer*, Rechtsfragen der Präimplantationsdiagnostik, S. 69.
477 *Müller-Terpitz*, Der Schutz des pränatalen Lebens, S. 181.

etwa ab der sechsten Schwangerschaftswoche, erste Bewegungen im Mutterleib, so dass die ersten spürbaren Kindsbewegungen ein Ereignis darstellen, die nicht mit einer Veränderung in der Ontogenese zusammenfallen.[478] Zudem kann die Mutter bereits viel eher durch immer wachsende Technologien wie Ultraschallaufnahmen etc. eine Bindung zu ihrem Kind aufbauen, so dass das Erspüren der ersten Kindsbewegungen psychologisch argumentativ nur noch bedingt brauchbar ist.[479]

dd) Extrauterine Lebensfähigkeit

Eine weitere Zäsur stellt die Lebensfähigkeit des nasciturus außerhalb des Mutterleibes dar. Auch danach wären die Gamete und der Embryo zum Zeitpunkt der Kernverschmelzung nicht vom Schutz des Art. 2 Abs. 2 S. 1 GG erfasst.

Die Lebensfähigkeit des nasciturus außerhalb des Mutterleibes ist abhängig von der Lungenreife, so dass eine lebensfähige Frühgeburt nach heutigen medizinischen Möglichkeiten bereits ab der 20. bis 22. Schwangerschaftswoche möglich ist.[480]

Diese Ansicht geht vor allem auf die Rechtsprechung des US-Supreme Court in der maßgebenden Entscheidung *Roe v. Wade* zurück, der feststellte, dass die Entscheidung zur Vornahme eines Schwangerschaftsabbruchs im ersten Trimester umfassend der Frau zustünde.[481] Im zweiten Trimester könne der Staat Regelungen zur Abtreibung erlassen, wenn sie die Gesundheit der Frau schütze. Erst ab der (medizinisch möglichen) extrauterinen Lebensfähigkeit des Kindes dürfe der Staat den Schwangerschaftsabbruch sogar verbieten, wenn dieser nicht nötig sei, um das Leben oder die Gesundheit der Mutter zu schützen. Begründet wurde diese Entscheidung mit dem sogenannten right of privacy der Frau, das bis zur extrauterinen Lebensfähigkeit des Kindes auch die autonome Entscheidung der Frau für oder gegen eine Abtreibung umfasse.[482]

Das Bundesverfassungsgericht hat in seiner ersten Abtreibungsentscheidung deutlich gemacht, dass „der Schutz des Art. 2 Abs. 2 Satz 1 GG weder auf den „fertigen" Menschen nach der Geburt noch auf den selbstständig lebensfähigen

---

478 *Müller-Terpitz*, Der Schutz des pränatalen Lebens, S. 182.
479 *Giwer*, Rechtsfragen der Präimplantationsdiagnostik, S. 70.
480 *Müller-Terpitz*, Der Schutz des pränatalen Lebens, S. 175.
481 U. S. Supreme Court, Entscheidung vom 22. Januar 1973 – 410 U. S. 113 – zum Teil abgedruckt in EuGRZ 1974, 52 (52 ff.)
482 Vgl. dazu die Leitsätze des Gerichts in EuGRZ 1974, 52 (52) und die Begründungen in EuGRZ 1974, 52 (52 ff.).

nasciturus beschränkt werden" kann.[483] Zweifel bestehen auch allein schon deshalb hinsichtlich Übertragbarkeit für das deutsche Verfassungsrecht, da die Entscheidung erheblicher Kritik ausgesetzt war.[484] Zudem verbietet es sich aufgrund der je nach dem Stand der medizinischen Technik zeitlichen Variationen des konkreten Zeitpunkts der extrauterinen Lebensfähigkeit, jene als entscheidende Zäsur anzusehen, da diese aufgrund der wandelbaren Möglichkeiten der Medizin ständig verschoben würde.[485]

ee) Die Geburt

Teilweise wird vertreten, dass die Geburt den erheblichen Moment zur Bestimmung des Lebensrechts aus Art. 2 Abs. 2 S. 1 Alt. 1 GG darstelle.[486] Da Gamete und der Embryo zum Zeitpunkt der Kernverschmelzung nicht geboren sind, wären sie dann vom Schutz des Art. 2 Abs. 2 S. 1 GG nicht erfasst.

Hoerster führt beispielsweise aus, dass Menschen personale Wesen seien, die Ich-Bewusstsein und Rationalität besäßen. Ein solches personales Wesen lebe nicht nur im Augenblick. Es verstehe sich aufgrund seines Ich-Bewusstseins als ein Wesen mit Vergangenheit und Zukunft. Es könne zudem aufgrund seiner Rationalität seine Zukunft planend gestalten. Der Nasciturus sei aufgrund dieser fehlenden Eigenschaften nicht als personales Wesen zu qualifizieren.[487] Personalität sei aber Voraussetzung, dem einzelnen Individuum ein Recht auf Leben einzuräumen.[488] Obwohl die für die Fragestellung relevante Bewusstseinsbildung erst im Laufe des zweiten Lebensjahres allmählich einsetze, sei die Zäsur für den Beginn des Lebensschutzes die Geburt, da diese die einzig sinnvolle Grenze für einen effektiven Lebensschutz darstelle.[489]

Begründet wird die Geburt als maßgeblicher Zeitpunkt für das Lebensrecht auch damit, dass es durch den Geburtsakt zu der Auflösung der engen Verbundenheit zwischen Mutter und Kind komme mit dem Ergebnis, dass das Kind selbstständige Lebensfähigkeit bekomme, während beide vor der Geburt eine untrennbare Einheit bildeten.[490]

---

483 BVerfGE 39, 1 (37).
484 Vgl. dazu *Welling*, Genetisches Enhancement, S. 172 Fn. 727 und Fn. 728 m. w. N.
485 *Schmidt*, Rechtliche Aspekte der Genomanalyse, S. 94.
486 *Hoerster*, JuS 1989, S. 173 (178).
487 *Hoerster*, JuS 1989, S. 173 (175).
488 *Hoerster*, JuS 1989, S. 173 (178).
489 *Hoerster*, JuS 1989, S. 173 (178).
490 *Rüpke*, Schwangerschaftsabbruch und Grundgesetz, S. 146; vgl. dazu auch w. N. in *Müller-Terpitz*, Der Schutz des pränatalen Lebens, S. 173 Fn. 195 und Fn. 197.

Gegen die Argumentation von *Hoerster* spricht, dass diese dann, weiter gedacht, Menschen mit fehlender Rationalität wie etwa schwerst behinderten Menschen oder irreversibel Komatösen das Lebensrecht abgesprochen werden müsste.[491] Neben der auf der Hand liegenden moralischen Unvertretbarkeit einer solchen Annahme/Wertung widerspräche dies auch dem Diskriminierungsverbot aus Art. 3 Abs. 3 S. 2 GG, dass niemand wegen seiner Behinderung benachteiligt werden darf.[492]

Darüber hinaus kann der Zeitpunkt unter biologisch-physiologischen Aspekten nicht zu dem hier vorgestellten Ergebnis führen. Die biologisch-physiologische Entwicklungsreife und Eigenständigkeit des gerade geborenen Säuglings unterscheidet sich nur noch graduell von seinem fetalen Stadium.[493] Die Eignung der (feststellbaren) Zäsur Geburt für eine normative Statusbeschreibung geht darüber hinaus fehl, da diese einen sehr variablen Zeitpunkt darstellt, der durch medizinische Manipulationen offen ist.[494] Auch das Argument der biologischen Einheit zwischen Mutter und Kind überzeugt nicht. Unbenommen der ganz engen Verbundenheit des Ungeborenen mit dem mütterlichen Organismus stellt das Ungeborene eines von der Mutter verschiedene, individuelle Entität dar, was sich vor allem am individuellen Genom des Nasciturus manifestiert – vom Bundesverfassungsgericht daher treffend als „Zweiheit in Einheit" beschrieben.[495] Die Geburt scheidet daher als Anknüpfungspunkt für den Beginn menschlichen Lebens aus.

e) Kernverschmelzung

Die obig formulierten Bedenken lassen bereits den Schluss zu, dass sich aus biologisch-physiologischer Sicht allein die Fertilisation (Befruchtung) der Ei- und Samenzelle als maßgeblicher Anknüpfungspunkt für den Anfang des Schutzes aus Art. 2 Abs. 2 S. 1 Alt. 1 GG pränatalen Lebens eignet.[496] Dabei ist zu beachten, dass der Zeitpunkt der Fertilisation insoweit im Hinblick auf die Vornahme von *Genome Editing*-Behandlungen konkretisiert werden muss, da die Fertilisation lediglich ein Oberbegriff für das Geschehen ist. Er beinhaltet die sogenannte

---

491 *Giwer*, Rechtsfragen der Präimplantationsdiagnostik, S. 75.
492 *Giwer*, Rechtsfragen der Präimplantationsdiagnostik, S. 75.
493 *Müller-Terpitz*, Der Schutz des pränatalen Lebens, S. 174.
494 *Müller-Terpitz*, Der Schutz des pränatalen Lebens, S. 174 Fn. 200 m. w. N.
495 BVerfGE 88, 203 (253); *Müller-Terpitz*, Der Schutz des pränatalen Lebens, S. 174.
496 *Müller-Terpitz*, Der Schutz des pränatalen Lebens, S. 214 zur ganz herrschenden Meinung Fn. 362 m. w. N.

Imprägnation (das Eindringen des Spermiums in die Oozyte), das Vorkernstadium (die Bildung des männlichen und weiblichen Pronukleus) und die Konjugation (Verschmelzung des mütterlichen mit dem väterlichen Pronukleus zu einem neuen diploiden Chromosomensatz), durch die der Embryo entsteht.[497]

Überzeugend wird von der herrschenden Meinung die Lebensschutzgarantie des Art. 2 Abs. 2 S. 1 Alt. 1 GG ab Konjugation (Embryo) befürwortet.[498] Der Gesetzgeber hat sich mit § 8 Abs. 1 ESchG insoweit positioniert, als dass er „…die befruchtete, entwicklungsfähige menschliche Eizelle vom Zeitpunkt der Kernverschmelzung an…" als Embryo im Sinne des Embryonenschutzgesetzes bezeichnet. Auch in der Gesetzesbegründung zur Präimplantationsdiagnostik des § 3 a EschG wird deutlich, dass der Lebensschutz ab Konjugation angenommen wird. Der Gesetzgeber habe einen Gestaltungsspielraum inne, der sich in den Grenzen der Verfassung bewegen müsse.[499]

Für das Abstellen auf diesen Zeitpunkt spricht zudem, dass die genetische Identität des Menschen dann vollkommen festgelegt ist. Zwar kommen noch Informationen und Steuerimpulse der Mutter hinzu, die das bereits vorliegende Programm der Ontogenese starten, nicht aber es vervollständigen oder die genetische Identität prägen oder gar verändern.[500] Das Geschehen der Kernverschmelzung ist daher als „zentrale Weichenstellung" der menschlichen Ontogenese zu verstehen, das durch das verfassungsrechtliche gewährleistete Recht auf Leben zu schützen ist.[501] Es ist deshalb auch nicht erst an einen späteren Zeitpunkt zu knüpfen. Es sprechen keine überzeugenden Argumente dafür.

Es bleibt damit letztlich zu klären, ob bereits frühere Zäsuren – die Imprägnation oder das Vorkernstadium oder gar die Gameten – maßgeblich für die Grundrechtsträgerschaft des Rechts auf Leben sein könnten. Die Imprägnation als frühe annehmbare Zäsur wird mithin nur selten, in der juristischen Diskussion gar nicht vertreten.[502] Das ist auch nachvollziehbar, da die imprägnierte Eizelle noch nicht die für ein Lebewesen charakteristische aktive reale Potenz

---

497 Vgl. dazu eingehend die Darstellung von *Müller-Terpitz*, Der Schutz des pränatalen Lebens, S. 214, der zunächst hervorhebt, dass im herrschenden Schrifttum die Fertilisation als maßgeblicher Zeitpunkt angenommen werde, auf welchen maßgeblichen Zeitpunkt es ankomme, würde aber selten konkretisiert.
498 *Müller-Terpitz*, Der Schutz des pränatalen Lebens, S. 174 Fn. 368 m. w. N.
499 BT-Drs. 17/7415.
500 *Welling*, Genetisches Enhancement, S. 175.
501 *Knoeppfler*, Forschung an menschlichen Embryonen, S. 47.
502 Vgl. für die theologische Diskussion etwa die w. N. *Müller-Terpitz*, Der Schutz des pränatalen Lebens, S. 215 Fn. 366.

besitzt, da die Reifeteilung (Reduktion des diploiden Chromosomensatzes auf den haploiden Chromosomensatz) noch nicht abgeschlossen ist.[503] Diese ist aber notwendig, da durch sie erst die genetische Einzigartigkeit des Menschen festgelegt wird.[504] Für die normative Bewertung des Imprägnationsstadiums ist dabei auch nicht entscheidend, dass die imprägnierte Eizelle diese aktive reale Potenz während des weiteren Befruchtungsvorgangs bekommen wird, da von einem unmittelbar bevorstehenden Geschehen nicht auf das tatsächliche – hier die Verschmelzung von Ei- und Samenzelle – gefolgert werden kann. Das neue Genom existiert noch nicht, auch wenn von den Vorzeichen geprägt nur noch ein ganz bestimmtes Genom entstehen kann.[505] Die Imprägnation kommt damit für den Beginn der Grundrechtsträgerschaft des Rechts auf Leben nicht in Betracht.

Teilweise wird der Grundrechtsschutz jedoch in der juristischen Literatur bereits im Vorkernstadium (mit Beendigung der zweiten Reifeteilung) angenommen, denn das werdende Leben stehe bereits spätestens zu diesem Zeitpunkt fest, wenn auch noch verteilt in den jeweils haploiden männlichen und weiblichen Vorkernen. Es sei dabei nur eine definitorische Frage, ob man bereits dann von einer Zygote sprechen wolle oder erst nach Verdopplung der Chromosomensätze des männlichen und weiblichen Vorkernes und dessen Verschmelzung. Die Informationen im Genom änderten sich aber jedenfalls durch diesen nicht mehr.[506]

Gegen diese Argumentation spricht, dass erst mit der Konjugation die entwicklungsfähige Zygote mit diploidem Chromosomensatz vorliegt.[507] Schließlich verfügt die imprägnierte Oozyte im Zeitpunkt des Vorkernstadiums noch nicht über das aktive Potential, sich bei geeigneten Bedingungen zu einem Menschen zu entwickeln. Das setzt die Fähigkeit zu miotischer Zellteilung voraus, die erst ein wenig später, zum Zeitpunkt der Konjugation einsetzt.[508]

Der Schutz des pränatalen Lebens aus Art. 2 Abs. 2 S. 1 Alt. 1 GG beginnt damit letztlich mit der Verschmelzung von Ei- und Samenzelle, so dass der Embryo über das Recht auf Leben geschützt wird. Die Gamete kann damit keine Trägerin des Rechs auf Leben sein.

---

503 *Müller-Terpitz*, Der Schutz des pränatalen Lebens, S. 251.
504 *Bodden-Heinrich et al.*, in: *Rager, Günter (Hrsg.)*, Beginn, Personalität und Würde des Menschen, S. 15 (67).
505 *Quante*, Personales Leben und menschlicher Tod, S. 84.
506 *Schneider*, Rechtliche Aspekte der Präimplantations- und Präfertilisationsdiagnostik, S. 267 Fn. 1074 m. w. N.
507 *Müller-Terpitz*, Der Schutz des pränatalen Lebens, S. 253 Fn. 534 m. w. N.
508 *Müller-Terpitz*, Der Schutz des pränatalen Lebens, S. 255 Fn. 368 m. w. N.

3 Grundrechtsträgerschaft im Hinblick auf das Recht auf körperliche Unversehrtheit aus Art. 2 Abs. 2 S. 1 Alt. 2 GG

Genome Editing-Behandlungen greifen in das Recht auf körperliche Unversehrtheit des Embryos ein, sofern dieser über das Recht auf körperliche Unversehrtheit gemäß Art. 2 Abs. 2 S. 1 Alt. 2 GG verfassungsrechtlich geschützt ist.

Der Schutzbereich des Rechts auf körperliche Unversehrtheit umfasst in biologisch-physiologischer Hinsicht die Integrität der körperlichen Substanz sowie auch die psychische Integrität, sofern sie mit der physiologischen Integrität verknüpft sind.[509] Von Bedeutung ist vorliegend der Schutzbereich der körperlichen Integrität.

Wie oben bereits ausgeführt ist auch der Embryo „jeder" im Sinne der Vorschrift des Art. 2 Abs. 2 S. 1 GG, da dieser als eigenes organisiertes System ab diesem Zeitpunkt Körperlichkeit im Sinne des Art. 2 Abs. 2 S. 1 Alt. 2 GG inne hat.[510]

Der Embryo, aber mit gleicher Argumentation wie bei dem Recht auf Leben nicht die Gamete, ist damit über das Recht auf körperliche Unversehrtheit gem. Art. 2 Abs. 2 S. 1 Alt. 2 GG verfassungsrechtlich geschützt.

4 Ergebnis

Zusammenfassend sind im Ergebnis Embryo und Gamete keine Grundrechtsträger der Menschenwürde des Art. 1 Abs. 1 S. 1 GG. Der Embryo ist aber Grundrechtsträger des Rechts auf Leben und körperliche Unversehrtheit gem. Art. 2 Abs. 2 S. 1 GG, während der Gamete dieser Grundrechtschutz nicht zukommt.

II *Human Genome Editing* – Materieller Grundrechtsschutz angesichts des Standes der gegenwärtigen medizinischen Wissenschaft

Nach Klärung des Beginns der Grundrechtsträgerschaft pränatalen Lebens bleibt nun die Frage der Betroffenheit verfassungsrechtlich verankerter Rechtspositionen.

Im Vorfeld werden zunächst medizinische Vorfragen beantwortet, um das Verfahren in den rechtlichen Gesamtzusammenhang einzuordnen. Im Anschluss daran werden mögliche Grundrechtseingriffe durch Vornahme einer

---

509 Sachs- *Murswiek/Rixen*, GG, Art. 2 Rn. 148.
510 So auch *Müller-Terpitz*, Der Schutz des pränatalen Lebens, S. 367 Fn. 5 m. w. N.

Genome Editing-Behandlung herausgearbeitet. Da diese in Form von Gefährdungen/Beeinträchtigungen von Privatpersonen (Eltern, Mutter, Arzt) ausgehen, berühren sie die Thematik der grundrechtlichen Schutzpflicht. Es wird deshalb zunächst auf der Tatbestandsebene (mit vorläufigem Ergebnis) geprüft, ob durch die Vornahme von *Human Genome Editing* schutzpflichtenaktivierende Beeinträchtigungen des Embryos vorliegen.

Umgekehrt werden dann in Betracht kommende Grundrechtspositionen geprüft, die durch Verbot von *Human Genome Editing* betroffen sind. Im Ergebnis werden dann beide Prüfungen zusammengeführt. Können die Grundrechtspositionen, die durch das Verbot betroffen sind, die Beeinträchtigungen der Grundrechte, die durch *Genome Editing*-Behandlungen vorliegen, rechtfertigen und eine etwaige Schutzpflicht entfallen lassen? Auf der Rechtsfolgenebene wird dann die Frage gestellt, ob im Rahmen der Schutzpflicht des Staates ein Verbot des *Human Genome Editing* verfassungsrechtlich geboten ist. Beurteilungsgrundlage dieser Prüfung ist der (gegenwärtige) Stand der medizinischen Wissenschaft hinsichtlich der *Genome Editing*-Techniken.

1 Grundrechtsverletzungen durch Vornahme von *Human Genome Editing* am Embryo – Tatbestandsseite

a) Medizinische Rahmenbedingungen

Um mögliche Grundrechtsverletzungen durch *Human Genome Editing* zu konkretisieren, müssen zunächst medizinische Rahmenbedingungen beleuchtet werden. Welches sind die konkreten Risiken einer Keimbahntherapie und welche medizinischen Behandlungswege gibt es?

aa) Grundsätzliche Risiken einer Keimbahntherapie

Wie oben bereits dargestellt, liegt die Besonderheit einer Keimbahnintervention darin, dass eine vorgenommene Genveränderung an der Keimbahn eines Individuums nicht nur dieses betrifft, sondern die Veränderung an die Folgegeneration(en) weitervererbt wird. Sie wirkt sich damit nicht nur auf einen Menschen, sondern auch auf dessen Nachkommen aus. Dies lässt das Risiko und die Anforderungen an eine Behandlung, insbesondere in Bezug auf die technische Sicherheit, steigen. Durch die mehrgenerative Wirkung könnten sich die potentiellen Vorteile sowie auch die potentiellen Schäden multiplizieren.[511]

---

511 *The National Academies of Science, Engineering, Medicine*, Human Genome Editing, Science, Ethics, and Governance, S. 112.

Zunächst ist kurz anzumerken, dass nach heutigem Stand eine etwaige Keimbahntherapie immer im Rahmen einer künstlichen Befruchtung durch in vitro-Fertilisationsverfahren (IVF = künstliche Befruchtung in einem Reagenzglas) vorgenommen würde. Damit verbunden sind dann die (heutigen) körperlichen Risiken der Fertilisationsverfahren (insbesondere Eizellentnahme, so genannte Follikelpunktion). Diese Risiken sind aber überschaubar. So lagen beispielsweise im Jahr 2016 die Komplikationen nach den Auswertungen des IVF-Registers bei den (gemeldeten) Eizellentnahmen bei 1,0 %.[512]

Technische, bislang überwiegend noch ungelöste, zu überwindende Probleme, gibt es vielmehr im Hinblick auf die Verfahren der *Genome Editing*-Behandlung an sich, die an einer Gamete (Ei- oder Samenzelle) und an einem Embryo möglich ist.

(1) Off-target-Effekte

Wie im medizinischen Teil der Arbeit bereits beschrieben, können trotz großer Effektivität und Spezifität von (speziell) CRISPR/Cas9 durch die Größe des Genoms und die Vielzahl von Sequenzen Fehler in der Art vorkommen, dass Genabschnitte angegriffen werden, die man nicht zu treffen beabsichtigt. Die DNA wird dann an einer falschen Stelle geschnitten, was zu einer unbeabsichtigten Mutation führt, der sogenannten off-target-Mutation.[513] Tritt eine solche ein, würde man auch woanders im Erbgut die gewünschten Veränderungen finden, was ein potentielles Risiko des *Human Genome Editing* darstellt. Die Folgen könnten DNA-Brüche an unerwünschter Stelle im Erbgut des Patienten mit unvorhersehbaren Folgen sein.[514]

Allerdings ist dabei anzumerken, dass die meisten signifikanten off-target-Ereignisse bei Versuchen in Krebszellen gefunden wurden, während Experimente in ganzen Organismen wie Mäusen, Primaten und Zebrafischen nur über wenige bis gar keine off-target-Effekte berichten – dies könnte den Schluss zulassen, dass es außerhalb von Krebszellen weniger off-target-Effekte gibt.[515] Auch

---

512 Vgl. dazu die Auswertungen des IVF-Registers 2016, auch zu den Überstimulationen, http://www.deutsches-ivf-register.de/jahrbuch.php, S. 42, zuletzt aufgerufen am 23.11.18.
513 *Deutsche Akademie der Naturforscher Leopoldina e. V. (Hrsg.)*, Chancen und Grenzen des genome editing, S. 10.
514 https://www.mpg.de/11033456/crispr-cas9-therapien, zuletzt aufgerufen am 31.03.19.
515 *The National Academies of Science, Engineering, Medicine*, Human Genome Editing, Science, Ethics, and Governance, S. 227 mit möglichen Erklärungen und auch w. N. über die zahlreichen Versuche.

die (allerdings umstrittenen) Ergebnisse von *Hong Ma et al.* führten diesbezüglich zu erheblich besseren Resultaten, da die untersuchten Embryonen keine off-target-Effekte aufwiesen.[516]

Insgesamt wird aufgrund der bereits jetzt vorliegenden Fortschritte darauf hingewiesen, dass das Risiko der Fehlschläge in naher Zukunft deutlich verringert oder sogar eliminiert werden könnte.[517]

(2) Nicht ausreichende Erforschung von Genen und deren Wechselwirkungen

Grundsätzlich stellt sich in Bezug auf die Vornahme einer Keimbahntherapie die Frage, ob das Wissen über menschliche Gene, genetische Variationen und Wechselwirkungen zwischen Genen und deren Umgebung ausreichend ist, um eine Genomeditierung durchzuführen, die den Sicherheitsstandards genügen könnte. Während das Wissen über einige Gene wohl ausreichend ist, ist dies in vielen Fällen nicht der Fall. Beispielsweise hat man bis jetzt noch nicht verstanden, warum das APOE4-Allel (ein Allel ist eine Zustandsform eines Gens), das eindeutig mit einem erhöhten Risiko für eine Alzheimer Erkrankung korreliert, im menschlichen Genpool mit so einer großen Häufigkeit vorliegt.[518] Es wird vermutet, dass es ähnlich wie bei dem heterozygoten Vorteil der Sichelzellmutation (Schutz gegen Malaria) möglicherweise einen anderen Vorteil bietet.[519] Während die heterozygote Vererbung (nur von einem Elternteil) der Sichelzellmutation bewirkt, dass deren Träger nur wenige Krankheitsanzeichen haben und resistent gegen Malariaparasiten sind, die ihre roten Blutkörperchen infizieren und damit signifikante Überlebenschancen in Gebieten bietet, wo Malaria vorkommt, bewirkt die homozygote Vererbung (Vererbung von beiden Elternteilen) die Übertragung der Sichelzellenkrankheit.[520]

---

516 *Ma et al.*, Nature (2017), S. 413–419; kritisch hinsichtlich dieser Ergebnisse aber dazu *Egli et al.*, bioRxiv preprint (2017) doi: http://dx.doi.org/10.1101/181255, S. 1–6, zuletzt aufgerufen am 23.11.2018.
517 *The National Academies of Science, Engineering, Medicine*, Human Genome Editing, Science, Ethics, and Governance, S. 227 und S. 227–230 mit drei Ansätzen und der damit verbundenen Fortschritte hins. off-target-Effekten.
518 *The National Academies of Science, Engineering, Medicine*, Human Genome Editing, Science, Ethics, and Governance, S. 118.
519 *The National Academies of Science, Engineering, Medicine*, Human Genome Editing, Science, Ethics, and Governance, S. 118.
520 *The National Academies of Science, Engineering, Medicine*, Human Genome Editing, Science, Ethics, and Governance, S. 86, siehe dort auch zur Vertiefung diesbezüglich.

Es wird erwartet, dass die Kenntnisse der Wechselwirkungen insgesamt durch verschiedene Genomprojekte in der ganzen Welt zwischen Genom und Umwelt in der Zukunft verbessert werden. Voraussetzung für eine Genbearbeitung ist damit auch ein ausreichendes Verständnis eines Gens.[521]

(3) Auswirkungen auf den menschlichen Genpool

In Bezug auf Wechselwirkungen von Genen, ihrer Umgebung und des oben genannten Beispiels der Sichelzellanämie wird in diesem Zusammenhang die Frage gestellt, ob das Editieren des menschlichen Erbguts zu einer (negativen) signifikanten Veränderung des menschlichen Genpools führen könnte. Dagegen wird aber eingewandt, dass die Anzahl der (vermutlich regulativ stark begrenzten) Anwendungen voraussichtlich sehr gering wären, und deshalb womöglich keine signifikanten bzw. minimale Wirkungen auf den menschlichen Genpool durch Genomeditierungen allein therapeutischer Anwendung zu erwarten wären.[522]

(4) Zusammenfassung

Es ist damit zusammenfassend festzustellen, dass es noch einiger wissenschaftlicher und medizinischer Anstrengungen bedarf, um Risiken einer Keimbahntherapie zu minimieren oder gar zu eliminieren.

bb) Medizinische Behandlungswege des Human Genome Editing

Es ist bereits hervorgehoben worden, dass nach gegenwärtigem Wissen jegliche Keimbahnintervention im Rahmen einer künstlichen Befruchtung vorgenommen werden würde. Zudem wäre momentan im Fall der Genommodifikation eines Embryos eine PID (Präimplantationsdiagnostik) vorgeschaltet, um die genetisch auffälligen Embryonen identifizieren zu können. Dies wäre nur dann nicht erforderlich, wenn der medizinisch seltene Fall einer genetischen Konstellation vorliegt, dass alle Embryonen betroffen sind, da dann das Ergebnis einer PID auf der Hand läge.[523] Wahrscheinlich müsste im Moment auch aufgrund der oben beschriebenen off-target-Effekte auch noch eine PID nachgeschaltet

---

521 *The National Academies of Science, Engineering, Medicine*, Human Genome Editing, Science, Ethics, and Governance, S. 118.
522 *The National Academies of Science, Engineering, Medicine*, Human Genome Editing, Science, Ethics, and Governance, S. 118.
523 Dies ist beispw. dann der Fall, wenn die Eltern an derselben rezessiv vererbbaren Krankheit leiden, das defekte Gen also auf beiden Chromosomen vorhanden ist und damit alle Embryonen betroffen sind.

werden, um zu sehen, ob die Behandlung funktioniert hat.[524] Diese nachgeschaltete PID mit der Besonderheit einer späteren, etwaigen Selektion, soll hier aber nicht im Fokus der Untersuchung stehen. Zwar wirft die Bewertung immer noch Probleme auf, wurde aber bereits vielfach diskutiert.[525] Zudem orientiert sich die PID am Maßstab des § 3 a ESchG.

b) Schutzpflichtenaktivierende Beeinträchtigung des Embryos?

Dass *Genome Editing*-Behandlungen vom Staat angeordnet werden, ist zwar theoretisch vorstellbar, praktisch aber nicht zu erwarten. Eugenik wäre ein evidenter Menschenwürdeverstoß, so dass direkte Eingriffe durch den Staat hier nicht relevant sind. Die Gefährdungen/Beeinträchtigungen für den Embryo gehen von Privatpersonen aus (Eltern, Mutter, Arzt). Anknüpfungspunkt rechtlicher Bewertungen sind hier damit Einwirkungen seitens privater Dritter.

Die Schutzpflicht eines Staates wird aktiviert, wenn ein privater Dritter grundrechtlich geschützte Rechtsgüter in nicht zu rechtfertigender Weise beeinträchtigt oder wenn bereits die Gefahr einer solchen Beeinträchtigung besteht.[526] Rechtsprechung und Literatur verstehen unter den grundrechtlichen Schutzpflichten die an den Staat adressierte Verpflichtung, grundrechtlich geschützte Rechtsgüter vor rechtswidrigen Eingriffen privater Dritter zu schützen.[527] Das BVerfGE leitete die Rechtsfigur der Schutzpflichten aus dem objektiven Grundrechtsgehalt als die in einer Grundrechtsnorm enthaltene objektive Wertentscheidung ab. Dies tat es vor allem in Konstellationen, die die Gefährdung des Grundrechts auf Leben und körperliche Unversehrtheit beinhalteten und konkretisierte Schutzpflichten des Gesetzgebers, um gefährdete Schutzgüter durch geeignete Maßnahmen sicherzustellen.[528] Der Gesetzgeber verfügt hinsichtlich der Festlegung der Art und des Umfangs des Schutzes über einen weiten Gestaltungsspielraum im Rahmen des sogenannten Untermaßverbots. Die getroffenen Maßnahmen müssen unter Berücksichtigung entgegenstehender Rechtsgüter

---

524 *Graumann, Sigrid*, Vortrag in: Simultanmitschrift der Jahrestagung des deutschen Ethikrates vom 22. Juni 2016, S. 49 (50).
525 Vgl. z. B. *Giwer*, Rechtsfragen der Präimplantationsdiagnostik; *Becker*, FAZ vom 7.2.2018, S. 3.
526 *Müller-Terpitz*, Der Schutz des pränatalen Lebens, S. 543.
527 Vgl. hierzu BVerfGE 39, 1 (42); *Müller-Terpitz*, Der Schutz des pränatalen Lebens, S. 85 Fn. 14 m. w. N.
528 BVerfGE 88, 203 (254); zur Vertiefung der dogmatischen Begründungsansätze des BVerfGE vgl. auch *Schneider*, Rechtliche Aspekte der Präimplantations- und Präfertilisationsdiagnostik, S. 86.

notwendig und angemessen sein, um einen wirksamen Schutz des grundrechtlichen Schutzgutes sicherzustellen.[529] Die Begründungsansätze der Rechtsfigur der Schutzpflicht sind im Schrifttum unterschiedlicher Art und umstritten.[530]

Als gefährdete oder beeinträchtigte Grundrechtspositionen kommen das Recht auf Leben und das Recht auf körperliche Unversehrtheit des Embryos in Betracht.

aa) Recht auf Leben des Embryos aus Art. 2 Abs. 2 S. 1 Alt. 1 GG

Der Schutzbereich des Rechts auf Leben beinhaltet die biologisch-physische Existenz des Menschen.[531] Problematisch ist dabei die Reichweite des personellen Schutzbereiches am Anfang des Lebens. Aus schon genannten Erwägungen beginnt der Lebensschutz des Embryos aus Art. 2 Abs. 2 S. 1 Alt. 1 GG mit der Kernverschmelzung.[532] Es wird deshalb untersucht, ob eine *Genome Editing*-Behandlung an der Keimbahn des Embryos eine Beeinträchtigung des Rechts auf Leben aus Art. 2 Abs. 2 S. 1 Alt. 1 GG beinhaltet.

(1) Konstellationen der Grundrechtsbeeinträchtigungen

Die weitere Untersuchung geht der Frage nach, ob eine *Genome Editing*-Behandlung nach gegenwärtigem Technikstand Beeinträchtigungscharakter im Sinne einer Lebensgefährdung des Embryos hat.

(a) Beeinträchtigung durch die Vornahme einer IVF

Die IVF (in vitro-Fertilisationsverfahren) mit anschließendem Embryonentransfer ist eine Form der künstlichen Befruchtung, die außerhalb des Mutterleibes in einem Reagenzglas oder einem Petrischälchen stattfindet. Sie wird bei Kinderwunsch des Paares dann zur Überwindung der Fertilitätsstörung angewandt, wenn eine Hormonstimulation oder Insemination (sowohl im homologen wie auch im heterologen System) nicht zu der Herbeiführung einer Schwangerschaft führt oder nicht erfolgversprechend ist.[533]

1978 wurde erstmals über die erfolgreiche IVF von *Edwards* und *Steptoe* berichtet, durch die das erste „Retortenbaby", das Mädchen *Louise Brown*, zur

---

529 BVerfGE 88, 203 (254).
530 Vgl. zu den differierenden Begründungsansätzen vertieft etwa *Müller-Terpitz*, Der Schutz des pränatalen Lebens, S. 92 ff.; *Schneider*, Rechtliche Aspekte der Präimplantations- und Präfertilisationsdiagnostik, S. 82 ff.
531 *Hufen*, Staatsrecht II, S. 217.
532 Vgl. dazu Kap. E. I. 2.
533 *Rütz*, Heterologe Insemination, S. 8.

Welt gebracht wurde.[534] Heute hat sich dieses Verfahren als eine Routinemethode etabliert. Es werden bei der IVF durch den Arzt der hormonell vorbehandelten Patientin mehrere Eizellen entnommen, die dann in einem Reagenzglas oder einer Petrischale in speziellen Kulturmedien mit dem Samen des Mannes zusammengebracht werden.[535] Zusätzlich kann bei schweren männlichen Fertilitätsstörungen eine ISCI (intracytoplasmatische Spermieninjekion), im Rahmen der IVF angewandt werden. Dabei werden die Spermien direkt in das Cytoplasma der Eizelle injiziert.[536]

Wird eine *Genome Editing*-Behandlung an einem Embryo vorgenommen, ist dabei Voraussetzung, dass dieser im Rahmen der IVF entstanden ist, da dies im Moment den einzigen Rahmen der realistischen technischen Möglichkeiten darstellt. Eine IVF stellt aber keine Beeinträchtigung des Rechts auf Leben des Embryos aus Art. 2 Abs. 2 S. 1 Alt. 1 GG dar.[537] Dies ergibt sich vor allem aus der Überlegung heraus, dass eine IVF dazu durchgeführt wird, um Leben zu erschaffen. Daraus erschließt sich, dass sich durch diese Lebenserschaffungsmaßnahme nicht gleichzeitig eine Beeinträchtigung des Grundrechts auf Leben ergeben kann, da das Leben des daraus hervorgehenden Kindes erst durch die Verwendung der IVF ermöglicht wird.[538]

(b) Beeinträchtigung durch vorgeschaltete PID

Die PID (Präimplantationsdiagnostik; engl. PGD: „preimplantation genetic diagnosis") meint die genetische Untersuchung von Zellen eines extrakorporal erzeugten Embryos.[539] Die Technik der PID, die ausschließlich bei künstlichen Befruchtungen angewandt wird, wurde Ende der 1980er Jahre entwickelt und ist in der Lage, konkrete Angaben über genetische Schädigungen von in vitro befruchteten Embryozellen vor der Einsetzung in die Gebärmutter zu treffen.[540] Dieses Verfahren ist nur unter strengen gesetzlichen Voraussetzungen in

---

534 *Robert Edwards* erhielt im Oktober 2010 für seine Beiträge zur Entwicklung der IVF den Medizinnobelpreis.
535 *Frister/Börgers*, in: Reproduktionsmedizin, Rechtliche Probleme bei der Konservierung von Keimzellen, S. 93.
536 Günther/Taupitz/Kaiser- *Günther*, EschG, A Rn. 191.
537 Vgl. *Schneider*, Rechtliche Aspekte der Präimplantations- und Präfertilisationsdiagnostik, S. 125 Fn. 490 m. w. N.
538 *Spiekerkötter*, Verfassungsfragen der Humangenetik, S. 59.
539 *Landwehr*, Rechtsfragen der PID, S. 10 – vgl. dort auch die näheren Erläuterungen zu den genauen Begriffsverständnissen Fn. 54 m. w. N.; bei der hier verwendeten Definition handelt es sich um das rechtliche Begriffsverständnis der PID.
540 BT-Drs. 17/5451.

Deutschland von der Strafbarkeit des § 3 a Abs. 1 ESchG ausgenommen, vgl. § 3 a Abs. 2 ESchG.

Konkret erfolgt eine PID nach einer künstlichen Befruchtung durch die Entnahme der Zellen durch unterschiedliche Arten der Embryonenbiopsie, um eine genetische Untersuchung von Zellen durchzuführen.[541] Dazu ist die teilweise Öffnung der sogenannten Zona pellucida, der Schutzhülle des Embryos, erforderlich, um mittels einer Biopsiekapillare Zellen zu entnehmen.[542] Unterschieden werden dabei unterschiedliche Zeitpunkte der Entnahme der Zellen. Die Entnahme im Blastomerenstadium und die Entnahme im Blastozystenstadium. Bei der Blastomerenbiopsie erfolgt die Entnahme der sogenannten Blastomeren in der Regel im 6-8-Zell-Stadium (3. bis 4. Tag nach der Befruchtung), während die Entnahme der sogenannten Blastozysten im Rahmen der Blastozystenbiopsie am 5. Tag nach der Befruchtung erfolgt.[543] Mittlerweile haben sich medizinische Zweifel hinsichtlich der Ungefährlichkeit des Verfahrens der Blastomerenbiopsie verdichtet, die sich im Wesentlichen in der Beeinträchtigung der Embryonalentwicklung, der Verminderung des Implantationspotentials und in der Wachstumsretardierung konkretisiert haben.[544]

Die bei der PID vorgenommene Entnahme von Zellen zum Zwecke der Biopsie ist nach dem heutigen Stand der Wissenschaften deshalb nur im Rahmen der Blastozystenbiopsie ohne Risiko für den Embryo möglich.

Das Entwicklungspotential wird nicht beeinträchtigt und es besteht Einigkeit, dass der Embryo bei diesem Verfahren nicht beschädigt wird.[545] Im Fall der Blastozystenbiopsie als vorzugswürdige Variante der PID liegt kein Eingriff in das Leben des Embryos vor. Zudem ist die hier isoliert zu betrachtende Diagnostik an sich im Fall von *Genome Editing*-Verfahren nicht auf spätere Selektion, sondern nur auf die Untersuchung gerichtet, und stellt damit keine unmittelbare Gefährdung des Lebens des Embryos dar.[546]

---

541 *Diedrich/Ludwig/Griesinger*, Reproduktionsmedizin, S. 273; einen (auch für einen fachfremden) verständlichen Überblick über die unterschiedlichen Arten der Biopsie ist zu finden in *Landwehr*, Rechtsfragen der PID, S. 13 ff.
542 *Diedrich/Ludwig/Griesinger*, Reproduktionsmedizin, S. 273.
543 *Diedrich/Ludwig/Griesinger*, Reproduktionsmedizin, S. 274 und 276.
544 Vgl. dazu in der Tiefe *Diedrich/Ludwig/Griesinger*, Reproduktionsmedizin, S. 273 m. w. N.
545 *Landwehr*, Rechtsfragen der PID, S. 18 Fn. 123 m. w. N.
546 So auch *Schneider*, Rechtliche Aspekte der Präimplantations- und Präfertilisationsdiagnostik, S. 127 im Hinblick auf die isolierte PID ohne selektiven Charakter; das Problem der Gefährdung des Embryos allein schon im Hinblick auf eine mögliche

(c) Beeinträchtigung durch *Genome Editing* am Embryo
Eine Beeinträchtigung des Grundrechts auf Leben aus Art. 2 Abs. 2 S. 1 Alt. 1 GG ist jedenfalls jede gezielte Tötung eines Menschen.[547] Bei der Vornahme von *Human Genome Editing* geht es aber gerade nicht um eine gezielte Tötung des Embryos und damit nicht um einen finalen Eingriff, sondern vielmehr um das Ziel, diesen durch eine genetische Veränderung zu heilen.

Nach heutigem Technikstand kann man nicht abschätzen, ob die genetisch veränderten Embryonen bzw. aus manipulierten Gameten entstehende Embryonen weiter überleben könnten, da sie in den (bis jetzt bekannten bzw. veröffentlichten) Versuchen bisher nicht in die Gebärmutter transferiert wurden.[548]

Es ist oben bereits beschrieben worden, dass es hinsichtlich der Risiken einer Keimbahntherapie noch ungelöste Probleme und Risiken gibt.[549] Es handelt sich deshalb aufgrund dieser Unwissenheit beim *Human Genome Editing* lediglich um eine potentielle Gefährdung des Lebens eines Embryos. Nach der Rechtsprechung des Bundesverfassungsgerichts können Regelungen, die zu einer nicht unerheblichen Gefährdung eines Grundrechts führen, selbst schon vom Grundrechtsschutz umfasst sein.[550] Die Vornahme einer *Genome Editing*-Behandlung an einem Embryo würde die Verursachung des Risikos einer Schutzgutbeeinträchtigung des Rechts auf Leben dessen beinhalten, und wäre damit als „eingriffsgleiche Gefährdung" zu qualifizieren.[551] Dies ergibt sich schon aus den bereits oben dargestellten Risiken und den Herausforderungen, die sich im Zusammenhang mit *Human Genome Editing* stellen.[552]

Im Moment bestehen deshalb Gefahren, die sich in einem noch unüberschaubaren Sicherheitsrisiko realisieren, das auch zum Tod des Embryos führen kann.

Selektion soll hier nicht vertieft werden, da es hier nicht in erster Linie um Selektion, sondern um Diagnostik geht: Im besten Fall wird ein unauffälliger Embryo im späteren Verlauf in die Gebärmutter transferiert, ein „auffälliger" Embryo genetisch verändert. Siehe auch oben S. 49 und S. 112.
547 Sachs- *Murswiek/Rixen*, GG, Art. 2 Rn. 152.
548 Ende des Jahres 2018 gab es die erste Behauptung des chinesischen Forschers *He Jiankui* über die Geburt genetisch veränderter Zwillinge. Eine Veröffentlichung gab es zum Zeitpunkt der vorliegenden Bearbeitung aber noch nicht, vgl. https://www.youtube.com/watch?v=th0vnOmFltc, zuletzt aufgerufen am 02.12.2018.
549 Vgl. dazu Kap. E. II. 1. a) aa).
550 BVerfGE 49, 89 (141).
551 Vgl. dazu auch *Müller-Terpitz*, in: *Isensee/Kirchhof (Hrsg.)*, Handbuch des Staatsrechts Bd. 7, S. 3 (26f.).
552 Vgl. dazu Kap. E. II. 1. a) aa).

Eine Beeinträchtigung des Grundrechts auf Leben aus Art. 2 Abs. 2 S. 1 Alt. 1 GG liegt durch eine solche Behandlung vor.

(d) Beeinträchtigung des Rechts auf Leben des Embryos durch *Genome Editing* an Gameten

Ein Sonderproblem ist, ob eine Genomveränderung oder ein Genomaustausch mittels einer *Genome Editing*-Behandlung an einer Gamete, wie sie beispielsweise in den Experimenten von *Hong Ma et al.* durchgeführt wurde, ebenfalls eine Beeinträchtigung des Rechts auf Leben des Embryos darstellt.[553] Dies ist auch deshalb relevant, da jene Versuche anscheinend weit weniger Nebenwirkungen aufzeigten und zu erwarten ist, dass diese Behandlungen an Gameten weiter Forschungsgegenstand sein werden.[554]

Die Besonderheit dieser Methode war, dass gespendete Eizellen mit Samenzellen eines Mannes befruchtet wurden, der an der erblichen Herzmuskelschwäche (sogenannte MYBPC3 Mutation) leidet. Dabei wurde CRISPR/Cas9 zusammen mit dem Spermium in die Eizelle, also während der Befruchtung, mittels intracytoplasmatischer Spermieninjekion (sogenannte ICSI: Einspritzen der Samenzelle in das Zytoplasma einer Eizelle), coinjiziert, so dass die Behandlung an einer Gamete erfolgte.[555]

Es ist bereits festgestellt worden, dass die Gamete selbst keine Trägerin des Rechts auf Leben ist.[556] Eine Gamete (Ei- oder Samenzelle) ist vielmehr dem Rechtskreis der Eltern bzw. des jeweiligen Elternteils zuzuordnen.[557] Eine unmittelbare Beeinträchtigung des Rechts auf Leben in Bezug auf die Gamete kann damit mangels Grundrechtsträgerschaft dieser nicht vorliegen. Überlegenswert ist aber, ob die hier beleuchtete Vornahme der Genveränderung oder des Genaustauschs an einer Gamete durch den Arzt dennoch als eine Beeinträchtigung des Rechts auf Leben des Embryos im Rahmen eines mittelbaren Eingriffs qualifiziert werden und dem Staat durch eine Zulassung von *Human Genome Editing* zugerechnet werden kann.

---

553 *Ma et al.*, Nature (2017), S. 413–419.
554 Kritisch hinsichtlich dieser Ergebnisse aber dazu *Egli et al.*, bioRxiv preprint (2017) doi: http://dx.doi.org/10.1101/181255, S. 1–6, zuletzt aufgerufen am 23.11.2018.
555 Vgl. Figure 3 *Ma et al.*, Nature (2017), S. 413 (416).
556 Vgl. dazu Kap. E. I. 2.
557 Vgl. zu den umstrittenen Positionen hinsichtlich der Rechte an abgetrennten Körperteilen – teilweise wird von einem Nebeneinander des allgemeinen Persönlichkeitsrechts

Um sich dem Problem zu nähern, wird im Folgenden die klassische Rechtsfigur des mittelbaren Eingriffs dargestellt:
Es kann eine nicht regelnde oder an Dritte gerichtete Maßnahme durch ihre faktisch belastende Auswirkung als Grundrechteingriff einzuordnen sein. Bei solchen mittelbaren Beeinträchtigungen ist im Einzelfall zu prüfen, ob die Belastungswirkung dem Staat als Eingriff in den Freiheitsbereich des „nur" faktisch Betroffenen zuzurechnen ist.[558]

Grundsätzlich ist es anerkannt, dass der sogenannte mittelbare Eingriff eine Konstellation darstellt, der als einen, dem Staat zurechenbaren Eingriff, qualifiziert werden kann. Es werden dabei unter anderem auch hoheitliche Maßnahmen beschrieben, die sich an einen Adressaten richten, deren belastende Wirkung aber ganz oder teilweise bei einem Dritten eintrifft. Das Verbot eines Arzneimittels kann beispielsweise gleichzeitig das Recht auf Leben und die körperliche Unversehrtheit von Patienten schützen sowie beeinträchtigen.[559] Das unter bestimmten Voraussetzungen bestehende Verbot des § 8 Abs. 1 S. 2 TPG[560] in Bezug auf die Lebendspende nicht regenerierungsfähiger Organe trifft unmittelbar den Spender, mittelbar aber auch den denkbaren Empfänger.[561]

Was haben die oben genannten Fallbespiele mit der hier vorliegenden Konstellation gemeinsam und wo liegen die Unterschiede? Welche Punkte sprechen für eine Anwendbarkeit des mittelbaren Eingriffs und welche Punkte sprechen dagegen?

Im Unterschied zu den oben beschriebenen, anerkannten Fallbeispielen eines mittelbaren Eingriffs ist der Embryo zum Zeitpunkt der Vornahme der *Genome Editing*-Behandlung der Gamete überhaupt noch nicht existent und damit auch kein Grundrechtsträger. Die klassische Rechtsfigur des mittelbaren Eingriffs kann aber ihrerseits auch Situationen meinen, in denen die Maßnahme einen dritten Grundrechtsträger trifft. Gegen die Anwendbarkeit des mittelbaren

---

und Eigentumsrechts des (ursprünglichen) Rechtsträgers ausgegangen – die anschauliche Darstellung von *Danz/Pagel*, MedR 2008, S. 602 (603).
558 Maunz/Dürig- *Di Fabio*, GG, Art. 2 Abs. 1 Rn. 49.
559 *Hufen*, Staatsrecht II, S. 103.
560 Dort heißt es: „Die Entnahme einer Niere, des Teils einer Leber oder anderer nicht regenerierungsfähiger Organe ist darüber hinaus nur zulässig zum Zweck der Übertragung auf Verwandte ersten oder zweiten Grades, Ehegatten, eingetragene Lebenspartner, Verlobte oder andere Personen, die dem Spender in besonderer Verbundenheit offenkundig nahestehen."
561 Vgl. dazu BVerfGE, NJW 1999, S. 3399 (3399).

Eingriffs könnte hier demnach die mangelnde Existenz und Grundrechtsträgerschaft des Embryos zum Zeitpunkt der Vornahme der Behandlung sprechen.

Demgegenüber steht aber die Gemeinsamkeit, dass bei isolierter Betrachtung der direkten Folgen einer *Genome Editing*-Behandlung an einer Gamete der Embryo als Dritter durch diese konkret betroffen ist. Er ist dann mit „gesunden" Genen ausgestattet, die Folgen der Behandlung an der Gamete treffen ihn direkt.

Auf den ersten Blick scheint aber eine direkte Anwendbarkeit des bisher in der juristischen Literatur und Rechtsprechung allgemein anerkannten Rechtsfigur des mittelbaren Eingriffs aufgrund der fehlenden Grundrechtsträgerschaft des Embryos zum Zeitpunkt der Vornahme der Methode bei genauerer Betrachtung auszuscheiden. Allerdings sollte jedoch bedacht werden, dass dieses Ergebnis dazu führt, dass der Embryo in diesen Fällen mangels fehlender Grundrechtsträgerschaft im Augenblick der Behandlung einer Gamete völlig schutzlos gestellt wäre. Dies ist aber nicht sachgerecht, da das Leben des (nur wenig später) erzeugten Embryos maßgeblich, einschneidend und (voraussichtlich) unwiderruflich durch die Behandlung der Gamete betroffen wäre. Zudem ist der Zweck der Behandlung der Gamete nicht unmittelbar auf diese, sondern vielmehr auf den (später erzeugten) Embryo gerichtet, da dieser (in der Folge) mit „gesunden" Genen ausgestattet werden soll.

Diese Überlegungen führen dazu, dass diese Fälle der Genombearbeitung einer Gamete, die auf die wenig spätere Erzeugung eines Embryos gerichtet sind, über eine neue Dimension der Rechtsfigur des mittelbaren Eingriffs gelöst werden sollten. Der mittelbare Eingriff in das Leben des Embryos läge dann in der etwas zeitverzögerten Folge des genetisch anders ausgestatteten Embryos durch die Behandlung der Gamete, um den verfassungsrechtlich gewährleisteten Schutz des Lebens des Embryos zu gewährleisten. Durch dieses neue Format des mittelbaren Eingriffs werden die technischen Möglichkeiten von *Human Genome Editing* mit dem Schutzgut des Rechts auf Leben des Embryos in Einklang gebracht.

(2) Zwischenergebnis

Human Genome Editing an einem Embryo und einer Gamete stellt eine Beeinträchtigung des Rechts auf Leben des Embryos dar.

Es handelt sich um eine potentielle Gefährdung des Lebens eines Embryos, die eigentlich noch im Vorfeld einer verfassungsrechtlich bedeutenden Grundrechtsbeeinträchtigung liegt.[562] Da aber aufgrund vorgetragener, momentan

---

562 Vgl. dazu Kap. E. II. 1. b).

bestehender Gefahren ernsthaft zu befürchten ist, dass sich möglicherweise ein unüberschaubares Sicherheitsrisiko realisiert, das auch zu dem Tod des Embryos führen kann, liegt eine Beeinträchtigung des Grundrechts auf Leben aus Art. 2 Abs. 2 S. 1 Alt. 1 GG vor. Die vorgeschalteten Verfahren der IVF und (selektionsfreien) PID stellen jedoch keine solche Beeinträchtigung dar.

bb) Recht auf körperliche Unversehrtheit des Embryos aus Art. 2 Abs. 2 S. 1 Alt. 2 GG

Das Schutzgut des Rechts auf körperliche Unversehrtheit aus Art. 2 Abs. 2 S. 1 Alt. 2 GG ist oben bereits dargestellt worden. Problematisch ist dabei die Reichweite des personellen Schutzbereiches am Anfang des Lebens. Der Schutz des Rechts auf körperliche Unversehrtheit des Art. 2 Abs. 2 S. 1 Alt. 2 GG beginnt mit der Kernverschmelzung.[563]

Ein Anspruch auf körperliche Unversehrtheit scheidet beim Embryo entgegen anderer Ansicht auch nicht deshalb „…sachlogisch aus, wenn und soweit es an einer schutzwürdigen körperlichen Gestalt fehlt".[564] Dies ergibt sich vor allem daraus, dass auch der gerade entstandene Embryo sehr wohl einen Körper hat, der zwar nicht einem klassischen Körper mit Armen, Beinen etc. gleicht, aber eine körperliche Gestalt im naturwissenschaftlichen Sinne darstellt, der sich nicht verflüchtigt wie Gas und mit Hilfe spezifischer Geräte sichtbar und fühlbar ist.[565]

Im Unterschied zum oben untersuchten Recht auf Leben stellt die Technik der im Moment noch notwendigen vorgeschalteten PID, durch die dem Embryo ein oder zwei Zellen entnommen werden, eine Beeinträchtigung des Rechts auf körperliche Unversehrtheit dar. Die bei der PID vorgenommene Entnahme von Zellen zum Zwecke der Biopsie ist nach dem heutigen Stand der medizinischen Wissenschaften im Rahmen der Blastozystenbiopsie ohne Risiko für den Embryo möglich.[566] Das Entwicklungspotential wird nicht beeinträchtigt und es besteht Einigkeit, dass der Embryo bei diesem Verfahren nicht beschädigt wird.[567] Diese Einschätzung spielt zwar für Überlegungen hinsichtlich der Verneinung eines Eingriffs in das Recht auf Leben des Embryos eine Rolle, nicht aber für eine mögliche Beeinträchtigung der körperlichen Unversehrtheit des Embryos. Auch

---

563 Vgl. dazu Kap. E. I. 3.
564 So aber Dreier- *Schulze-Fielitz*, GG, Art. 2 Abs. 2 Rn. 40.
565 *Welling*, Genetisches Enhancement, S. 187.
566 Vgl. dazu Kap. E. II. 1. b) bb).
567 *Landwehr*, Rechtsfragen der PID, S. 18 Fn. 123 m. w. N.

Heileingriffe zur Wiederherstellung der Gesundheit, wie zum Beispiel Operationen, stellen einen Eingriff in die körperliche Integrität dar. Auch Eingriffe in den Körper als solchen, ohne dass sie zu Schmerzen führen wie beispielsweise Blutentnahmen oder Haareschneiden.[568]

Eine *Genome Editing*-Behandlung am Embryo ist durch die Modifikation oder den Austausch eines Gens von Zellen ein Eingriff in die physische Substanz eines Embryos und damit eine Beeinträchtigung in die körperliche Unversehrtheit gemäß Art. 2 Abs. 2 S. 1 Alt. 2 GG. Gleiches gilt bezüglich der Behandlung einer Gamete.

cc) Herleitung staatlicher Schutzpflichten durch drohende Schutzgutbeeinträchtigung

Wann ist für den Gesetzgeber ein schutzpflichtenaktivierendes Gefahrenniveau erreicht? In Anlehnung an die sogenannte Kalkarentscheidung und auch die Fluglärmentscheidung des Bundesverfassungsgerichts wird das schutzpflichtenaktivierende Gefahrniveau durch den polizei- und ordnungsrechtlichen Gefahrenbegriff angenommen.[569] Die Gewährleistung von Schutz soll erst bei einer Sachlage verfassungsrechtlich geboten sein, die bei ungehindertem Geschehensablauf mit hinreichender Wahrscheinlichkeit zu einem Schaden an grundrechtlich gewährleisteten Schutzgütern führen wird.[570] Diese Übertragung auf die Schutzpflichtendogmatik ist aber abzulehnen, da das Legislativhandeln im Schutzpflichtenkontext sich in wesentlich weiteren zeitlichen Dimensionen bewegt als das Gefahrabwehrhandeln der Sicherheitsbehörden.[571] Es ist deshalb erforderlich, dass der Schutzpflichtentatbestand noch unterhalb der Gefahrenschwelle liegenden Risiken eingreifen kann. „Bereits die entfernte Wahrscheinlichkeit oder gar bloß theoretisch vorhersehbare Möglichkeit der Schädigung eines grundrechtlichen Schutzguts – zumal wenn es sich hierbei um menschliches Leben handelt – genügt folglich, um die staatliche Schutzverantwortung zu aktivieren…".[572] Eine theoretisch zwar denkbare, praktisch aber so gut wie ausgeschlossene Schädigung, sollte dann auf der Rechtsfolgenebene Berücksichtigung

---

568 Dreier- *Schulze-Fielitz*, GG, Art. 2 Abs. 2 Rn. 38.
569 BVerfGE 49, 89 (142); BVerfGE 56, 54 (78).
570 *Müller-Terpitz*, Der Schutz des pränatalen Lebens, S. 115 Fn. 158 m. w. N.
571 *Müller-Terpitz*, Der Schutz des pränatalen Lebens, S. 115.
572 *Müller-Terpitz*, Der Schutz des pränatalen Lebens, S. 115; vgl. dazu auch BVerfGE 56, 54 (78).

finden, nicht aber zu einem tatbestandlichen Ausschluss der grundrechtlichen Schutzverpflichtung führen.[573]

Im Moment kann die Medizin Gene nicht mit der erforderlichen Sicherheit einfügen oder verändern (off-target-Effekte), und es sind auch die oben beschriebenen Wechselwirkungen unüberschaubar. Wie diffizil die genetischen Verknüpfungen und wie komplex die Einflüsse einzelner genetischer Codierungen sind, zeigt das Beispiel der oben schon beschriebenen Sichelzellmutation.[574] Die hier vorliegende theoretisch vorhersehbare Möglichkeit der Schädigung des Rechts auf Leben und die Beeinträchtigung der körperlichen Unversehrtheit des Embryos reicht deshalb aus, um auf der Tatbestandsseite Schutzpflichten des Staates zu aktivieren.

dd) Rechtfertigung

Die staatliche Schutzpflichtenverpflichtung zugunsten des Embryos wird allerdings nur insoweit aktiviert, wie die privaten Grundrechtsgefährdungen oder Grundrechtsbeeinträchtigungen ihrerseits verfassungsrechtlich nicht zu legitimieren sind.[575] Die betroffenen Grundrechtspositionen des Embryos müssen mit den möglicherweise einschlägigen Grundrechtspositionen des Störers (Mutter, Eltern, Arzt) ins Verhältnis gesetzt werden. Dies geschieht am Ende des Abschnitts E. II., wenn die tangierten Grundrechtspositionen durch das Verbot des *Genome Editing* geprüft worden sind.

Eine weitere Möglichkeit der Rechtfertigung der Gefährdungs- und Beeinträchtigungstatbestände ist die Einwilligung der Eltern in eine *Genome Editing*-Behandlung, die die Schutzpflichtverpflichtung des Staates entfallen lassen würde.

Soll *Human Genome Editing* beispielsweise an einem Embryo durchgeführt werden, um diesen später in die Gebärmutter zu transferieren, muss zunächst deutlich gemacht werden, dass es sich um medizinisches Neuland handelt. In diesem Zusammenhang ist es deshalb notwendig, den (individuellen) Heilversuch von sogenannten Forschungseingriffen abzugrenzen.

Forschungseingriffe haben ihrerseits nicht (nur) das Ziel der Verbesserung des Gesundheitszustandes des Probanden oder der Schmerzlinderung, sondern es steht das Erkenntnisinteresse im Vordergrund.[576] Bei einem Heilversuch steht

---

573 *Müller-Terpitz*, Der Schutz des pränatalen Lebens, S. 116 Fn. 164 m. w. N.
574 *Welling*, Genetisches Enhancement, S. 179.
575 *Müller-Terpitz*, Der Schutz des pränatalen Lebens, S. 548.
576 Laufs/Kern- *Lipp*, Arztrecht, VIII. Rn. 41.

der therapeutische Nutzen und nicht das Erkenntnisinteresse im Vordergrund. Bei der hier untersuchten *Genome Editing*-Behandlung handelt es sich deshalb nicht um einen Forschungseingriff, sondern vielmehr um einen Heilversuch, da die Verhinderung schwerwiegender Erbkrankheiten durch Austausch oder Erneuerung von Genen im Vordergrund steht.

Im Gegensatz zur sogenannten Standardbehandlung stellt der Heilversuch eine Versuchsbehandlung dar. Der (individuelle) Heilversuch ist ärztliches und medizinisches Risikohandeln – Handeln unter Unsicherheit – während die Standardbehandlung bereits Erfahrungswerte aufweist.[577] Dennoch erfolgt der (individuelle) Heilversuch im Grundsatz erst einmal nach denselben Regeln wie die Standardbehandlung. Es handelt sich bei dem (individuellen) Heilversuch um eine Behandlung, wenn auch mit experimenteller Eigenschaft.[578] Die Grundlage einer Standardbehandlung ist das Vorliegen eines Behandlungsvertrages (§ 630 a BGB), einer medizinischen Indikation, ein sogenannter informed consent (auf einer ausreichenden Aufklärung beruhende Einwilligung des Patienten, § 630 d BGB) und die Vornahme der Behandlung „lege artis" (nach Regeln des Fachs).[579] Da der Erfolg eines individuellen Heilversuchs aber als unsicherer und risikobelasteter einzustufen ist, als bei einer Standardbehandlung, sind erhöhte Anforderungen an die medizinische Indikation und den informed consent zu stellen.[580]

Die beim Heilversuch angewandte Behandlungsmethode muss mit ihrer Aussicht auf Erfolg und den ihr innewohnenden Risiken zum erwarteten Nutzen für den kranken Patienten in einem abgewogenen Verhältnis stehen.[581] Zudem ist der Versuch nur dann legitim, wenn keine bestehenden, erfolgreichen Behandlungsmethoden als Alternativen vorhanden sind.[582] Hinsichtlich des informed consent gilt, dass auch erhöhte Anforderungen an die Aufklärung des Patienten zu stellen sind. Diese muss umfassend hinsichtlich des experimentellen Charakters der Behandlung sein, so dass der Patient aus einer informierten Sachlage heraus entscheiden kann, ob er in die Behandlung mit den aufgezeigten Risiken und ggf. geringer Heilungschancen einwilligen möchte.[583]

---

577 *Hart*, MedR 2015, S. 766 (766).
578 Laufs/Kern- *Lipp*, Arztrecht, VIII. Rn. 28.
579 Laufs/Kern- *Lipp*, Arztrecht, VIII. Rn. 28.
580 BGHZ 168, 103 (104f.); Laufs/Kern- *Lipp*, Arztrecht, VIII. Rn. 28.
581 Laufs/Kern- *Lipp*, Arztrecht, VIII. Rn. 31 Fn. 95 m. w. N.
582 Quaas/Zuck- *Zuck*, Medizinrecht, § 68 Rn. 62.
583 Insgesamt Laufs/Kern- *Lipp*, Arztrecht, VIII. Rn. 32 Fn. 101 m. w. N.

Subsumiert man eine Anwendung von *Human Genome Editing* unter die Voraussetzungen, die an einen individuellen Heilversuch zu stellen sind, scheitert jener – ungeachtet der sich zweifellos unter anderem ergebenden Probleme hinsichtlich der Einwilligung – an der momentan nicht vorliegenden positiven Risiko-Nutzen-Abwägung.[584] Die bereits angemerkten medizinischen Unsicherheiten, die sich unter anderem in off-target-Effekten darstellen, sowie die Risiken lassen keine positive Risiko-Nutzen-Abwägung zu.

Die Schutzpflichtverpflichtung des Staates entfällt damit nicht durch die Einwilligung der Eltern.

ee) Vorläufiges Ergebnis

Auf der Tatbestandsebene werden staatliche Schutzpflichten aktiviert, sofern die Beeinträchtigungen nicht durch konfligierende Grundrechte gerechtfertigt werden können.

2 Grundrechtsverletzungen durch ein Verbot von *Human Genome Editing*

In umgekehrter Perspektive werden nun grundrechtlich verbriefte Rechtspositionen geprüft und dargestellt, die durch das bestehende Verbot einer Keimbahntherapie mittels *Human Genome Editing* verletzt sein können. Beurteilungsgrundlage dieser Prüfung ist immer noch der Stand der (gegenwärtigen) medizinischen Wissenschaft hinsichtlich der *Genome Editing*-Techniken.

a) Recht auf reproduktive Autonomie

Das Recht auf reproduktive Autonomie wird verfassungsrechtlich aus den Grundrechten abgeleitet. Es wird auch als das Recht auf Fortpflanzung oder das Recht auf Nachkommenschaft bezeichnet.

Unterschiedlich beantwortet wird die Frage, welches Grundrecht bzw. welche Grundrechte ein solches Recht verbürgt bzw. verbürgen.

Das Recht auf reproduktive Autonomie wird entweder aus dem allgemeinen Persönlichkeitsrecht aus Art. 2 Abs. 1 GG i. V. m. Art. 1 Abs. 1 GG[585], aus Art. 6 Abs. 1 GG[586] (Schutz der Familie) oder auch aus einer Verknüpfung der

---

584 Vgl. zu den Problemen hinsichtlich der Einwilligung Kap. E. III. 2. c) bb) (2).
585 *Coester-Waltjen*, Reproduktionsmedizin (2002), S. 183 (188); vgl. dazu auch die w. N. in *Müller-Terpitz*, Der Schutz des pränatalen Lebens, S. 497 Fn. 49.
586 Dreier- *Brosius-Gersdorf*, GG, Art. 6 Rn. 46; *Hufen*, MedR 2001, S. 440 (442); *Derselbe*, Staatsrecht II, S. 263.

beiden hergeleitet. Im letzten Fall wird es aus dem allgemeinen Persönlichkeitsrecht abgeleitet und durch Art. 6 Abs. 1 GG verstärkt.[587] Überzeugend ist es, das Recht auf reproduktive Autonomie auf Art. 6 Abs. 1 GG zurückzuführen.[588] Dies ergibt sich insbesondere daraus, dass Art. 6 Abs. 1 GG im Verhältnis zum allgemeinen Persönlichkeitsrecht in Bezug auf die persönliche Fortpflanzungsfreiheit das speziellere Recht darstellt, weil es konkretere Gesichtspunkte der Entfaltung der Persönlichkeit verbürgt.[589] Dabei ist das allgemeine Persönlichkeitsrecht subsidiär gegenüber jenen Rechten, die, wie das Grundrecht aus Art. 6 Abs. 1 GG, den Schutz der Familie in sich aufnehmen.[590] Der Schutzbereich des Art. 6 GG umfasst darauf thematisch aufbauend mithin nicht nur den (ausdrücklich gewährten) Schutz einer bereits existierenden Familie, sondern darüber hinaus auch das Vorfeld der Gründung einer solchen. Dies stützt die dogmatische Annahme, das Recht auf reproduktive Autonomie aus Art. 6 Abs. 1 GG herzuleiten.[591]

Das Recht auf reproduktive Autonomie gewährt durch Art. 6 Abs. 1 GG als Freiheitsrecht ein subjektives Abwehrrecht gegen den Staat.[592] Zu dem Schutzbereich dieses Grundrechts gehört als positives Recht auch die Gewährleistung einer autonomen Entscheidung ob, wann und wie viele Kinder gezeugt werden.[593] Ein etwaiger Kinderwunsch ist selbstverständlich in Form der natürlichen Fortpflanzung geschützt. Dies gilt aber auch, wenn die Fortpflanzung nicht auf natürlichem Wege durchgeführt wird. Geschützt ist die Freiheit zur Verwirklichung des Kinderwunsches.[594]

Im Hinblick auf *Human Genome Editing* stellt sich die Frage, ob von dem Recht auf reproduktive Autonomie auch das Recht auf ein „gesundes Kind" umfasst ist, so dass der Schutzbereich des Rechts auf reproduktive Autonomie durch das Verbot möglicherweise berührt wäre. Das Recht auf ein „gesundes"

---

587 Vgl. dazu die Nachweise in *Reinke*, Fortpflanzungsfreiheit und das Verbot der Fremdeizellspende, S. 190 Fn. 350.
588 So auch Spickhoff- *Müller-Terpitz*, MedR, GG Art. 6 Rn. 2 m. w. N.
589 *Gülzow*, GesR 2017, S. 552 (553).
590 Spickhoff- *Müller-Terpitz*, MedR, GG Art. 6 Rn. 2.
591 So auch Spickhoff- *Müller-Terpitz*, MedR, GG Art. 6 Rn. 2 m. w. N., auch der Gegenansicht.
592 Vgl. allg. zu Art. 6 Abs. 1 als Freiheitsrecht BVerfGE 80, 81 (92).
593 *Müller-Terpitz*, Der Schutz des pränatalen Lebens, S. 548.
594 *Hufen*, MedR 2001, S. 440 (442).

Kind wird zu Recht abgelehnt.⁵⁹⁵ Von dem Recht auf reproduktive Autonomie ist nur ein Recht auf die Möglichkeit einer Zeugung umfasst, nicht aber ein einklagbarer Rechtsanspruch auf ein Kind oder darüber hinaus auf ein „gesundes" Kind. Dies ergibt sich daraus, dass diese Wünsche nicht garantiert werden können. Ein Recht auf ein Kind oder ein Recht auf ein „gesundes" Kind können durch therapeutische Behandlungen nicht gewährleistet werden.⁵⁹⁶

Der Schutzbereich des Rechts auf reproduktive Autonomie ist deshalb durch ein Verbot von *Human Genome Editing* nicht berührt.

b) Berufsfreiheit des Arztes aus Art. 12 Abs. 1 GG

aa) Schutzbereich

Art. 12 Abs. 1 GG gewährleistet die Berufsausübungsfreiheit und die freie Berufswahl.⁵⁹⁷ Durch das bestehende Verbot eines Keimbahneingriffs könnte jedenfalls der Schutzbereich der Berufsfreiheit eines Arztes, der Deutscher i. S. d. § 116 GG oder EU- Ausländer ist, betroffen sein.⁵⁹⁸ Die berufliche Tätigkeit ist in der Regel „jede auf Dauer angelegte Tätigkeit, die der Schaffung und Erhaltung einer Lebensgrundlage dient oder dazu beiträgt".⁵⁹⁹ Die Tätigkeit eines Arztes erfüllt damit die klassischen Voraussetzungen an den Beruf des Art. 12 Abs. 1 GG.

Teilweise wird der Begriff des Berufes auf „erlaubte" Tätigkeiten beschränkt.⁶⁰⁰ Eine andere Ansicht fordert dieses Tatbestandsmerkmal nicht.⁶⁰¹ Wie oben bereits dargestellt, ist *Human Genome Editing* im Rahmen eines hier untersuchten Keimbahneingriffs gemäß im Moment § 5 EschG verboten.⁶⁰² Beide Positionen führen damit zu unterschiedlichen Ergebnissen hinsichtlich des Schutzbereichs. Im Zusammenhang mit einem Verbotsgesetz wie hier, spricht aber gegen die erst genannte Ansicht, dass – sofern das Erfordernis allein am Vor- oder Nichtvorliegen

---

595 So auch etwa *Eibach*, MedR 2003, S. 441 (446); *Landwehr*, Rechtsfragen der PID, S. 44 Fn. 110 m. w. N., *Müller-Terpitz*, Der Schutz des pränatalen Lebens, S. 549 Fn. 253 m. w. N., auch der Gegenansicht.
596 *Eibach*, MedR 2003, S. 441 (446).
597 Jarass/Pieroth- *Jarass*, GG, Art. 12 Rn. 9 f.
598 Vgl. dazu Jarass/Pieroth- *Jarass*, GG, Art. 12 Rn. 12, umstritten ist der Anwendungsbereich des EU-Rechts auf Art. 12, m. w. N. auch der Gegenansicht.
599 St. Rspr., vgl. etwa BVerfGE 7, 377 (397).
600 *Kingreen/Poscher*, Grundrechte, S. 260 Fn. 10 m. w. N.
601 Vgl. BVerfGE 115, 276 (300); Vgl. dazu die Nachweise in Sachs- *Mann*, GG, Art. 12 Rn. 52 Fn. 182 f.
602 Zu den (umstrittenen) Lücken des EschG vgl. Kap. D II.

eines Verbotsgesetzes gemessen wird – die Gefahr einer Aushöhlung der Berufsfreiheit durch einfaches Recht besteht.[603] Der Schutz des Art. 12 GG hat aber gerade die Aufgabe darüber zu befinden, ob eine Tätigkeit durch den Gesetzgeber verboten werden darf, so dass sein Schutzbereich nicht im Vorfeld schon durch das Tatbestandsmerkmal des Erlaubtseins einzuengen ist.[604]

Im Ergebnis ist der Schutzbereich trotz des gesetzlichen Verbotes eröffnet.

bb) Eingriff in das Recht der Berufsfreiheit durch ein Verbot von Human Genome Editing

Durch das Verbot kann ein Arzt *Human Genome Editing* als ärztliche Behandlung nicht durchführen. Er ist damit in seiner Berufsausübungsfreiheit eingeschränkt. Dies gilt gleichermaßen auch für das Verbot hinsichtlich einer Genomveränderung an einer Gamete und auch für das Verbot hinsichtlich einer (vorgeschalteten) PID.[605] Ein Verbot von *Human Genome Editing* stellt damit einen Eingriff in die Berufsfreiheit dar.

cc) Rechtfertigung

Für die Frage, ob ein Eingriff in das Schutzgut der Berufsfreiheit gerechtfertigt sein kann, ist zunächst die genaue Bestimmung des Schrankenregimes erforderlich. Art. 12 Abs. 1 S. 2 GG unterwirft die hier betroffene Berufsausübungsfreiheit einem einfachen Gesetzesvorbehalt.[606] Nach der vom Bundesverfassungsgericht entwickelten sogenannten Drei-Stufen-Theorie richten sich die Anforderungen an die Rechtfertigung einer Einschränkung der Berufsfreiheit danach, auf welcher vom Bundesverfassungsgericht entwickelten Stufe eine Regelung in das Grundrecht eingreift.[607] Es wird dabei zwischen Berufsausübungsregelungen auf der ersten Stufe und subjektiven und objektiven Berufswahlregelungen auf der zweiten und dritten Stufe unterschieden.[608] Durch die fortschreitende Dogmatik soll der Drei-Stufen-Theorie nur noch die Aufgabe eines orientierenden

---

603 Sachs- *Mann*, GG, Art. 12 Rn. 52 Fn. 186 m. w. N.
604 Sachs- *Mann*, GG, Art. 12 Rn. 52.
605 So zu Recht *Hufen*, MedR 2001, S. 440 (444).
606 Seit dem sogenannten Apothekenurteil, BVerfGE 7, 377 (377 ff.), ist allgemein anerkannt, dass die Berufsfreiheit insgesamt einem einfachen Gesetzesvorbehalt unterliegt, während der Wortlaut des Art. 12 Abs. 1 S. 1 GG die Berufswahlfreiheit vorbehaltlos gewährleistet.
607 Vgl. dazu BVerfGE 7, 377 (377 ff.).
608 Vgl. zur Drei-Stufen-Theorie etwa *Hufen*, Staatsrecht II, S. 624 ff.

Grobrasters zukommen.[609] Im Kern sollen Eingriffszweck und Eingriffsintensität in einem angemessenen Verhältnis stehen.[610]

Wendet man diese richtungsweisende, traditionelle Stufenstruktur des Bundesverfassungsgerichts an, wäre eine bloße Beschränkung der hier vorliegenden Berufsausübungsfreiheit schon dann als verhältnismäßig anzusehen, wenn diese als vernünftige Erwägung des Gemeinwohls zweckmäßig wäre.[611] Ein Verbot von *Human Genome Editing* dient aufgrund der oben beschriebenen Sicherheitserwägungen nicht zuletzt dem Schutz des ungeborenen Lebens. Da dies auch als vernünftige Erwägung des Gemeinwohls zu qualifizieren ist, wäre die Beschränkung auch zweckmäßig.[612] Zudem stellt ein Verbot ein geeignetes Mittel dar, um den Schutz des ungeborenen Lebens zu erreichen. Strafrechtliche Konsequenzen, ggf. eine Freiheitsstrafe bei einer illegalen Anwendung von *Human Genome Editing*, stellen eine große Hürde für einen Arzt dar. Eine gesetzliche Festlegung durch eine strafrechtliche Verbotsnorm ist auch erforderlich, da das hohe gesetzgeberische Ziel zum Schutz des Lebens des Embryos nicht durch ein milderes und gleich geeignetes Mittel erreicht werden kann. Als milderes Mittel käme etwa ärztliches Standesrecht, beispielsweise eine Regelung in der Berufsordnung der Ärzte in Betracht. In § 5 Abs. 2 Bundesärzteordnung heißt es „Die Approbation ist zu widerrufen, wenn nachträglich die Voraussetzungen nach § 3 Abs. 1 S. 1 Nr. 2 weggefallen ist". § 3 Abs. 1 S. 1 Nr. 2 Bundesärzteordnung regelt: „Die Approbation als Arzt ist auf Antrag zu erteilen, wenn der Antragsteller sich nicht eines Verhaltens schuldig gemacht hat, aus dem sich seine Unwürdigkeit oder Unzuverlässigkeit zur Ausübung des ärztlichen Berufs ergibt." Ein Verstoß gegen ärztliches Standesrecht kann im schlimmsten Fall den Entzug der Approbation wegen „Unwürdigkeit" zur Folge haben.

Allerdings kann dieses Instrumentarium tatsächlich nicht die gleiche Wirksamkeit entfalten wie ein Verbotsgesetz. Ein etwaiger Entzug der Approbation ist als Konsequenz zwar einschneidend. Gleichwohl wiegt die Konsequenz eines Verbots, das ggf. eine Freiheitsstrafe zur Folge haben kann, viel schwerer und wird als höhere Hürde empfunden. Die Sanktion des Entzugs der Approbation kann die illegale Anwendung von *Human Genome Editing* deshalb grundsätzlich nicht gleich wirksam wie ein Verbotsgesetz verhindern.

---

609 *Höfling*, JZ 2009, S. 339 (344).
610 BVerfGE 103, 172 (183).
611 BVerfGE 7, 377 (377 ff.).
612 Vgl. dazu Kap. E. II. 1. a) aa).

Ein Verbotsgesetz müsste schließlich angemessen und dem Normadressaten auch zumutbar sein. Auch dagegen bestehen hier keine Bedenken, da der mit der Verbotsnorm verbundene Nachteil der fehlenden Anwendbarkeit von *Human Genome Editing* für den Arzt nicht außer Verhältnis zum angestrebten wichtigen Gemeinwohl, dem Schutz des ungeborenen Lebens, steht.

dd) Ergebnis

Ein Eingriff in das Recht auf Berufsfreiheit liegt durch das Verbot von *Human Genome Editing* zwar vor, kann aber gerechtfertigt werden.

c) Wissenschaftsfreiheit aus Art. 5 Abs. 3 GG

aa) Schutzbereich

Das Verbot von *Human Genome Editing* könnte die Wissenschaftsfreiheit des Arztes/des Wissenschaftlers aus Art. 5 Abs. 3 GG tangieren. Wissenschaft beinhaltet jede Tätigkeit, die „nach Inhalt und Form als ernsthafter planmäßiger Versuch zur Ermittlung der Wahrheit anzusehen ist".[613] Die in Art. 5 Abs. 3 GG gewählte Formulierung „Freiheit von Wissenschaft, Forschung und Lehre" meint einen einheitlich geschützten Schutzbereich der Wissenschaft, bei dem Forschung und Lehre wesentliche Bestandteile darstellen.[614] Der Schutzbereich umfasst gleichwohl auch die außeruniversitäre Forschung in Instituten und, eingeschränkt durch gewisse Vorbehalte, auch in der Privatindustrie. Selbst gleichlaufende und zielgerichtete wirtschaftliche Interessen schließen die Wissenschaftsfreiheit nicht aus.[615]

bb) Eingriff in die Wissenschaftsfreiheit durch ein Verbot von Human Genome Editing

Durch das Verbot von *Human Genome Editing* liegt ein Eingriff in die Wissenschaftsfreiheit im Rahmen von Art. 5 Abs. 3 GG vor, sofern das Verbot auf die Behandlung gerichtet ist und auch Forschungsinteressen des Arztes eine Rolle spielen. Dies ist nach oben genannter Definition auch dann der Fall, wenn neben Forschungsinteressen zielgerichtete wirtschaftliche Interessen, beispielsweise von Pharmaunternehmen, dahinter stünden. Ein Eingriff in die Wissenschaftsfreiheit liegt aber dann nicht vor, wenn es sich lediglich um solche

---

613 BVerfGE 35, 79 (113).
614 *Hufen*, Staatsrecht II, S. 589.
615 Vgl. dazu *Hufen*, Staatsrecht II, S. 591 m. w. N.

Forschungsmaßnahmen handelt, die von § 5 Abs. 4 ESchG von dem Verbot ausgenommen sind. Eine künstliche Veränderung der Erbinformation einer außerhalb des Körpers befindlichen Keimzelle wäre beispielsweise nach § 5 Abs. 4 Nr. 1 ESchG dann möglich, wenn ausgeschlossen ist, dass diese zur Befruchtung verwendet wird.

cc) Rechtfertigung

Die Wissenschaftsfreiheit kann durch Grundrechte und andere Verfassungsgüter eingeschränkt werden, soweit Forschung (und Lehre) selbst diese Grundrechte berühren.[616] Sie muss danach insbesondere mit kollidierenden Grundrechten Dritter, zu denen auch das Recht auf Leben zählt, zum Ausgleich gebracht werden. Sofern die berufliche oder forschende Tätigkeit in Grundrechte Dritter eingreift, sind deren Interessen auch zu berücksichtigen. Bei der hier erforderlichen Abwägung zwischen der Forschungsfreiheit auf der einen und dem Recht auf Leben des Embryos auf der anderen Seite, kommt es entscheidend auf den Forschungszweck an. Allein die Forschung, die einem hochrangigen Erkenntnisinteresse dient, ist möglicherweise in ganz engen Rahmen geeignet, das Grundrecht auf Leben zu begrenzen.[617]

Hier handelt es sich mit der Behandlung mittels *Human Genome Editing* und etwaiger damit zusammenhängenden Forschungsinteressen um das Erkenntnisinteresse einer etwaigen Heilung von schwerwiegenden Erbkrankheiten. Es ist also in diesem Zusammenhang zu untersuchen, ob das Interesse der Allgemeinheit an einem wirksameren Schutz vor Erbkrankheiten höher zu bewerten ist, als das Lebensrecht des Embryos. Das Erkenntnisinteresse an einer etwaigen Heilung von schweren Erbkrankheiten ist aber, wenn überhaupt, nur dann als höheres Gut zu bewerten, wenn positive Erkenntnisse auf Heilung auch mit hinreichender Wahrscheinlichkeit zu erwarten wären. Dies muss in dieser Form aber schon verneint werden. Denn selbst die bereits im Ausland durchgeführten Versuche zu Forschungszwecken an Embryonen lassen im Moment aufgrund der dargestellten Nebenwirkungen und Wechselwirkungen noch keine konkreten Ergebnisse mit hinreichender Wahrscheinlichkeit auf eine wirksame Behandlung erwarten.[618]

---

616 *Hufen*, Staatsrecht II, S. 589.
617 *Grote/Kraus*, Fälle zu den Grundrechten, S. 146.
618 Vgl. dazu Kap. B. IV. 4. b) bb) (3).

Im Ergebnis kann damit das hochrangige Recht auf Leben des Embryos nicht durch die Wissenschaftsfreiheit verdrängt werden. Damit wäre ein Verbot von *Human Genome Editing* durch kollidierendes Verfassungsrecht gerechtfertigt.

dd) Ergebnis

Ein Eingriff in das Recht auf Wissenschaftsfreiheit liegt damit durch das Verbot von *Human Genome Editing* (teilweise) vor, kann aber durch kollidierendes Verfassungsrecht gerechtfertigt werden.

d) Recht des Embryos auf Leben und körperliche Unversehrtheit aus Art. 2 Abs. 2 S. 1 GG

Grundsätzlich wird das Recht auf Leben und körperliche Unversehrtheit dann eingeschränkt, wenn staatliche Regelungen dahin führen, dass einem Kranken eine nach dem Stand der medizinischen Forschung prinzipiell zugängliche Therapie, mit der eine Verlängerung der Lebenszeit oder aber mindestens eine nicht unwesentliche Verringerung des Leidens verbunden ist, untersagt wird.[619]

So liegt der Fall hier nicht. Unabhängig von der Frage, ob der Embryo „nur" als Träger einer genetischen Erbkrankheit, während diese aber noch nicht ausgebrochen ist, überhaupt schon als „krank" zu bezeichnen ist, handelt es sich beim *Human Genome Editing* nach dem Stand der medizinischen Forschung noch nicht um eine prinzipiell zugängliche Therapie.[620] Im Gegenteil sind die Unsicherheiten im Moment noch als so hoch zu bewerten, dass die Wahrscheinlichkeit auf die Verlängerung der Lebenszeit oder eine unwesentliche Verringerung des Leidens ungewiss sind.

Durch das Verbot wird dem Embryo damit keine adäquate Therapiemöglichkeit durch *Genome Editing* genommen, so dass ein Verbot nicht in kausal zurechenbarer Weise als Eingriff in das Leben und auch die körperliche Unversehrtheit zu qualifizieren ist.

e) Recht der Frau auf körperliche Unversehrtheit aus Art. 2 Abs. 2 S. 1 Alt. 2 GG

Der Schutz der Gesundheit aus Art. 2 Abs. 2 S. 1 GG Alt. 2 GG meint den Schutz vor körperlichen oder seelischen Leiden. Grundsätzlich berührt jede Schwangerschaft die körperliche und seelische Integrität der Frau. Im vorliegenden

---

619 BVerfGE, NJW 1999, 3399 (3400).
620 Vgl. dazu die bejahende Argumentation bzgl. ähnlicher Konstellation bei einer HIV-Infektion BGHZ 114, 284 (284).

Kontext umfasst der Schutz Gesundheitsgefährdungen und unzumutbare Risiken, die sich bei einer Arztbehandlung oder Schwangerschaft ergeben können.[621] Im Rahmen von medizinischen und rechtlichen Möglichkeiten ist sie vor physischen und psychischen Risiken im Zusammenhang mit Schwangerschaft und Geburt zu schützen.[622] Ein genetisch „kranker" oder nicht entwicklungsfähiger Embryo, der aber im Rahmen der IVF implantiert wurde, kann zum Beispiel durch eine Tot- oder Fehlgeburt ein enormes Gesundheitsrisiko für die betroffene Frau darstellen, vor dem die Frau bestmöglich zu schützen ist.[623] Dabei ist nicht das Scheitern bzw. das Risiko eines Scheiterns einer Schwangerschaft automatisch ein Eingriff in die körperliche Unversehrtheit der Frau. Es geht vielmehr darum, dass die mütterlichen Integritätsinteressen bestmöglich zu schützen sind. Genetisch stark vorbelasteten Eltern bzw. auch Frauen gäbe *Human Genome Editing* die Chance ein gesundes Kind auf die Welt zu bringen. Ein Eingriff in Form eines Verbots von *Human Genome Editing* könnte sich ergeben, wenn diese Behandlung möglicherweise zu der Implantation eines „gesunden" Embryos geeignet wäre, und damit die körperliche Unversehrtheit der Mutter sicherstellen könnte. Dies ist aber auch bereits aus den oben genannten Sicherheitserwägungen schon deshalb abzulehnen, weil die Behandlung aufgrund der dargestellten, im Moment (noch) bestehenden Risiken, keine Option zur Erfüllung dieses Ziels ist. *Human Genome Editing* stellt keine adäquate Behandlungsmöglichkeit dar.

f) Zwischenergebnis

Ein Verbot von *Human Genome Editing* greift in die Berufsfreiheit des Arztes aus Art. 12 Abs. 1 GG und (teilweise) in die Wissenschaftsfreiheit des Arztes aus Art. 5 Abs. 3 GG ein, was aber zum gegenwärtigen Zeitpunkt gerechtfertigt werden kann.

3 Ergebnis

a) Rechtfertigung der Beeinträchtigungen durch konfligierende Grundrechte

Staatliche Schutzpflichten werden nur dann aktiviert, wenn die Grundrechtsbeeinträchtigungen des Embryos rechtswidrig sind. Die durch die Vornahme

---

621 *Hufen*, MedR 2001, S. 440 (444).
622 *Hufen*, in: *Gethmann/Huster (Hrsg.)*, Recht und Ethik in der Präimplantationsdiagnostik, S. 129 (135).
623 *Hufen*, in: *Gethmann/Huster (Hrsg.)*, Recht und Ethik in der Präimplantationsdiagnostik, S. 129 (136).

von *Genome Editing*-Behandlungen beeinträchtigten Grundrechtspositionen des Embryos müssen mit den Grundrechtspositionen des privaten Dritten (Mutter, Eltern, Arzt) ins Verhältnis gesetzt werden. Soweit letztere im Kollisionsfall überwiegen, scheidet eine staatliche Schutzpflicht aus.[624] Die obige Prüfung zeigt, dass das Recht auf reproduktive Autonomie der Eltern und das Recht auf körperliche Unversehrtheit der Mutter die von einer *Genome Editing*-Behandlung ausgehenden Lebensgefährdungen des Embryos nicht zu rechtfertigen vermag. Das Recht auf reproduktive Autonomie ist nicht berührt und *Human Genome Editing* stellt keine adäquate Behandlungsmöglichkeit dar, um die Frau vor etwaigen Gesundheitsrisiken (Recht auf körperliche Unversehrtheit) zu schützen. Die dargestellten Grundrechtspositionen des Arztes überwiegen die Grundrechtspositionen des Embryos ebenfalls nicht.

b) Verfassungsgebotene Rechtsfolge: Verbot des Human Genome Editing

Human Genome Editing stellt eine schutzpflichtenaktivierende rechtswidrige Beeinträchtigung seitens Privater dar. Der Gesetzgeber ist deshalb dazu verpflichtet, ein schützendes Regelungsregime zugunsten des Embryos zu etablieren. Dazu steht ihm ein weiter Beurteilungs-, Gestaltungs- und Ermessens- spielraum zu. Seine Maßnahmen müssen sich allerdings am Gebot der Effektivität messen lassen.[625]

Ein Verbot von *Genome Editing*-Behandlungen am Embryo ist hinreichend effektiv, um einen Schutz des Embryos vor *Human Genome Editing* zu gewährleisten. Andere Handlungsoptionen des Gesetzgebers, wie zum Beispiel Regelungen im Berufsrecht der Ärzte, die den Entzug der Approbation zur Folge haben könnten, sind nicht hinreichend effektiv. Das zu schützende hochrangige Rechtsgut des Lebens des Embryos lässt als Option nur das strafbewehrte Verbot beabsichtigter Keimbahneingriffe.

Hinsichtlich möglicher Keimbahninterventionen durch *Human Genome Editing* ist festzustellen, dass das ESchG auch Lücken aufweist. Beispielhaft sei die Behandlung an den sogenannten Mitochondrien genannt: Wird der Zellkern einer Eizelle, die defekte Mitochondrien aufweist, in eine neue Eizelle mit intakten Mitochondrien verbracht, greift das Verbot des § 5 ESchG nicht.[626] Es handelt sich bei einer entkernten Keimzelle nicht mehr um eine komplette

---

624 *Müller-Terpitz*, Der Schutz des pränatalen Lebens, S. 548.
625 Vgl. dazu in der Tiefe *Müller-Terpitz*, Der Schutz des pränatalen Lebens, S. 117ff.
626 *Taupitz*, Vortrag in: Simultanmitschrift der Jahrestagung des deutschen Ethikrates vom 22. Juni 2016, S. 21 (23).

Keimzelle im Sinne des § 8 Abs. 3 ESchG.[627] Umstritten ist, ob in einem solchen Fall das Klonverbot des § 6 ESchG Anwendung findet.[628] Diese Lücken sollten vom Gesetzgeber geschlossen werden, um Rechtsklarheit zu erreichen.

III *Human Genome Editing* – Materieller Grundrechtsschutz in zukünftiger klinischer Anwendbarkeit

Der verfassungsrechtlich gewährleistete Schutz von Embryonen im Rahmen einer staatlichen Schutzpflicht hinsichtlich Anwendungen von *Genome Editing*-Verfahren ist im vorangegangenen Abschnitt vor allem auf zur Zeit bestehende medizinische Unsicherheiten, Nebenwirkungen und damit zusammenhängende Forschungsergebnisse bzw. fehlende Erfahrungen gestützt worden.[629] Es stellt sich aber die Frage, wie der Sachverhalt insgesamt zu beurteilen wäre, wenn eine solche Behandlung im Rahmen medizinischer Möglichkeiten ein kalkulierbares, beherrschbares Risiko darstellen würde, das sich als therapeutische Behandlung im Rahmen eines individuellen Heilversuches etablieren könnte. Diese Frage erfordert zunächst die Untersuchung, wie plausibel es ist, dass *Human Genome Editing* in der Zukunft diese Voraussetzung erreichen könnte.

Im Folgenden wird dann als Gedankenexperiment die Prämisse gesetzt, dass eine positive Nutzen-Risiko-Abwägung hinsichtlich einer *Genome Editing*-Behandlung möglich ist. Es wird unterstellt, dass eine therapeutische Behandlung im Rahmen eines Heilversuchs (begrenzt auf schwerwiegende, monogene Erkrankungen) aufgrund technischer Weiterentwicklung von *Human Genome Editing* durchführbar ist. Der Stand der gegenwärtigen medizinischen Wissenschaft wird dabei ausgeblendet.

In einem dritten Schritt wird dann untersucht, welche (wesentlichen) Veränderungen sich im Rahmen dieser Prämisse hinsichtlich der bereits durchgeführten verfassungsrechtlichen Prüfung ergeben.

---

627 *Taupitz*, Vortrag in: Simultanmitschrift der Jahrestagung des deutschen Ethikrates vom 22. Juni 2016, S. 21 (23).
628 *Beck/Seitz*, in: *Müller/Rosenau (Hrsg.)*, Stammzellen – iPS-Zellen – Genomeditierung, S. 199 (201) Fn. 11 m. w. N.
629 Auch nach der Einschätzung von *Kersten*, NVwZ 2018, S. 1248 (1254) ist die Keimbahntherapie noch viel zu risikoreich, um beim Menschen eingesetzt zu werden, und damit das kategorische Verbot aufgrund medizinischer Unsicherheiten begründet.

1 Plausibilität zukünftiger klinischer Anwendbarkeit

Wie plausibel es ist, dass sich *Human Genome Editing* in der Zukunft in der klinischen Anwendbarkeit etabliert? Wäre dies wenigstens in der Form eines Heilversuchs möglich?

Voraussetzung dafür ist eine positive Risiko-Nutzen-Abwägung. Die Behandlung müsste mit ihrer Aussicht auf Erfolg und ihren innewohnenden Risiken zum erwarteten Nutzen in einem abgewogenen Verhältnis stehen.[630] Zudem ist der Versuch nur dann legitim, wenn keine etablierten erfolgsversprechenden Behandlungsmethoden als Alternativen vorhanden sind.[631]

a) *Wege zur möglichen Verfügbarkeit von potentiellen Nutzen und Risiken von* Human Genome Editing

Die für einen Heilversuch notwendige (positive) Risiko-Nutzen-Abwägung in der Zukunft ist nur dann vorstellbar, wenn potentielle Nutzen und Risiken der Behandlung ermittelt werden können.[632]

Zunächst wird deshalb hinterfragt, ob und wodurch ein potentieller zukünftiger Nutzen sowie Risiken ermittelt werden können.

aa) *Klinische Studien der somatischen Gentherapie*

Die Anwendung somatischer Gentherapien mittels *Genome Editing* im Rahmen von klinischen Studien lässt erwarten, dass dessen Fortentwicklung Rückschlüsse auf eine Keimbahntherapie zulassen. Im Laufe der Zeit wird dies auch eine Verbesserung der *Genome Editing*-Techniken im Hinblick auf therapeutische Anwendungen ganz allgemein bieten.[633]

Erfolgreich durchgeführt wurden beispielsweise bereits klinische Studien an HIV-infizierten Patienten, bei denen ein großer Teil der involvierten Patienten die antiretroviralen HIV-Medikamente gänzlich absetzen konnten.[634] Im

---

630 Laufs/Kern- *Lipp*, Arztrecht, VIII. Rn. 31 Fn. 95 m. w. N.
631 Quaas/Zuck- *Zuck*, Medizinrecht, § 68 Rn. 62.
632 Vgl. zu dieser Voraussetzung auch *The National Academies of Science, Engineering, Medicine*, Human Genome Editing, Science, Ethics, and Governance, S. 190.
633 *The National Academies of Science, Engineering, Medicine*, Human Genome Editing, Science, Ethics, and Governance, S. 123.
634 *Tebas et al.*, The New England Journal of Medicine (2014), S. 901–910; vgl. dazu auch die nähere Erläuterung in *Deutsche Akademie der Naturforscher Leopoldina e. V. (Hrsg.)*, Ethische und rechtliche Beurteilung des genome editing in der Forschung an humanen Zellen, S. 5 Fn. 5 m. w. N.

Rahmen solcher klinischer Studien ist es nicht ausgeschlossen, dass die Anwendungsbereiche des *Genome Editing* in Verbindung mit den Resultaten aus der Genomsequenzierung dazu beitragen werden, genetische Krankheiten besser zu verstehen. Zudem könnte die Entwicklung neuer Therapien beschleunigt und das Risiko unbeabsichtigter Konsequenzen (auch off-target-Effekte) minimiert werden.[635]

Die Anwendungen im Rahmen der somatischen Gentherapie mittels *Genome Editing* sind damit voraussichtlich dazu geeignet, Verbesserungen der Technik herbeizuführen, die auch Rückschlüsse auf die Anwendung einer etwaigen Keimbahntherapie in einem gewissen Rahmen zulassen. Konkret könnte man sich zum Beispiel vorstellen, die Ergebnisse klinischer Studien somatischer Therapien im Hinblick auf die Duchenne-Muskeldystrophie zu verwenden.[636] Da die somatische Therapie voraussichtlich nicht dazu geeignet ist, den Defekt in allen Geweben zu korrigieren, erhofft man sich eine Korrektur aller Gewebe durch einen zukünftigen Keimbahneingriff.[637]

bb) Keimbahneingriffe im Tiermodell

Es wurden bereits zahlreiche Keimbahnveränderungen im Tiermodell vorgenommen.[638] Die erste erfolgreiche Anwendung von CRISPR/Cas9 zur Korrektur einer erblichen Mutation bei Mäusen, die die Stoffwechselerkrankung Tyrosinämie hervorruft, wurde 2014 veröffentlicht.[639] Grundlagenforschung in experimentellen Organismen (z. B. Fliegen oder Pflanzen) ist existentiell wichtig, um zukünftige Anwendungen von *Genome Editing*-Verfahren zu verbessern.[640]

---

635 Vgl. dazu *Deutsche Akademie der Naturforscher Leopoldina e. V. (Hrsg.)*, Ethische und rechtliche Beurteilung des genome editing in der Forschung an humanen Zellen, S. 5; *The National Academies of Science, Engineering, Medicine*, Human Genome Editing, Science, Ethics, and Governance, S. 123.

636 Es handelt sich dabei um eine X-chromosomale Erkrankung, die ca. eine von 3.600 der männlichen Geburten betrifft. Die Symptome beginnen innerhalb der ersten Lebensjahre und verschlechtern sich im Laufe der Zeit. Die durchschnittliche Lebenserwartung liegt bei etwa 25 Jahren.

637 Vgl. dazu *The National Academies of Science, Engineering, Medicine*, Human Genome Editing, Science, Ethics, and Governance, S. 116.

638 Vgl. dazu die Nachweise und konkreten Beschreibungen in *The National Academies of Science, Engineering, Medicine*, Human Genome Editing, Science, Ethics, and Governance, S. 236.

639 *Yin et al.*, Nature Biology (2014), S. 551–553.

640 *The National Academies of Science, Engineering, Medicine*, Human Genome Editing, Science, Ethics, and Governance, S. 67.

Mäuseembryonen sind in einigen Aspekten menschlichen Embryonen ähnlich, in anderen bestehen jedoch signifikante Unterschiede.[641] Zum Beispiel bei der Genexpression und Zelldifferenzierung.[642]

Dies impliziert, dass die Erkenntnisse aus Tierversuchen, wie zum Beispiel der Maus, nur begrenzt auf den Menschen übertragbar sind. Die Forschungsergebnisse lassen deshalb nur eingeschränkt Rückschlüsse auf die Keimbahntherapie am Menschen zu.[643]

cc) Embryonenforschung

Aufgrund der nachweislich bestehenden, nicht unbedeutenden Unterschiede zwischen der Entwicklung von Maus- und Nagetierembryonen und denen des Menschen, wird deshalb vorgeschlagen, Forschung an in vitro- Embryonen als Grundlagenforschung (d. h. ohne folgende Schwangerschaft und vererbbare Keimbahnveränderung) durchzuführen.[644] Dabei wird vermutet, dass die Effizienz von *Genome Editing*-Verfahren, insbesondere CRISPR/Cas9, weiter zunimmt und es nachstehend möglich sein wird, die Effekte der genveränderten Embryonen direkt zu untersuchen. Die Experimente würden in einem ganz frühen Stadium (Tag 1–6 der embryonalen Entwicklung) durchgeführt.[645] Neben einem besseren Verständnis der embryonalen Entwicklung in einem frühen Stadium des Embryos könnten durch die Weiterentwicklung bei der Genomsequenzierung und beim *Genome Editing* weitreichende medizinisch signifikante Forschungsergebnisse erreicht werden.[646]

---

641 *The National Academies of Science, Engineering, Medicine*, Human Genome Editing, Science, Ethics, and Governance, S. 74 Kasten 3-2.
642 *Deutsche Akademie der Naturforscher Leopoldina e. V. (Hrsg.)*, Ethische und rechtliche Beurteilung des genome editing in der Forschung an humanen Zellen, S. 7.
643 *Deutsche Akademie der Naturforscher Leopoldina e. V. (Hrsg.)*, Ethische und rechtliche Beurteilung des genome editing in der Forschung an humanen Zellen, S. 8.
644 Vgl. dazu in der Tiefe *The National Academies of Science, Engineering, Medicine*, Human Genome Editing, Science, Ethics, and Governance, S. 74 Kasten 3-2.
645 *The National Academies of Science, Engineering, Medicine*, Human Genome Editing, Science, Ethics, and Governance, S. 73 und S. 76.
646 *Deutsche Akademie der Naturforscher Leopoldina e. V. (Hrsg.)*, Ethische und rechtliche Beurteilung des genome editing in der Forschung an humanen Zellen, S. 8; *The National Academies of Science, Engineering, Medicine*, Human Genome Editing, Science, Ethics, and Governance, S. 77.

In Deutschland ist eine solche Embryonenforschung durch das EschG verboten.[647] In anderen europäischen Ländern, wie zum Beispiel Frankreich, Schweden und Großbritannien, ist Embryonenforschung bis maximal 14 Tage nach deren Erzeugung in Grenzen erlaubt. In Großbritannien werden beispielsweise Forschungsvorhaben an menschlichen Embryonen, die nicht mehr für Fortpflanzungszwecke verwendet werden, durch die *Human Fertilisation and Embryology Authority* lizenziert und eine Ethikkommission muss geplanten Vorhaben zustimmen.[648]

In diesem Zusammenhang forderte im Jahr 2017 die *Deutsche Akademie der Naturforscher Leopoldina e. V.*, trotz spezifischer Bedenken und in gewissen Rahmenbedingungen (Durchführung in transparenter Weise an frühen Embryonen, nur hochrangige Forschungsziele etc.), Embryonenforschung in Deutschland zuzulassen, sofern es sich um Embryonen handelt, die für Fortpflanzungszwecke erzeugt wurden, aber dafür endgültig nicht mehr genutzt werden und keine reale Lebenschance mehr haben (sogenannte verwaiste Embryonen).[649] Diese Situation entsteht beispielsweise dann, wenn Embryonen aus medizinischer Sicht für eine Einpflanzung ungeeignet erscheinen (aus biochemischen, morphologischen Gründen oder nach einer PID) oder die Eltern generell doch keine Schwangerschaft mehr wünschen und sich auch gegen eine pränatale Adoptionsspende entscheiden.[650]

Die Frage, ob eine solche Forschung an verwaisten Embryonen in Deutschland rechtlich zulässig sein sollte, ist zwar eine durchaus relevante Fragestellung (insbesondere für den konkreten Forschungsbedarf deutscher Wissenschaftler[651]), für den hier zu untersuchenden Gegenstand hinsichtlich der Plausibilität einer etwaigen Vertretbarkeit von *Human Genome Editing* im Rahmen eines Heilversuchs in der Zukunft aber deshalb nicht von essentieller

---

647 Vgl. dazu z. B. den umstrittenen Sonderfall der sogenannten tripronuklearen Embryonen, Kap. D. II. c).
648 *Deutsche Akademie der Naturforscher Leopoldina e. V. (Hrsg.)*, Ethische und rechtliche Beurteilung des genome editing in der Forschung an humanen Zellen, S. 12.
649 *Deutsche Akademie der Naturforscher Leopoldina e. V. (Hrsg.)*, Ethische und rechtliche Beurteilung des genome editing in der Forschung an humanen Zellen, S. 1–27.
650 Vgl. dazu *Deutsche Akademie der Naturforscher Leopoldina e. V. (Hrsg.)*, Ethische und rechtliche Beurteilung des genome editing in der Forschung an humanen Zellen, S. 1–27.
651 *Deutsche Akademie der Naturforscher Leopoldina e. V. (Hrsg.)*, Ethische und rechtliche Beurteilung des genome editing in der Forschung an humanen Zellen, S. 13.

Bedeutung, da in anderen Ländern Embryonenforschung bzw. genetische Veränderungen mittels *Genome Editing-* Behandlungen bereits durchgeführt wurden.[652] Unabhängig von der Zulässigkeit von Embryonenforschung in Deutschland kann erwartet werden, dass mittel- und langfristig durch Anwendung von *Genome Editing*-Behandlungen an Embryonen die Technik sich weiterentwickeln und ggf. auch verbessern wird, so dass es zumindest nicht ausgeschlossen ist, dass signifikante Forschungsergebnisse dazu führen könnten, dass konkrete Aussagen über potentielle Risiken und Nutzen getroffen werden können.

dd) Ergebnis

Das *Human Genome Editing* befindet sich wie dargestellt in der Grundlagenforschung noch in einem experimentellen Stadium. Deshalb kann zum jetzigen Zeitpunkt weder gesagt werden, ob *Human Genome Editing* es jemals zu klinischen Versuchen schaffen wird, und es können auch keine zuverlässigen Aussagen hinsichtlich des konkreten Nutzens und des konkreten Risikos bei einer etwaigen Anwendung (im Rahmen eines individuellen Heilversuchs) getroffen werden.[653] Deshalb ist auch keine zuverlässige Aussage darüber möglich, ob eine Risiko-Nutzen-Abwägung zukünftig den Anforderungen eines individuellen Heilversuchs genügen wird.

Dennoch ist aber zu erwarten, dass etwaige Erfahrungswerte aus oben beispielhaft genannter Grundlagenforschung sowie Tierversuchen und vor allem Embryonenforschung im Ausland zukünftig dazu geeignet sind, zumindest zukünftige Prognosen über etwaige Risiken und Nutzen einer solchen Behandlung zuzulassen. Dafür sprechen auch die Ergebnisse des von der *National Academie of Science* 2017 veröffentlichen Reports „Human Genome Editing, Science, Ethics, and Governance", in dem Empfehlungen von zukünftigen Rahmenbedingungen klinischer Anwendung unter bestimmten Voraussetzungen ausgesprochen werden.[654] Es ist damit nicht ausgeschlossen, dass dies zukünftig zu einer positiven Risiko-Nutzen-Abwägung führen wird.

---

652 Vgl. dazu etwa *Liang et al.*, Protein & Cell (2015), S. 363–372; *Ma et al.*, Nature (2017), S. 413–419.
653 Letzteres geht zurück auf *The National Academies of Science, Engineering, Medicine*, Human Genome Editing, Science, Ethics, and Governance, S. 189.
654 Die folgenden Empfehlungen gehen zurück auf *The National Academies of Science, Engineering, Medicine*, Human Genome Editing, Science, Ethics, and Governance, S. 189 und S. 190.

b) Voraussetzung einer positiven Risiko-Nutzen-Abwägung

Die konkrete Risiko-Nutzen-Abwägung orientiert sich dann an zwei Größen: Anhand von Prognosen müsste die konkrete Gefährlichkeit der Behandlung (in Bezug auf die individuell vorliegende Krankheit) und der potentielle Nutzen für den teilnehmenden Patienten ermittelt werden. Die Feststellung des potentiellen Nutzens für den Patienten müsste unter Berücksichtigung der voraussichtlichen Entwicklung, der genetisch vorgezeichneten Grunderkrankung mit und ohne Anwendung der Behandlung ermittelt werden. Zudem wären bestehende alternative Therapieansätze von Bedeutung.[655] Es müssten sich vor allem Überlegungen dahin konkretisieren, welches Risiko im Verhältnis zu dem zu erwartenden Nutzen tolerierbar ist bzw. „wo die Grenze zwischen kalkulierbaren und nicht absehbaren, wo zwischen verantwortbaren und unverantwortbaren Risiken verläuft"[656]. Es darf aber der Umstand nicht außer Acht gelassen werden, dass Versuchshandeln (auch im Rahmen eines Heilversuchs) stets unsicheres Handeln ist, diese Unsicherheit sich auf die Nutzen- und Risikoseite bezieht, und damit auch die Bewertung ihres Verhältnisses letztlich unsicher bleibt. Die informationelle empirische Grundlage für eine Risiko-Nutzen-Abwägung bleibt damit dürftig und der Anteil an prognostischen Bewertungen hoch – dies rechtfertigt auch die hohe Bedeutung der Anforderungen der weiteren Legitimationssäule (insbesondere den informed consent).[657]

aa) Beschränkung auf schwerwiegende monogene Erkrankungen

Sinnvoll wäre es, eine etwaige Anwendung von *Human Genome Editing* im Rahmen eines Heilversuchs zunächst auf monogene Krankheiten (Krankheiten, die durch einen Defekt auf einem einzigen Gen hervorgerufen werden) zu beschränken, anstatt sie auch auf (häufiger vorkommende) multifaktorielle Erbkrankheiten auszuweiten.[658] Multifaktorielle Krankheiten sind wesentlich komplexer in

---

655 Diese Überlegungen sind angelehnt an *Fateh-Moghadam, Bijan*, in: *Berlin-Brandenburgische Akademie der Wissenschaften/Fehse, Boris/Domasch, Silke (Hrsg.)*, Gentherapie in Deutschland, Eine interdisziplinäre Bestandsaufnahme, Themenband der interdisziplinären Arbeitsgruppe Gentechnologiebericht, S. 151 (170).
656 Vgl. dazu *Deutscher Ethikrat*, Keimbahneingriffe am menschlichen Embryo, S. 5.
657 *Hart*, MedR 2015, S. 766 (771).
658 Dies wurde bereits den für – „wenn überhaupt" – zukünftigen Fall eines möglichen gezielten Gentransfers von der *Arbeitsgruppe „In-vitro-Fertilisation, Genomanalyse und Gentherapie"*, sog. Benda Kommission, vorgeschlagen in: *Der Bundesminister für*

ihrer Entstehung, da sie durch eine Interaktion von genetischen Faktoren und Umweltfaktoren entstehen.[659]

Diese Herangehensweise hat den Vorteil, dass nicht mehrere Gene gleichzeitig manipuliert werden müssten und würde voraussichtlich damit Risiken minimieren, da mit zunehmender Komplexität zu erwarten ist, dass auch die Komplikationen deutlich erhöht sind.[660]

Zudem sollte die Anwendung auf schwerwiegende Erbkrankheiten begrenzt werden, da unter anderem die Folgen auf den menschlichen Genpool allein aufgrund zeitlicher Aspekte als Risiken zunächst bleiben werden. Die mehrgenerativen Folgen werden sich erst nach sehr langer Zeit zeigen können. Durch die Begrenzung von Anwendungen auf schwerwiegende monogene Erkrankungen wäre die Anwendung der Fälle in ihrer Zahl limitiert. Daraus lässt sich schließen, dass bei einer solchen eingegrenzten Anwendung von *Human Genome Editing* keine signifikante Auswirkung auf den menschlichen Genpool zu erwarten ist.[661]

Der Begriff „schwerwiegend" beschreibt in Anlehnung an § 3 a ESchG jene Erbkrankheiten „die sich aufgrund sehr geringer Lebenserwartung, Schwere des Krankheitsbildes, und schlechter Behandelbarkeit von anderen Krankheiten wesentlich unterscheiden".[662]

Begrenzt man die Anwendung eines Heilversuchs auf schwerwiegende monogene Erkrankungen, die ohne Behandlung einen tödlichen Verlauf nehmen würden, käme eine riskante Behandlung dann in Betracht, wenn das (prognostizierte potentielle) Risiko der zukünftig unbehandelten oder konventionell behandelten Krankheit dasjenige des therapeutischen Einsatzes überwiegt. In die Risikoabwägung müsste insbesondere ein besonderes Augenmerk auf (prognostizierte) Langzeitfolgen in Bezug auf mehrere Generationen gelegt werden.[663]

Forschung und Technologie (Hrsg.), In-vitro-Fertilisation, Genomanalyse und Gentherapie, S. 45 f.; zeitgenössisch u. a. auch *Deutscher Ethikrat*, Keimbahneingriffe am menschlichen Embryo, S. 5; *Taupitz*, Vortrag in: Simultanmitschrift der Jahrestagung des deutschen Ethikrates vom 22. Juni 2016, S. 21 (29); vgl. in der Tiefe zu den multifaktoriellen Erkrankungen Murken/Grimm/Holinski- *Feder/Zerres*, Humangenetik S. 314.
659 Murken/Grimm/Holinski- *Feder/Zerres*, Humangenetik S. 315.
660 Vgl. z. B. *Deutscher Ethikrat*, Keimbahneingriffe am menschlichen Embryo, S. 5.
661 *The National Academies of Science, Engineering, Medicine*, Human Genome Editing, Science, Ethics, and Governance, S. 118.
662 BT-Drs. 17/7415.
663 Vgl. sog „follow ups", aber im Rahmen von klinischen Prüfungen in *The National Academies of Science, Engineering, Medicine*, Human Genome Editing, Science, Ethics, and Governance, S. 190.

bb) Sonstige Beschränkungen

Die *National Academie of Science* hat in ihrem 2017 veröffentlichen Report *„Human Genome Editing, Science, Ethics, and Governance"* Empfehlungen ausgesprochen, innerhalb welcher Rahmenbedingungen (allerdings) eine klinische Anwendung möglicherweise in Betracht käme. Diese sollen hier kurz dargestellt werden, da sie auch auf die Rahmenbedingungen eines individuellen Heilversuchs möglicherweise eine Indizwirkung haben könnten:

- Fehlen sinnvoller Alternativbehandlungen
- Beschränkungen auf die Verhinderung einer schweren Krankheit oder eines schweren Zustands
- Beschränkung auf eine Genbearbeitung jener Gene, von denen überzeugend nachgewiesen wurde, dass sie die Krankheit verursachen oder eine starke Disposition dafür haben
- Umwandlung nur in solche Gene, wie sie in der Gesellschaft dominierend vorhanden sind und die Gesundheit assoziieren mit wenig oder gar keinen Nebenwirkungen
- Verfügbarkeit von glaubhaften präklinischen oder klinischen Daten zu potentiellen Risiken und Nutzen des Verfahrens
- Fortlaufende und strenge Kontrollen des Verfahrens hinsichtlich der Auswirkungen auf die Sicherheit und Gesundheit der Forschungsteilnehmer
- Pläne für langfristige und generationsübergreifende *Follow-ups* unter Respekt von persönlicher Autonomie
- Maximale Transparenz im Einklang mit der Privatsphäre des Patienten
- Laufende Neubewertung gesundheitlicher Nutzen und Risiken unter Beteiligung von Gesellschaft und Öffentlichkeit
- Zuverlässige Überwachungsmechanismen zur Sicherstellung der Verwendung allein auf schwere Krankheit oder eines schweren Zustands[664]

c) Ergebnis und konkrete Prämisse

Das Erreichen einer klinischen Anwendbarkeit ist im Ergebnis eine plausible Möglichkeit. Im Folgenden wird deshalb als Gedankenexperiment die Prämisse gesetzt, dass eine positive Nutzen-Risiko-Abwägung hinsichtlich einer *Genome Editing*-Behandlung (eingegrenzt auf schwerwiegende, monogene

---

664 Alle mit Spiegelstrich aufgeführten Erwägungen gehen zurück auf *The National Academies of Science, Engineering, Medicine*, Human Genome Editing, Science, Ethics, and Governance, S. 189 f.

Erkrankungen) möglich ist. Der Stand der gegenwärtigen medizinischen Wissenschaft wird dabei ausgeblendet.

2 Grundrechtsverletzungen durch Vornahme von *Human Genome Editing* am Embryo – Wesentliche Veränderungen

Im Folgenden werden mögliche Grundrechtseingriffe durch die Vornahme einer *Genome Editing*-Behandlung geprüft. Da diese wie oben in Form von Gefährdungen/Beeinträchtigungen von Privatpersonen (Eltern, Mutter, Arzt) ausgehen, berühren sie die Thematik der grundrechtlichen Schutzpflicht. Es wird deshalb zunächst auf der Tatbestandsebene geprüft, ob durch die Vornahme von *Human Genome Editing* schutzpflichtenaktivierende Beeinträchtigungen des Embryos bzw. der Eltern vorliegen.

Umgekehrt werden dann in Betracht kommende Grundrechtspositionen geprüft, die durch ein Verbot von *Human Genome Editing* im Rahmen der Prämisse betroffen sind. Im Ergebnis werden dann beide Prüfungen zusammengeführt. Auf der Rechtsfolgenebene wird dann die Frage gestellt, ob im Rahmen der Schutzpflicht des Staates ein Verbot des *Human Genome Editing* weiterhin verfassungsrechtlich geboten ist. Beurteilungsgrundlage dieser Prüfung ist *Human Genome Editing* in zukünftiger klinischer Anwendbarkeit.

a) *Menschenwürde aus Art. 1 Abs. 1 S. 1 GG*

Die Verletzung der Menschenwürde des Embryos ist im Hinblick auf Keimbahneingriffe immer wieder Gegenstand ethischer und rechtlicher Diskussionen. Obwohl dem Embryo keine Menschenwürde zuzusprechen ist, werden hier hilfsweise Erörterungen angestellt für den Fall, dass man dem Embryo Menschenwürde zusprechen würde.[665]

aa) *Maßstab einer Verletzung der Menschenwürde – Objektformel*

Das Verständnis der Menschenwürde ist mit unterschiedlichen Definitionsansätzen mit Leben gefüllt worden.[666] Heute ist es überwiegend anerkannt, die Menschenwürde vom Verletzungsvorgang her zu bestimmen. Im Mittelpunkt der Betrachtung steht dabei die Frage, wann diese durch staatliches oder privates

---

665 Vgl. dazu Kap. E. I. 1.
666 Vgl. dazu etwa die Darstellung der positiven und negativen Begriffsbestimmung bei *Müller-Terpitz*, Der Schutz des pränatalen Lebens, S. 307 ff.

Handeln beeinträchtigt wird.[667] Als richtungsweisend wird dabei die sogenannte Objektformel gesehen, die sich an dem Instrumentalisierungsverbot Kants anlehnt und die *Günter Dürig* entscheidend geprägt hat.[668] „Die Menschenwürde als solche ist getroffen", so *Dürig*, „wenn der konkrete Mensch zum Objekt, zu einem bloßen Mittel, zur vertretbaren Größe herabgewürdigt wird."[669] Es wird damit durch die Menschenwürde die Achtung des Menschen um seiner selbst willen garantiert und jegliche Handlungen verboten, die den Menschen zum bloßen Objekt des Staates machen und die Subjektqualität des Einzelnen in Frage stellen.[670]

bb) Menschenwürde als individualschützendes Grundrecht

Es geht im Sinne der oben dargestellten Objekttheorie mithin nun um die Frage, ob die Vornahme einer *Genome Editing*-Behandlung an einem Embryo dessen Herabwürdigung zum Objekt beinhaltet, die Qualität und die Achtung des Embryos um seiner selbst willen als Subjekt beeinträchtigt wäre, so dass mithin dessen Subjektqualität in Frage steht.

Die Problemstellung, ob und welche Grenzen die Menschenwürde Eingriffen in das menschliche Genom setzt, ist nicht neu und wurde vor allem auch Mitte der 1980-er Jahre durch die vom Bundestag eingesetzte Enquete Kommission diskutiert.[671]

Im Hinblick auf gentherapeutische Maßnahmen werden in der (juristischen) Literatur eine Vielzahl von Ansichten vertreten, die sich auch teilweise mit ethischen Argumentationssträngen überschneiden. Im Folgenden soll ein kurzer Überblick über Argumente gezeigt werden, die sich mit der subjektbezogenen Frage der Menschenwürde in Bezug auf Keimbahneingriffe beschäftigen.[672]

---

667 *Müller-Terpitz*, Der Schutz des pränatalen Lebens, S. 319.
668 *Dürig*, AÖR 1956, S. 117 (117 ff.); Maunz/Dürig- *Herdegen*, GG, Art. 1 Abs. 1 Rn. 36.
669 *Dürig*, AÖR 1956, S. 117 (127).
670 BVerfGE 87, 209 (228).
671 Vgl. dazu in der Tiefe *Neumann*, ARSP 1998, S. 153 (155).
672 Es werden hier die tragenden Argumente aufgeführt. Ein umfassender Überblick findet sich in *Budde*, Die Wirtschaftsrelevanz der Menschenwürde, S. 105 ff.; bezogen auf Gentherapie und Enhancement *Welling*, Genetisches Enhancement, S. 142 ff.; teilweise wird eine Zulässigkeit im Hinblick auf die Menschenwürde zwar bei heilenden, aber nicht bei Maßnahmen des sog. Enhancement bzw. negativer und positiver Eugenik als Gegensatzpaar befürwortet, was hier aufgrund der Konkretisierung auf heilende Maßnahmen aber nicht weiter vertieft wird, vgl. etwa *Graf Vitzthum*, MedR 1985, 249 (256).

Zum Teil wird vorgebracht, eine Instrumentalisierung und damit eine Menschenwürdeverletzung des Individuums liege in der Fremdbestimmtheit des Individuums durch einen Keimbahneingriff. Das Bedenkliche daran sei vor allem der Umstand, dass ein Dritter sich anmaße, menschliches Leben nach eigenen Vorstellungen erzeugen zu dürfen.[673] Trotz des wünschenswerten Ziels der Befreiung der Menschen von schweren Erbkrankheiten, sei die Selbstbestimmung und damit die Würde des Menschen verletzt, wenn andere das Entscheidungsrecht hätten, was „krankhafte Abweichung von einer Norm" sei.[674] Auch die Freiheit des Menschen liege darin, dass ihm die individuellen Anlagen nicht durch Eingriffe Dritter zugeteilt würden – diesen Gedanken müsse der Mensch um seiner Selbstachtung willen vorbeugend auf alle menschlichen künstlichen Erzeugungen in Verbindung mit Keimbahneingriffen erstrecken.[675] Die Garantie der Menschenwürde beinhalte zudem vielmehr auch ein Recht auf Zufall.[676] Dies beinhalte vom Menschen unberührte Faktizität und in diesem Sinne auch Schicksal – nur so könne der Mensch sich frei von der Willkür anderer bestimmen.[677] Zudem sei die Hinnahme der „Kontingenz genetischer Kombinationen" Ausdruck der Achtung der Menschenwürde.[678]

In einer Gesamtschau betrachtet überzeugen die oben genannten Argumente jedoch nicht: Die zuletzt genannte Ansicht der „Hinnahme der Kontingenz genetischer Kombinationen" als Ausdruck der Menschenwürde würde im Fall der hier zu untersuchenden Weitergabe einer defekten Genkombination die „Inhumanität einer blinden Genfixierung" in Bezug auf schwere Krankheiten bedeuten.[679] „Das Schicksal, mit einer schweren Behinderung aufgrund eines genetisch bedingten Erbleidens geboren zu werden, gehört nicht zur unverfügbaren Menschenwürde; vermeidbares Leiden zählt nicht zum unveräußerlichen Bestand personaler Identität."[680] Eine Pflicht zur „Hinnahme genetischer Kontingenz" muss deshalb schon aus diesem Grund scheitern.

Teilweise wird ein Eingriff in das Erbgut als eine Verletzung in die naturbelassene Identität des Individuums angesehen.[681] Ganz allgemein ist die

---

673 Seibert, in: Lanz-Zumstein (Hrsg.), Embryonenschutz und Befruchtungstechnik, S. 64.
674 Vgl. etwa Benda, NJW 1985, S. 1730 (1733).
675 Hofmann, JZ 1986, S. 253 (260).
676 Spiekerkötter, Verfassungsfragen der Humangenetik, S. 97.
677 Baumgartner, Zeitschrift für medizinische Ethik (1993), 257 (259).
678 Isensee, in: Bohnert et al. (Hrsg.), FS Hollerbach, S. 243 (261).
679 Dreier- Dreier, GG, Art. 1 Rn. 107.
680 Dreier- Dreier, GG, Art. 1 Rn. 107.
681 So auch Welling, Genetisches Enhancement, S. 145.

Heranziehung des Arguments der Natur schon deshalb fragwürdig, weil die Reichweite des Begriffs gerade im biotechnologischen Bereich so vieldeutig ist, dass er zu naturrechtlichen unrichtigen Schlüssen führen kann.[682] Zudem handelt es sich um eine Verwechslung von biologischer und sittlicher Natur des Menschen.[683] In diesem Sinne sind Menschen zwar ein Produkt der Natur, aber wesensgemäß auch ein solches der eigenen, von ihm geschöpften Zivilisation und ihres technischen Fortschritts.[684] Hinzu kommt, dass die therapeutische Behandlung als Heilung einer schweren Erbkrankheit nicht als eine Überschreitung natürlicher Entstehung gewertet und damit nicht als Menschenwürdeverstoß qualifiziert werden kann.[685]

Ein Verstoß gegen das durch die Menschenwürde gewährleistete Selbstbestimmungsrecht durch die Fremdbestimmtheit genetischer Manipulationen kann auch mit oben genanntem Argument widerlegt werden, dass Leid, das abwendbar ist, nicht zum unveräußerlichen Bestand personaler Identität gehört.[686]

cc) Ergebnis

Die Anwendung von *Human Genome Editing* ist im Ergebnis keine Verletzung der Menschenwürde des Embryos. Selbst wenn man ihm Menschenwürde zusprechen würde, ist in der Behandlung keine Herabwürdigung zum Objekt zu sehen.

b) Recht auf Leben des Embryos aus Art. 2 Abs. 2 S. 1 Alt. 1 GG

Stellt eine *Genome Editing*-Behandlung des Embryos oder einer Gamete eine Beeinträchtigung des Rechts auf Leben des Embryos aus Art. 2 Abs. 2 S. 1 Alt. 1 GG dar, die Schutzpflichten des Staates aktiviert?

Voraussetzung dafür ist, dass durch die *Genome Editing*-Behandlung ernsthaft zu befürchten wäre, dass der Embryo sein Leben einbüßen würde.[687] Dies ist hier nicht der Fall.

Aufgrund der vorher geprüften potentiellen Risiken und Nutzen sowie durchgeführter strenger Kontrollen des Verfahrens wäre es nicht hinreichend

---

682 Vgl. andere Gegenargumente in der Tiefe bei *Welling*, Genetisches Enhancement, S. 145 f.
683 *Kaufmann*, JZ 1987, 837 (840).
684 *Scholz*, in: *Gesellschaft für Rechtspolitik (Hrsg.)*, Bitburger Gespräche, 1986/I, S. 73.
685 *Budde*, Die Wirtschaftsrelevanz der Menschenwürde, S. 113.
686 Dreier- *Dreier*, GG, Art. 1 Rn. 107.
687 Vgl. dazu BVerfGE 51, 324 (346 f.).

absehbar, dass das Leben des Embryos so gefährdet wäre, dass eine potentielle Gefährdung des Lebens des Embryos vorläge.

c) Recht auf körperliche Unversehrtheit des Embryos aus Art. 2 Abs. 2 S. 1 Alt. 2 GG

aa) Schutzpflichtenaktivierende Grundrechtsbeeinträchtigung durch Genome Editing an Embryo/Gamete(n)

Eine *Genome Editing*-Behandlung eines Embryos oder einer Gamete im Rahmen der Prämisse ist eine Beeinträchtigung des Rechts auf körperliche Unversehrtheit des Embryos aus Art. 2 Abs. 2 S. 1 Alt. 2 GG, die auf der Tatbestandsseite Schutzpflichten des Staates aktiviert. Auch Heileingriffe zur Wiederherstellung der Gesundheit, wie zum Beispiel Operationen, stellen regelmäßig einen Eingriff in die körperliche Integrität dar.[688]

Eine *Genome Editing*-Behandlung am Embryo ist durch die Modifikation oder den Austausch eines Gens von Zellen ein Eingriff in die physische Substanz eines Embryos und damit eine Beeinträchtigung der körperlichen Unversehrtheit gemäß Art. 2 Abs. 2 S. 1 Alt. 2 GG. Gleiches gilt bezüglich der Behandlung einer Gamete.

bb) Rechtfertigung

Die staatliche Schutzpflichtenverpflichtung zugunsten des Embryos wird allerdings nur insoweit aktiviert, wie die privaten Grundrechtsgefährdungen oder Grundrechtsbeeinträchtigungen ihrerseits verfassungsrechtlich nicht zu legitimieren sind.[689] Eine Möglichkeit der Rechtfertigung des Beeinträchtigungstatbestandes ist die Einwilligung der Eltern in eine *Genome Editing*-Behandlung, die die Schutzpflichtverpflichtung des Staates entfallen lassen würde.

(1) Risiko-Nutzen-Abwägung – Behandlungsalternativen

Wie oben bereits erwähnt, ist für die Durchführung eines Heilversuchs zunächst eine positive Risiko-Nutzen-Abwägung erforderlich. Diese setzt die Ermittlung des therapeutischen Werts (Nutzen) und schädlicher Wirkungen (Risiken) voraus, um sie in einem zweiten Schritt gegeneinander abzuwägen. Maßgeblich sind dabei der therapeutische Nutzen der Behandlung unter Berücksichtigung der

---

688 BVerfGE 52, 171 (175).
689 *Müller-Terpitz*, Der Schutz des pränatalen Lebens, S. 548.

Schwere der Indikation, die bestehenden Behandlungsalternativen und die zu erwartenden Nebenwirkungen.[690] Der zu erwartende Nutzen liegt hier in der Heilung eines Embryos von einer schwerwiegenden monogenen Erbkrankheit. Im Moment bestehende Sicherheitsrisiken wie off-target-Effekte müssten gelöst, Genwechselwirkungen so beherrschbar sein, dass zumindest keine schwerwiegenden körperlichen Folgen, wie etwa der Ausbruch einer Krebserkrankung, zu erwarten wären. Hinsichtlich der mehrgenerativen Folgen wird auf die oben aufgezeigten Empfehlungen der *National Academies of Science* verwiesen. Die Begrenzung von Anwendungen auf schwere monogene Erkrankungen ist zu empfehlen, da bei einer solch limitierten Anwendung von *Human Genome Editing* keine signifikante Auswirkung auf den menschlichen Genpool zu erwarten sind, so dass auch diese Risiken beherrschbar wären.[691] Aufgrund der teilweise sehr geringen Lebenserwartung bei schwerwiegenden monogenen Erbkrankheiten und das große Leiden, wie beispielsweise bei der Muskeldystrophie, kann erwartet werden, dass die Abwägung zugunsten einer *Genome Editing*-Behandlung ausfällt.

Die gebotene Risiko-Nutzen-Abwägung muss zudem aber auch Behandlungsalternativen berücksichtigen. Angeknüpft wird hier nun an ein Argument, dass auch in der ethischen Debatte angeführt wird, nämlich die fehlende medizinische Indikation als Argument gegen einen Keimbahneingriff mittels *Human Genome Editing*, da die PID eine Behandlungsalternative sei.[692] Im Fall der PID ist die Medizin ggf. in der Lage, einen gesunden (bzw. zumindest frei von der spezifischen, genetisch vererbbaren Krankheit) Embryo zu transferieren. Allerdings stellt sie schon deshalb keine echte Alternative dar, da sie lediglich auf Selektion und Einpflanzung, nicht aber auf Heilung gerichtet ist – sie hat zudem regelmäßig das Verwerfen von Embryonen zur Folge. Darüber hinaus kann die PID mit anschließendem Transfer auch nur dann eine Handlungsoption sein, wenn nur ein Elternteil Träger der Krankheit ist, nicht alle Embryonen von der Erbkrankheit betroffen sind.[693] Im Ergebnis wäre dann in einer Einzelfallentscheidung zu prüfen, ob die PID eine Behandlungsalternative sein kann. Auch die somatische Gentherapie und andere konservative Behandlungsmöglichkeiten müssen als Behandlungsalternativen in jedem Einzelfall geprüft werden.

---

690 Vgl. dazu vertiefend im Hinblick auf das Arzneimittelrecht *Hart*, Bundesgesundheitsblatt 2005, S. 204–214.
691 *The National Academies of Science, Engineering, Medicine*, Human Genome Editing, Science, Ethics, and Governance, S. 118.
692 Vgl. dazu Kap. C. II. 1. b).
693 Vgl. Kap. C. II. 1. b).

(2) Legitimationssäule „informed consent"

Grundsätzlich muss ein ärztlicher Heilversuch regelmäßig durch die im vollen Bewusstsein und bei entsprechender Information getätigte Einwilligung (sogenannter informed consent) des Patienten gedeckt sein.[694] Jeglicher medizinischer Eingriff ist zivil- und strafrechtlich eine tatbestandliche Körperverletzung i. S. d. § 823 Abs. 1 BGB bzw. 223 ff. StGB.[695] Dabei ist die Einwilligung nur wirksam, wenn eine ausreichende Aufklärung vorausgegangen ist.[696] Während die Einwilligung im Strafrecht nicht explizit geregelt, aber allgemein anerkannt ist, regelt § 630d BGB auf zivilrechtlicher Ebene die Einwilligung und § 630e BGB die Aufklärung. Fehlt die Aufklärung oder ist diese unwirksam, ist auch das grundgesetzlich verankerte Selbstbestimmungsrecht des Patienten verletzt.[697]

Die Besonderheit der vorliegenden Fallkonstellation liegt darin, dass der Embryo zum Zeitpunkt der Vornahme der *Genome Editing*-Behandlung nicht einwilligungsfähig ist – er ist entweder noch nicht existent (Fall der Manipulation an Gamete (n)) oder er ist zwar existent, aber als Embryo nicht einwilligungsfähig.

(a) Einwilligung durch das Selbstbestimmungsrecht der Eltern aus Art. 2 Abs. 1 GG i. V. m. Art. 1 Abs. 1 GG

Im isolierten Fall von Manipulationen an Gameten der Eltern kommt eine Einwilligung durch das Selbstbestimmungsrecht aus Art. 2 Abs. 1 GG i. V. m. Art 1 Abs. 1 GG in Betracht.[698] Dann wäre die fehlende Einwilligungsfähigkeit des erst später existenten Embryos für diese Fälle irrelevant. Die Behandlung fände letztlich bei den Eltern selbst statt.[699]

Im Hinblick auf die oben klargestellte Rechtsfigur des mittelbaren Eingriffs am Embryo durch *Genome Editing*-Verfahren an Gameten, der sich als solcher an dem Embryo manifestiert und dem Staat auch zurechenbar ist, kann es aber auf die Rechtsposition der Eltern nicht ankommen. Vielmehr ist auf die Rechtsposition des Embryos abzustellen, der – wie dargestellt – bereits ab dem Zeitpunkt von Verschmelzung von Ei- und Samenzelle Grundrechtträger des Art. 2

---

694 *Hufen*, Staatsrecht II, S. 220; ausgenommen davon sind die hier nicht relevante mutmaßliche und hypothetische Einwilligung.
695 Bergmann/Pauge/Steinmeyer-*Werner*, Gesamtes Medizinrecht, § 630d Rn. 1.
696 Bergmann/Pauge/Steinmeyer-*Werner*, Gesamtes Medizinrecht, § 630d Rn. 1.
697 BVerfGE NJW 2005, 1103 (1103).
698 Ablehnend dazu im Hinblick auf die rechtfertigende Einwilligung im Strafrecht *Welling*, Genetisches Enhancement, S. 68 Fn. 255 m. w. N.
699 *Welling*, Genetisches Enhancement, S. 68.

GG ist und deren Recht auf körperliche Unversehrtheit aus Art. 2 Abs. 2 S. 1 Alt. 2 GG auch bei Interventionen an Gameten betroffen ist. Eine Einwilligungsbefugnis der Eltern kann sich damit bei Manipulationen an deren oder einer deren Gameten nicht aus dem Selbstbestimmungsrecht aus Art. 2 Abs. 1 GG i. V. m. Art 1 Abs. 1 GG ergeben.[700]

(b) Einwilligung über §§ 1626 ff. BGB

Anknüpfungspunkt rechtlicher Überlegungen hinsichtlich der Einwilligung ist, dass der Embryo im Zeitpunkt der *Genome Editing*-Behandlung nicht einwilligungsfähig ist. Es kommt deshalb lediglich die Einwilligung der Eltern in Betracht. Dies gilt auch für die Behandlung einer Gamete, da in dem Fall auch auf den Embryo abgestellt werden muss.[701]

Eine Einwilligung ist über das elterliche Sorgerecht denkbar, das in § 1626 Abs. 1 BGB normiert und in Art. 6 Abs. 2 GG verfassungsrechtlich verankert ist.[702] Das elterliche Sorgerecht beinhaltet sowohl die Personensorge (§§ 1631 ff. BGB), als auch die Vermögenssorge (§§ 1638 ff.) einschließlich der entsprechenden Vertretungsbefugnis (§ 1629 Abs. 1 S. 1 BGB).[703] Die hier etwaige einschlägige Personensorge gemäß § 1626 Abs. 1 S. 2 Alt. 1 BGB beinhaltet alle Betreuungsaufgaben, die nicht bloße Vermögensverwaltung sind.[704]

Können aber die Vorschriften des BGB der elterlichen Sorge gemäß §§ 1626 ff. BGB auf vorgeburtliches Leben überhaupt Anwendung finden?

Während, wie festgestellt, der Embryo bereits Grundrechtsträger des Art. 2 GG und damit auch ein Rechtssubjekt darstellt, bestimmt der Wortlaut des § 1 BGB, dass die zivilrechtliche Rechtsfähigkeit erst mit der Vollendung der Geburt beginnt.[705] Ausnahmen werden vom Gesetz explizit genannt und teilweise der nach § 1 BGB maßgebende Zeitpunkt fiktiv vorverlagert.[706]

---

700 So im Ergebnis in Bezug auf genetisches Enhancement auch *Welling*, Genetisches Enhancement, S. 68.
701 Vgl. Kap. E. II. 1. b) aa) (1) (d).
702 Palandt- *Götz*, BGB, § 1626 Rn. 1.
703 Palandt- *Götz*, BGB, § 1626 Rn. 7.
704 *Schwab*, Familienrecht, S. 347.
705 Teilweise wird der Leibesfrucht auch eine partielle Rechtsfähigkeit eingeräumt; dabei ist aber auch umstritten, ob überhaupt und wenn, ab welchem Zeitpunkt – Kernverschmelzung oder Nidation – diese beginnt, vgl. dazu Palandt- *Ellenberger*, BGB, § 1 Rn. 6 f.
706 Von Staudinger- *Peschel-Gutzeit*, BGB §§ 1626–1633, § 1626 Rn. 35.

So erhält beispielsweise nach § 1912 BGB eine Leibesfrucht zur Wahrung ihrer Rechte in der Zukunft einen Pfleger, soweit diese Rechte einer Fürsorge benötigen. § 1923 Abs. 2 BGB bestimmt, dass jemand, der zur Zeit des Erbfalls bereits gezeugt war, als vor dem Erbfall geboren gilt.[707]

Der Wortlaut der Vorschrift und die expliziten Ausnahmevorschriften des BGB sprechen dafür, dass die §§ 1626 ff. BGB zunächst keine Anwendung auf vorgeburtliches Leben finden.[708] Teilweise wird aber gefordert, dass die Personensorge auf die Zeit vor der Geburt vorverlegt wird.[709] Die inhaltlichen Sorgerechte und Sorgepflichten ergäben sich aus dem konkreten Sorgebedürfnis des Kindes – dazu zählten sowohl die pränatalen medizinischen Vorsorgeuntersuchungen sowie auch die Vermeidung gesundheitlicher Gefahren durch die Schwangere wie Alkohol-, Tabletten- und Tabakkonsum.[710]

Dagegen wird eingewandt, dass es sich um eine pauschale Vorverlagerung handele, aus der sich vor allem große Probleme bei Missbrauch der pränatalen elterlichen Sorge durch die werdende Mutter ergeben würden. So könne ihr die Personensorge im Vorfeld während der Schwangerschaft wohl nicht entzogen werden, wenn sie durch ihre Lebensweise das werdende Kind gefährde, denn außer der werdende Mutter könne schwer jemand für ihr Kind im Mutterleib sorgen.[711] Während zuletzt genanntes Argument wenig trägt, da der Entzug der Personensorge nur als „ultima ratio" zu bewerten ist, überzeugen jedoch der Wortlaut sowie auch die expliziten Ausnahmevorschriften des BGB, dass die §§ 1626 ff. BGB keine direkte Anwendung auf vorgeburtliches Leben finden können.[712]

(c) Mutmaßliche Einwilligung/Einwilligung und Aufklärung §§ 1626 ff. BGB analog

Teilweise wird eine Rechtfertigung eines Eingriffs durch eine *Genome Editing*-Behandlung durch die sogenannte mutmaßliche Einwilligung vorgeschlagen, wenn Eltern mit einer Keimbahntherapie dem Kind schwere Krankheiten ersparen könnten.[713]

---

707 Von Staudinger- *Peschel-Gutzeit*, BGB §§ 1626–1633, § 1626 Rn. 37.
708 Vgl. zum Meinungsstand etwa Palandt- *Götz*, BGB, § 1626 Rn. 4 m. w. N.
709 Von Staudinger- *Peschel-Gutzeit*, BGB §§ 1626–1633, § 1626 Rn. 37 m. w. N.
710 *Mittenzwei*, AcP 1987, 247 (275).
711 Von Staudinger- *Peschel-Gutzeit*, BGB §§ 1626–1633, § 1626 Rn. 37.
712 So im Ergebnis im Hinblick auf die rechtfertigende Einwilligung im Strafrecht auch *Welling*, Genetisches Enhancement, S. 70.
713 *Eberbach*, MedR 2016, 758 (771), ohne nähere Begründung Fn. 191 m. w. N.

Die in § 630 d Abs. 1 S. 4 BGB geregelte Rechtsfigur der mutmaßlichen Einwilligung passt aber nicht unmittelbar. Die Vorschrift regelt nämlich den Fall einer Notlage. Die Einwilligung des Betroffenen oder seines gesetzlichen Vertreters kann für eine unaufschiebbare Maßnahme nicht rechtzeitig eingeholt werden und soll dem mutmaßlichen Willen des Patienten entsprechen – eine Notlage liegt zum Beispiel bei einem Notfallpatienten oder bei einer bewusstlosen Person vor, sowie bei nicht vorhersehbarer, aber notwendiger Eingriffserweiterung.[714] Der mutmaßliche Wille konkretisiert dabei den hypothetischen, individuellen Willen des konkreten Patienten.[715] Fehlen Anhaltspunkte zur Ermittlung des Willens, kann auf einen verständigen Patienten abgestellt werden. Es wird bestimmt, wie ein solcher bezogen auf seine konkrete Lage und den Eingriff entscheiden würde.[716]

Für den hier vorliegenden Fall fehlt aber bereits die Voraussetzung der Notlage. Aufgrund der absoluten Planbarkeit einer künstlichen Befruchtung in Verbindung mit einer *Genome Editing*-Behandlung, bei der davon auszugehen ist, dass die genetisch „vorbelasteten" Eltern (oder ein genetisch „vorbelasteter" Elternteil) sich im Vorfeld damit ausgiebig auseinander gesetzt haben und auch beraten worden sind, gibt es den bei einer Notlage vorliegenden zeitlichen Druck nicht.

Sinnvoll ist aber die Prüfung, ob eine Analogie der personensorgerechtlichen Vorschriften im Rahmen der Personensorge gemäß § 1626 Abs. 1 S. 2 Alt. 1 BGB in Betracht kommt.

Voraussetzung für eine Analogie ist, dass das Gesetz eine planwidrige Regelungslücke bei vergleichbarer Interessenlage enthält.[717] Wie oben bereits festgestellt, gibt es im BGB keinen Hinweis darauf, dass von den personensorgerechtlichen Vorschriften auch die Gameten oder Embryonen umfasst sein sollen. Eine Regelungslücke liegt mithin vor. Allerdings ist davon auszugehen, dass diese nicht von Anfang an bestanden hat, sondern vielmehr durch die technischen Entwicklungen und Möglichkeiten der pränatalen Behandlungen wie *Genome Editing*-Techniken sich zunehmend als (planwidrige) Regelungslücke manifestiert hat.

Betrachtet man die Interessenlage bzw. die Bedürfnisse des Embryos, stehen diese dem geregelten Fall der Personensorge des Kindes aus § 1626 Abs. 1

---

714 Palandt- *Weidenkaff*, BGB, § 630 d Rn. 4.
715 BGH NJW 2000, 885 (886).
716 Vgl. dazu Palandt- *Weidenkaff*, BGB, § 630 d Rn. 4 m. w. N.
717 Palandt- *Grüneberg*, BGB, Einl. Rn. 48.

S. 2 Alt. 1 BGB (i. V. m. § 630 d BGB) nahe, weil bei einem (hier relevanten) medizinischen Eingriff das Wohl des Kindes und damit dessen Bedürfnis nach Gesundheit im Vordergrund steht. Vergleichbar gelagert ist auch eine *Genome Editing*-Behandlung an einem Embryo bzw. an einer Gamete. Ein Genaustausch oder eine Genmodifikation soll eine schwerwiegende monogene Erkrankung des Embryos abwenden, so dass auch dessen Bedürfnis nach Gesundheit im Vordergrund steht. Ebenfalls sollte eine Entscheidung für *Human Genome Editing* deshalb dem Kindeswohl bzw. „Embryonenwohl" entsprechen, da ein Embryo bereits Träger des Rechts auf Leben aus Art. 2 Abs. 2 Alt. 1 GG ist, so dass eine vergleichbare Interessenlage konsequenterweise durchaus vorliegt.[718] Eine Analogie der personensorgerechtlichen Vorschriften im Rahmen der Personensorge gemäß § 1626 Abs. 1 S. 2 Alt. 1 BGB (i. V. m. § 630 d BGB) – in Bezug auf die Einwilligung – kann bejaht werden.

Eine Analogie hinsichtlich der Aufklärung über §§ 1626 ff. BGB analog ist ebenfalls möglich. Adressat der Aufklärung ist grundsätzlich derjenige, der dem Eingriff zustimmen muss.[719] Wie oben geprüft sind Embryo und Gamete nicht einwilligungsfähig und deshalb auch nicht Adressat der Aufklärung.

Über eine Analogie der personenrechtlichen Vorschrift des § 1626 Abs. 1 S. 2 Alt. 1 BGB (i. V. m. § 630 c Abs. 4 analog) sind als Berechtigte die Eltern Aufklärungsadressat. Inhaltlich müssten die Eltern über Art, Umfang, Durchführung, zu erwartende Risiken und Folgen, ihre Notwendigkeit, Dringlichkeit, Eignung und Erfolgsaussicht der *Genome Editing*-Behandlung aufgeklärt werden.[720]

(3) Verpflichtung der Eltern eine Einwilligung abzugeben

Die Möglichkeit der Einwilligung über § 1626 Abs. 1 S. 2 Alt. 1 BGB analog wirft die Frage auf, ob die Eltern gegebenenfalls verpflichtet sein könnten, ihre Einwilligung in eine *Genome Editing*-Behandlung zu erteilen.

Ausgangslage der Überlegungen soll folgende fiktive Fallkonstruktion sein: Trotz Wissens um die genetische „Vorbelastung" einer monogenen schwerwiegenden Erbkrankheit lassen Eltern eine künstliche Befruchtung vornehmen. Eine Anwendung von *Human Genome Editing* im Rahmen der gesetzten Prämisse lehnen sie ab.

---

718 Vgl. Kap. E. I. 2.
719 Palandt- *Weidenkaff*, BGB, § 630 e Rn. 9.
720 Palandt- *Weidenkaff*, BGB, § 630 e Rn. 2.

Sie bestehen nach erfolgter Aufklärung über die medizinischen Konsequenzen dieser schwerwiegenden Erbkrankheit auf die Einpflanzung des oder mehrerer genetisch „belasteter" Embryonen.

(a) Klassischer Anwendungsfall des § 1666 BGB: Ersetzung der elterlichen Einwilligung bei einer ärztlich indizierten Bluttransfusion, Zeugen Jehovas[721]

Zur Verdeutlichung der Möglichkeiten des § 1666 BGB als Konkretisierung des Art. 6 Abs. 2 GG und der Frage nach der Vergleichbarkeit mit dem hier vorliegenden Fall, soll ein Blick auf einen klassischen Anwendungsfall des § 1666 BGB gerichtet werden, den das OLG Celle zu entscheiden hatte.[722]

Dort ging es um einen erheblich zu früh geborenen Säugling, der sich auf der Intensivstation eines Krankenhauses befand. Sein Zustand war lebensbedrohlich. Aus medizinischer Sicht wurde eine Bluttransfusion notwendig, die von den Eltern, die den Zeugen Jehovas angehörten, aber verweigert wurde.

Das OLG Celle sah es als zulässig an, dass das Vormundschaftsgericht eine eilige vorläufige Anordnung traf mit dem Ziel, eine aus ärztlicher Sicht für lebensnotwendig gehaltene Behandlung des Kindes mit einer Bluttransfusion zu ermöglichen. Verhältnismäßig sei dabei eine Ersetzung der Einwilligung der Eltern durch das Familiengericht nach § 1666 Abs. 2 BGB, da so eine akute Lebensgefahr von dem Kind abgewendet werden konnte. Dabei war wegen Gefahr im Verzug die Anhörung zunächst auch entbehrlich (früher § 50 a Abs. 3 S. 2 FGG). „Die Eltern können sich nicht", so das *OLG Celle*, „mit Erfolg auf ihre Grundrechte aus Art. 6 Abs. 1 GG (elterliches Erziehungsrecht) und Art. 4 Abs. 1 GG (Glaubens- und Gewissensfreiheit) berufen, weil diese infolge Kollision mit dem Grundrecht des Kindes auf Leben und körperliche Unversehrtheit (Art. 2 Abs. 2 GG) zurücktreten muss."[723]

(b) Grenzen der Anwendung des § 1666 BGB analog und *Human Genome Editing*

Würde man in der oben beschriebenen Fallkonstruktion davon ausgehen, dass die Reichweite der elterlichen Sorge aus Art. 6 Abs. 2 GG (auch) durch die Anwendung des § 1666 BGB analog zu konkretisieren sei, hätten die Eltern im Rahmen ihrer Personensorge im Sinne des „Embryonenwohls" zu entscheiden. Da der Embryo Träger einer schwerwiegenden monogenen Erbkrankheit ist,

---

721 OLG Celle, NJW 1995, 792–794.
722 OLG Celle, NJW 1995, 792–794.
723 OLG Celle, NJW 1995, 792 (793).

wäre eine *Genome Editing*-Behandlung dann als eine Therapie im Sinne seines Wohls zu qualifizieren.

Die Personensorge des § 1626 Abs. 1 S. 1 BGB i. V. m. § 1631 Abs. 1 BGB umfasst die Pflege des Kindes, das heißt auch die Sorge für sein leibliches Wohl.[724] Richtungsweisend ist dabei der Begriff der Kindeswohlgefährdung des § 1666 Abs. 1 BGB, der als eine bedeutende Umsetzung der Verantwortungsabgrenzung im Einzelfall zwischen dem Staat, in Erfüllung des sogenannten Wächteramtes, und Eltern in Art. 6 Abs. 2 GG angesehen wird.[725] Wird die elterliche Sorge nicht erfüllt, indem das körperliche, geistige oder seelische Wohl des Kindes gefährdet wird, hat das Familiengericht die Kompetenz, von Amts wegen und in Zusammenwirken mit dem Jugendamt zu ermitteln und Anordnungen zu treffen.[726]

Ist eine analoge Anwendung der Vorschrift des § 1666 Abs. 1 BGB auch im Fall von *Human Genome Editing* angemessen und insoweit mit dem Fall der Zeugen Jehovas vergleichbar?

Voraussetzung für die Ersetzung der Einwilligung durch das Familiengericht hinsichtlich einer genetischen Modifikation eines Embryos gemäß § 1666 Abs. 1 i. V. m. Abs. 3 Nr. 5 BGB analog ist die „Gefährdung des Kindeswohls" und die Verhältnismäßigkeit der Maßnahme.

Der unbestimmte Rechtsbegriff der Kindeswohlgefährdung beinhaltet auch Integritätsinteressen, die unter anderem die Wahrung der körperlichen Gesundheit beinhalten.[727] Eine Kindeswohlgefährdung setzt eine in einem solchen Maße vorhandene Gefahr voraus, dass sich bei der weiteren Entwicklung der Dinge eine erhebliche Schädigung des geistigen oder leiblichen Wohls des Kindes mit ziemlicher Sicherheit voraussehen lässt.[728]

Da die Veranlassung von ärztlichen Maßnahmen sowie die Einwilligung in ärztliche Eingriffe grundsätzlich Akte der Personensorge sind, kommt im Zusammenhang mit medizinischen Maßnahmen beispielsweise ein Unterlassen medizinisch notwendiger ärztlicher Behandlungen als Kindeswohlgefährdung in Betracht.[729] Gemäß § 1666 Abs. 1 i. V. m. Abs. 3 Nr. 5 BGB kann die Einwilligung der Eltern durch das Familiengericht ersetzt werden, wenn die Eltern im

---

724 *Schwab*, Familienrecht, S. 353.
725 *Coester*, in: *Lipp/Schumann/Veith* (Hrsg.), Kindesschutz bei Kindeswohlgefährdung – Neue Mittel und Wege?, S. 19 (23).
726 *Schwab*, Familienrecht, S. 390.
727 *Schwab*, Familienrecht, S. 391.
728 Palandt- *Götz*, BGB, § 1666 Rn. 7 m. w. N.
729 Palandt- *Götz*, BGB, § 1666 Rn. 10f.

Fall einer Kindeswohlgefährdung nicht gewillt oder nicht in der Lage sind, eine solche zur Abwehr der Gefahr abzugeben.

Von einer Annahme einer Kindeswohlgefährdung durch Unterlassen der medizinischen Anwendung von *Human Genome Editing* im Sinne einer „Embryogefährdung" wäre im hier vorliegenden Fall auszugehen. In dem konstruierten Sachverhalt steht fest, dass der Embryo Träger einer schwerwiegenden monogenen Erkrankung ist, die im Fall der Nidation und späteren Geburt zu schwerem Leiden mit voraussichtlich späterer Todesfolge führen wird. Es bestehen deshalb auf den ersten Blick keine Bedenken, dass ähnlich wie im Fall des OLG Celle, das Recht der elterlichen Sorge aus Art. 6 Abs. 1 GG hinter dem Recht auf Leben und körperliche Unversehrtheit des Art. 2 Abs. 2 GG zurücktreten muss, sofern die Maßnahme verhältnismäßig wäre.

Gegen diese Annahme spricht als Indiz aber schon, dass genetisch vorbelastete Eltern weiterhin Kinder natürlich zeugen können. Zudem ist im Gegensatz zum oben skizzierten Zeugen-Jehovas-Fall die Lage des Embryos mit dem Kind dort nur eingeschränkt vergleichbar. Bei letzterem handelt es sich um eine „normale" Erkrankung eines ansonsten lebensfähigen Menschen ohne genetischen Defekt, so dass die Fälle aus Wertungsgesichtspunkten heraus schon nicht vergleichbar sind. Zudem spricht eindeutig das Selbstbestimmungsrecht der Frau gegen die analoge Anwendung des § 1666 Abs. 1 BGB i. V. m. Abs. 3 Nr. 5 BGB. Der Schutzpflicht des Staates zugunsten des Lebens und der körperlichen Unversehrtheit des Embryos steht nämlich das Selbstbestimmungsrecht der Frau gegenüber. Hinsichtlich des Rechts auf Leben des Embryos sei zunächst angemerkt, dass es nur unter sehr restriktiven Voraussetzungen eingeschränkt werden kann. Die Interessen der Eltern bzw. der Frau müssten demnach sehr schwer wiegen, um das elementare Lebensrecht des Embryos in vitro zu überwiegen.[730]

Ganz allgemein wird die Entscheidungsautonomie der Frau hinsichtlich eines ärztlichen Heileingriffs aus dem Selbstbestimmungsrecht des Patienten hergeleitet.[731] Diese Freiheit zur Selbstbestimmung ist nach der Rechtsprechung des Bundesverfassungsgerichts durch das Grundrecht des Art. 2 Abs. 2 S. 1 GG besonders hervorgehoben und verbürgt.[732] Es gewährleistet damit vor allem den Freiheitsschutz im Bereich der leiblich-seelischen Integrität des Menschen.[733]

---

730 *Landwehr*, Rechtsfragen der PID, S. 54.
731 Laufs/Kern- *Kern*, Handbuch des Arztrechts, § 50 Rn. 7.
732 BVerfGE 52, 131 (175).
733 BVerfGE 52, 131 (174).

Die Voraussetzung einer Einwilligung hat ihre Wurzel in grundlegenden Verfassungsprinzipien, die zu Achtung und Schutz der Würde und der Freiheit des Individuums und seines Rechts auf Leben und körperliche Unversehrtheit verpflichten und damit hochrangige Verfassungsgüter tangieren, Art. 1 Abs. 1 GG, Art. 2 Abs. 1, 2 S. 1 GG.[734] Bezogen auf die hier vorliegende Prämisse ist die Einwilligung nach erfolgter Aufklärung der Frau in die ärztliche Behandlungsmaßnahme unabdingbare Voraussetzung für die Zulässigkeit der Behandlung. Verweigert die Frau diese Einwilligung für den Fall der genetischen Modifikation „ihres Embryos", was bei einer Frau, die keine genetische Modifikation wünscht, zumindest nicht völlig unwahrscheinlich ist, ist die Alternative des Reproduktionsmediziners in der Regel die Verwerfung und damit der Tod des Embryos (Verwerfen ist hier im Sinne eines „Absterbenlassens" gemeint).[735]

Dem gegenüber stünde die Einpflanzung eines genetisch „belasteten" Embryos, bei dem das Recht auf Leben in der Zukunft gefährdet würde. Ähnlich wie bei einem Schwangerschaftsabbruch handelt es sich aber hier um die spezielle Ausnahmesituation, dass das Recht auf Leben des Embryos nur durch die Mutter (hier durch die Einwilligung zur Einpflanzung) realisiert werden kann und deshalb eine Kooperation mit ihr unerlässlich ist.[736] Auch im Hinblick auf die PID hat der Gesetzgeber bereits mit der Schaffung des § 3 a ESchG deutlich gemacht, dass die Interessen des ungeborenen Kindes mit den Interessen und Rechten der Eltern in Einklang zu bringen sind. Sie müssen im Verhältnis zueinander beurteilt werden.[737] So bleibt die Realisierung eines Lebensrechts des Embryos auch im ESchG von der Entscheidung der Frau abhängig, die eine Implantation möchte.[738] Eine *Genome Editing*-Behandlung kann auch im Hinblick darauf, dass die Frau das Kind austragen wird, nicht ohne ihre Einwilligung geschehen. Die Entscheidungsautonomie der Frau umfasst auch, ähnlich wie bei der PID, aufgrund der weitreichenden Konsequenzen und Risiken sowohl die Entscheidung, eine genetische Modifikation des Embryos durchführen zu lassen, sowie auch eine risikobelastete Schwangerschaft einzugehen.[739] Eine andere Entscheidung

---

734 BVerfGE 52, 131 (173).
735 In Betracht käme auch die Embryoadaption, die aber in dieser Konstellation nicht vertieft werden soll, da für diese auch die Zustimmung der Eltern erforderlich wäre.
736 BVerfGE 88, 203 (208).
737 *Landwehr*, Rechtsfragen der PID, S. 49.
738 *Frommel*, KJ 2000, S. 341 (348).
739 Vgl. bzgl. der PID *Middel*, Verfassungsrechtliche Fragen der Präimplantationsdiagnostik und des therapeutischen Klonens, S. 64.

würde auch zu einer Ungleichbehandlung gegenüber Eltern führen, die eine künstliche Befruchtung vornehmen lassen und jenen, die trotz genetischer „Vorbelastungen" eine natürliche Zeugung bevorzugen. So haben „die (potentiellen) Eltern einen Ermessensspielraum" (…), so *Fateh-Moghadam*, „innerhalb dessen sie sich sowohl für als auch gegen einen gentherapeutischen Eingriff am Embryo oder in eigene Keimzellen entscheiden können."[740]

Im Ergebnis ist festzuhalten, dass die Vorschrift des § 1666 BGB analog im Fall des *Human Genome Editing* keine Anwendung findet, weil verfassungsrechtlich gesicherte Rechte der Mutter, insbesondere hier ihr Selbstbestimmungsrecht, entgegenstehen.

cc) Ergebnis

Im Ergebnis kann eine Einwilligung der Eltern nach den Regeln der §§ 1626 ff. BGB analog vorgenommen werden. Eine Verpflichtung der Eltern eine Einwilligung in eine *Genome Editing*-Behandlung abzugeben, besteht aber nicht. Eine Ersetzung der Einwilligung im Rahmen des § 1666 Abs. 2 BGB kommt deshalb nicht in Betracht.

Im Fall der hier gesetzten Prämisse würde die Schutzpflichtverpflichtung des Staates hinsichtlich des Rechts auf körperliche Unversehrtheit des Embryos dann entfallen, wenn die Einwilligung der Eltern in eine *Genome Editing*-Behandlung vorläge.

d) Allgemeine Handlungsfreiheit der Eltern aus Art. 2 Abs. 1 GG

Der *deutsche Ethikrat* warf in seiner Ad hoc Empfehlung vom 29. September 2017 in Bezug auf die Möglichkeit von Keimbahneingriffen am Menschen unter anderem die Frage auf, ob durch die Möglichkeit der Gestaltung genetischer Ausstattung von Nachkommen „sozialer Druck auf Eltern entstehen könnte, solche Eingriffsmöglichkeiten in Anspruch zu nehmen".[741] Diese Überlegung wurde auch mehrfach in der Tagespresse thematisiert.[742] Im verfassungsrechtlichen Zusammenhang wird deshalb folgende Frage relevant: Stellt die Möglichkeit einer *Genome Editing*-Behandlung eine Beeinträchtigung der allgemeinen Handlungsfreiheit der Eltern aus Art. 2 Abs. 1 GG dar, die die Schutzpflichten des Staates aktiviert?

---

740 *Fateh-Moghadam*, medstra 2017, S. 146 (155), auch dort zu den Grenzen aus der Sicht des Autors.
741 *Deutscher Ethikrat*, Keimbahneingriffe am menschlichen Embryo, S. 5.
742 Vgl. statt vieler *Armbruster*, FAZ vom 5.10.2017, S. 22 (22).

aa) Schutzbereich

Das Grundrecht der allgemeinen Handlungsfreiheit gemäß Art. 2 Abs. 1 GG wird im umfassenden Sinn geschützt.[743] Die allgemeine Handlungsfreiheit wird umschrieben als das Grundrecht „tun und lassen zu können, was jedenfalls anderen nicht schadet."[744] In personeller Hinsicht schützt das Grundrecht alle natürlichen Personen und damit auch Kinder und Personen, deren Selbstbestimmung aufgrund Krankheit etc. eingeschränkt ist.[745]

bb) Beeinträchtigung durch Entstehen eines gesellschaftlichen Drucks

Entsteht durch die technischen Möglichkeiten von *Genome Editing*-Behandlungen eine gesellschaftliche Erwartungshaltung? Liegt dann ein gesellschaftlicher Zwang vor, *Genome Editing*-Behandlungen am (potentiellen) Nachwuchs durchführen zu lassen?[746] Ob empirisch überhaupt davon auszugehen ist, dass unabdingbar eine solche Erwartungshaltung entsteht, ist bereits unsicher.[747] Ein mögliches Indiz in Bezug auf die Ermittlung könnten womöglich zukünftige Studien im Hinblick auf die Erwartungshaltung hinsichtlich einer PID sein. Im verfassungsrechtlichen Zusammenhang ist aber folgende Fragestellung relevant: Ist eine solche (vielleicht) entstehende gesellschaftliche Erwartungshaltung durch die Möglichkeit von *Human Genome Editing* als eine Beeinträchtigung der allgemeinen Handlungsfreiheit zu qualifizieren, was auch in der Folge zu Schutzpflichten in Form von positiven Regelungspflichten des Staates führen könnte?

Dies ist im Ergebnis zu verneinen. Zwar gehört es zu den staatlichen Aufgabenbereichen „die Freiheit des einen vor der Freiheit des anderen zu schützen".[748] Es wird von Art. 2 Abs. 1 GG aber kein Recht der sozialen Erwartungen umfasst; so dürfen Recht und Moral nicht gänzlich vermischt und gesellschaftliches Leben nicht übermäßig ver(grund)rechtlicht werden.[749]

Vor diesem Hintergrund liegt hier auch keine Beeinträchtigung der allgemeinen Handlungsfreiheit vor, die sich aus etwaigen gesellschaftlichen Erwartungshaltungen ergeben könnte.

---

743 BVerfGE 6, 32 (36).
744 *Hufen*, Staatsrecht II, S. 230 f.
745 *Hufen*, Staatsrecht II, S. 237.
746 Vgl. dazu etwa *Deutscher Ethikrat*, Keimbahneingriffe am menschlichen Embryo, S. 5.
747 Zu Erwartungshaltungen in Verbindung mit genetischem Enhancement vgl. in der Tiefe *Welling*, Genetisches Enhancement, S. 224 f., dies wird dort im Ergebnis verneint.
748 Von Mangoldt/Klein/Starck- *Starck*, GG, Art. 2 Rn. 163.
749 Von Mangoldt/Klein/Starck- *Starck*, GG, Art. 2 Rn. 165 Fn. 602 m. w. N.

Lassen zukünftige Eltern *Genome Editing*-Behandlungen an ihrer(n) Gamete(n) oder am Embryo vornehmen, um gesellschaftliche Nachteile wegen fehlender gesellschaftlicher Konformität vorzubeugen, so liegt darin nicht der für eine Beeinträchtigung notwendige Rechtsakt oder eine andere staatliche Maßnahme – es handelt sich vielmehr nur um eine Erwartungshaltung der Mitbürger, die keiner staatlichen Regelungspflichten bedarf. Eine solche Erwartung kann lediglich als eine Art Alltagssituation im Hinblick auf gesellschaftlichen Druck beschrieben werden, dem der Mensch in einer Gesellschaft regelmäßig ausgesetzt ist.[750] Die Eltern müssten eine Abwägung treffen zwischen ihrem etwaigen Missfallen einer *Genome Editing*-Behandlung an ihren Nachkommen und den gesellschaftlich eintretenden Folgen, wenn sie eine solche Maßnahme nicht wählen.[751]

Im Ergebnis liegt damit durch eine womöglich entstehende gesellschaftliche Erwartungshaltung hinsichtlich *Human Genome Editing* keine Beeinträchtigung der allgemeinen Handlungsfreiheit des Art. 2 Abs. 1 GG vor.

cc) Ergebnis

Die allgemeine Handlungsfreiheit der Eltern aus Art. 2 Abs. 1 GG ist nicht beeinträchtigt.

e) Schutz des Gleichheitssatzes aus Art. 3 Abs. 1 GG – Soziale Gerechtigkeit

Nach der sogenannten neuen Formel des Bundesverfassungsgerichts „ist dieses Grundrecht vor allem dann verletzt, wenn eine Gruppe von Normadressaten im Vergleich zu anderen Normadressaten anders behandelt wird, obwohl zwischen beiden Gruppen keine Unterschiede von solcher Art und solchem Gewicht bestehen, dass sie die ungleiche Behandlung rechtfertigen könnten."[752]

In dem hier konstruierten Fall liegt schon bereits keine Ungleichbehandlung im Sinne des Art. 3 Abs. 1 GG vor, da die Vergleichsgruppe – alle Embryonen, die Träger einer schweren monogenen Erkrankung sind – gleich behandelt wird. Allen steht unter gewissen, vom Gesetzgeber zu konkretisierenden Voraussetzungen, die Möglichkeit bereit, eine *Human Genome Editing*-Behandlung (auf

---

750 In Bezug auf genetisches Enhancement so *Welling*, Genetisches Enhancement, S. 226.
751 In Bezug auf genetisches Enhancement so ähnlich *Welling*, Genetisches Enhancement, S. 226.
752 BVerfGE 55, 72 (88).

eigene Kosten der potentiellen Eltern) durchführen zu lassen. Die allein durch finanzielle Mittel begrenzten Optionen des Einzelfalls, stellt keine Ungleichbehandlung im Sinne des Art. 3 Abs. 1 GG dar. Soziale Ungleichheiten, die hier durch die fehlenden Mittel des Einzelnen bzw. der betreffenden Eltern zur Finanzierung einer solchen Behandlung bestehen, können hier nicht über Art. 3 Abs. 1 GG, sondern ggf. über das Sozialstaatsprinzip durch Leistungsgesetze, die solche bestehenden faktischen Verhältnisse angleichen könnten, geschaffen werden.[753]

3 Grundrechtsverletzungen durch ein Verbot von *Human Genome Editing* – Wesentliche Veränderungen

In umgekehrter Perspektive werden nun die wesentlichen Veränderungen hinsichtlich grundrechtlich verbriefter Rechtspositionen dargestellt, die durch das Verbot des *Human Genome Editing* verletzt sind. Beurteilungsgrundlage dieser Prüfung ist die gesetzte Prämisse der *Genome Editing*-Techniken.

a) Recht auf Leben und körperliche Unversehrtheit des Embryos aus Art. 2 Abs. 2 S. 1 GG

Der Schutzbereich des Grundrechts auf Leben und körperliche Unversehrtheit des Art. 2 Abs. 2 S. 1 GG gibt auch dem Embryo das Recht auf Leben und körperliche Unversehrtheit.

aa) Eingriff in das Recht auf Leben und körperliche Unversehrtheit des Embryos durch ein Verbot von Human Genome Editing

Das Recht auf Leben und körperliche Unversehrtheit wird dann eingeschränkt, wenn staatliche Regelungen dahin führen, dass einem Kranken eine nach dem Stand der medizinischen Forschung prinzipiell zugängliche Therapie, mit der eine Verlängerung der Lebenszeit oder aber mindestens eine nicht unwesentliche Verringerung des Leidens verbunden ist, untersagt wird.[754]

So liegt der Fall hier. Zunächst ist der Embryo durch die genetische Trägerschaft einer schwerwiegenden, monogenen Erbkrankheit als „krank" zu bezeichnen, auch wenn die Krankheit sich zu dem Zeitpunkt der Kernverschmelzung noch nicht in körperlichem Leiden manifestiert. Ähnlich wie bei

---

753 So ähnlich in Bezug auf genetisches Enhancement *Welling*, Genetisches Enhancement, S. 200.
754 BVerfGE, NJW 1999, 3399 (3400).

einer HIV-Infektion stellt auch bereits die Infektion, nicht allein der Ausbruch der Krankheit, eine solche dar.[755]

Eine *Genome Editing*-Behandlung bietet die Chance auf ein Leben ohne die betreffende schwerwiegende Erbkrankheit. Sie ermöglicht die Verlängerung der Lebenszeit ohne schweres, körperliches Leiden. Ein Verbot von *Human Genome Editing* stellt zwar keinen finalen und zielgerichteten Eingriff in das Recht auf Leben und die körperliche Unversehrtheit des Embryos dar, jedoch sichern die Grundrechte als Abwehrrechte auch Eingriffe, die wie hier lediglich mittelbar zu einer Verletzung des Lebens oder der körperlichen Unversehrtheit führen.[756] Dies gilt, sofern sie als adäquate Folge der staatlichen Tätigkeit zuzurechnen sind.[757]

Durch das Verbot wird dem Embryo die Therapiemöglichkeit durch *Human Genome Editing* genommen, so dass es in kausal zurechenbarer Weise als Eingriff in das Recht auf Leben (unter besonderen Umständen) und die körperliche Unversehrtheit zu qualifizieren ist.

bb) Rechtfertigung

Kann ein Verbot als staatlicher Eingriff gerechtfertigt sein? Es ist zu prüfen, ob die dem Eingriff entgegenstehenden Interessen im hier vorliegenden Fall ersichtlich schwerer wiegen als diejenigen Belange, deren Wahrung das Verbot dienen soll oder kann – dann wäre das Prinzip der Verhältnismäßigkeit verletzt.[758] Allerdings hat der Gesetzgeber hinsichtlich der verhältnismäßigen Zuordnung der Rechtsgüter einen weiten Beurteilungs- und Gestaltungsspielraum, da das Verbot einen Ausgleich schaffen muss zwischen Grenzen medizinischer Möglichkeiten, ethischen Anforderungen und auch gesellschaftlichen Vorstellungen.[759] Es müssen demnach unter anderem auch die Aspekte der bereits dargestellten ethischen Diskussion dahingehend untersucht werden, ob sie als legitimes, verhältnismäßiges Ziel des Gesetzgebers ebenfalls in Frage kommen, als rechtliche Argumente anschlussfähig sind und darüber hinaus als Belange, die das Verbot sichern soll, schwerer

---

755 Vgl. BGH, VersR 1991, 816 (816).
756 BVerfGE 66, 39 (60).
757 BVerfGE, NJW 1999, 3399 (3401).
758 Vgl. BVerfGE 51, 324 (346).
759 Vgl. in Bezug auf § 8 Abs. 1 S. 2 TPG BVerfGE, NJW 1999, 3399 (3401).

wiegen als das Recht auf Leben und körperliche Unversehrtheit des Embryos und der Chance, die man diesem nimmt.[760]

(1) Gesetzesbegründung § 5 ESchG

Wie bereits oben beschrieben, begründete der Gesetzgeber das Verbot des Keimbahneingriffs als konkretes Gefährdungsdelikt mit technisch-pragmatischen Argumenten. Keimbahntherapie sei nur durch die Vornahme von Experimenten am Menschen zu entwickeln und jedenfalls nach dem zu diesem (damaligen) Zeitpunkt vorliegenden Kenntnisstand aufgrund der irreversiblen Auswirkungen in der Versuchsphase zu erwartenden Misserfolge nicht zu verantworten. Zweck war damit die Vermeidung von unverantwortlichen Experimenten auf Kosten des Lebens und der körperlichen Unversehrtheit.[761]

Bei der hier gesetzten klinischen Anwendbarkeit zieht die Gesetzesbegründung in ihrer Schärfe nicht (mehr). Die Prämisse geht vielmehr davon aus, dass die Risiken der Behandlung so beherrschbar sind, dass sie den Anforderungen an einen vertretbaren Heilversuch genügen können. Der Gesetzgeber ließ ausdrücklich offen „ob es überhaupt – etwa zur Verhinderung schwerer Erbleiden – verantwortet werden könnte, eine künstliche Veränderung menschlicher Erbanlagen auf dem Wege eines Gentransfers in Keimbahnzellen zuzulassen".[762]

Im Ergebnis bezog sich die Sichtweise des Gesetzgebers auf den damaligen Technikstand, der die Argumentation eines unverantwortlichen Humanexperiments nicht mehr trägt.

(2) Sicherheitsrisiken

Birgt der Heilversuch selbst ein zu hohes Sicherheitsrisiko? Diese Ratio könnte sich aus dem Umstand ergeben, dass die Rechtsfigur des individuellen vertretbaren Heilversuchs als Handeln unter Unsicherheit, auch in Bezug auf die jeweiligen Risiken und Nutzen, regelmäßig als unscharf zu bewerten ist. Etwaige Unsicherheiten hinsichtlich der Behandlung würden voraussichtlich zunächst bleiben. Das Sicherheitsargument des Gesetzgebers ist demnach jedenfalls nicht obsolet, sondern erfordert auch zukünftig eine differenzierte Betrachtungsweise.

---

760 Zu der Aufgabe des Life Science-Rechts „den Raum der normativen Gründe zu sortieren und aus der Flut und Ebbe der ethischen Kommunikation über die Genom-Editierung diejenigen Argumente zu filtern, die als rechtliche Argumente anschlussfähig sind" vgl. *Fateh-Moghadam*, medstra 2017, S. 146 (149).
761 BT-Drs. 11/5460, S. 11.
762 BT-Drs. 11/5460, S. 11.

Dabei muss aber unterschieden werden, ob sich das Sicherheitsargument auf den Embryo selbst und dessen Recht auf Leben und körperliche Unversehrtheit bezieht, oder ob es sich auch auf mögliche Nebenwirkungen, die sich auf die Folgegenerationen auswirken könnten, bezieht.

Beleuchtet man das Sicherheitsargument im Hinblick auf den Embryo und auf die Unsicherheiten, die auch im Rahmen einer positiven Risiko-Nutzen-Abwägung bleiben werden, wird das Sicherheitsargument dann das Verbot aber nicht mehr tragen können. Im Fall einer positiven Risiko-Nutzen-Abwägung sind keine Gründe ersichtlich, warum an eine *Genome Editing*-Behandlung im Hinblick auf den Embryo andere Maßstäbe gesetzt werden sollten als an andere medizinische Behandlungen, die stets bei Vorliegen der Voraussetzungen eines vertretbaren individuellen Heilversuch legitim durchgeführt werden.

Hinsichtlich möglicher Nebenwirkungen, die sich auch auf die nächsten Generationen auswirken könnten, ergibt sich Folgendes:

Das Verbot wäre zumindest dann als verhältnismäßig zu bewerten, wenn eine *Genome Editing*-Behandlung eine solche spezifische Risikoqualität mit sich brächte, die die Behandlung auch im Rahmen eines individuellen Heilversuches als schlechthin unvertretbar erscheinen ließe. „So gibt es beispielsweise gute Gründe dafür, die Sicherheitsbedenken gegen die zivile Nutzung der Kernenergie aufgrund ihrer besonderen Risikoqualität als einen kategorischen Einwand zu deuten, der sich auch durch künftige Verbesserung der Reaktorsicherheit nicht entkräften ließe."[763] Würde in Anlehnung an dieses Beispiel die Anwendung einer *Genome Editing*-Behandlung schlechthin eine spezifische Risikoqualität beinhalten, die sich ihrem Wesen nach auf molekulargenetischer Ebene und anhand biochemischer Verfahren in der Veränderung des Genoms manifestieren würde, und damit durch die diffizile epigenetische Lenkung der Genexpression unerwartete und unerwünschte Resultate unabdingbar einhergingen, wäre sie mit Blick auf nachfolgende Generationen nicht vertretbar.[764] Es ist daher eine eingehende Bewertung der Chancen und Risiken erforderlich.[765]

Da die Auswirkungen auf den menschlichen Genpool in der hier gesetzten Restriktion (Begrenzung auf schwerwiegende, monogene Erkrankungen) und damit auf nachfolgende Generationen voraussichtlich äußerst gering sein

---

763 *Fateh-Moghadam*, medstra 2017, S. 146 (152).
764 *Fateh-Moghadam*, medstra 2017, S. 146 (152).
765 *Fateh-Moghadam*, medstra 2017, S. 146 (149).

werden, kann aber eine Unvertretbarkeit aufgrund spezifischer Risikoqualität nicht bejaht werden.[766]

Es kann damit weder das Sicherheitsargument in Bezug auf den konkreten Embryo noch in Bezug auf die Folgegenerationen schwerer wiegen als das Recht auf Leben und die körperliche Unversehrtheit des Embryos und der Chance, die man diesem nimmt.

(3) Benachteiligung behinderter Menschen

Als Ziele des Gesetzgebers für ein Verbot können neben dem Sicherheitsargument aber auch andere Aspekte in Betracht kommen, die uns schon in der ethischen Diskussion begegnet sind. Ein solches Argument für ein Verbot von *Human Genome Editing* kommt aus der Berufung aus Art. 3 Abs. 3 S. 2 GG in Betracht.

Bereits im Rahmen der Diskussion um die Zulassung der PID äußerten Behindertenverbände ernstzunehmende Befürchtungen, dass sich durch eine Einführung der PID die Akzeptanz gegenüber behinderten Menschen verschlechtere oder gar schwinde.[767] Solche Befürchtungen ergeben sich auch in der Folge von *Human Genome Editing*. Allerdings liegt durch eine *Genome Editing*-Behandlung keine verfassungsrechtlich relevante, rechtfertigungsbedürftige Ungleichbehandlung behinderter Menschen vor. Denn durch eine *Genome Editing*-Behandlung werden behinderte Menschen nicht benachteiligt. Vielmehr ist die Behandlung geeignet, Behinderungen vorzubeugen. Zudem wirkt Art. 3 Abs. 3 S. 2 GG nicht absolut, sondern steht unter dem Vorbehalt kollidierenden Verfassungsrechts. Die Befürchtung um die Akzeptanz und Sorge der Diskriminierung behinderter Menschen als hochrangiges Verfassungsziel kann zudem ersichtlich nicht einen Eingriff in das Recht auf Leben des Embryos und einen Eingriff in dessen körperliche Unversehrtheit durch ein Verbot von *Human Genome Editing* rechtfertigen.

(4) Verhinderung sozialen Drucks

Ein weiteres legitimes Ziel des Gesetzgebers könnte die Verhinderung eines sozialen Drucks auf die Eltern durch das Verbot von *Genome Editing*-Behandlungen

---

766 Diese fiktive (ungesicherte) Annahme beruht auf der Einschätzung der National Academy of Science, vgl. dazu *The National Academies of Science, Engineering, Medicine*, Human Genome Editing, Science, Ethics, and Governance, S. 118.
767 https://www.bundestag.de/dokumente/textarchiv/2011/35036974_kw27_de_pid/205898, zuletzt aufgerufen am 23.11.2018; *Hufen*, MedR 2001, S. 440 (448) Fn. 94 m. w. N.

sein. Dieser könnte durch die Bereitstellung von technischen Möglichkeiten des *Human Genome Editing* entstehen und einen gesellschaftlichen „Zwang" hervorrufen.[768] Ein solcher könnte eine Beeinträchtigung der allgemeinen Handlungsfreiheit des Art. 2 Abs. 1 GG der Eltern beinhalten. Diese Erwägung ist bereits oben diskutiert worden und spielt im Rahmen der ethischen Diskussion eine erhebliche Rolle.[769]

Neben der Frage, ob auch hier empirisch überhaupt davon auszugehen ist, dass eine solche Erwartungshaltung entstünde, ist dieses ethische Argument als rechtliches Argument nicht anschlussfähig: Denn es wird von Art. 2 Abs. 1 GG kein Recht der sozialen Erwartungen umfasst; so dürfen Recht und Moral nicht gänzlich vermischt und gesellschaftliches Leben nicht übermäßig ver(grund)rechtlicht werden.[770]

Über die fehlende Beeinträchtigung der allgemeinen Handlungsfreiheit hinaus kann ein etwaiger entstehender sozialer Druck auch nicht als individuelles Defizit der Autonomie eingeordnet werden, das freie Entscheidungen im Rechtssinne außen vor lässt und ein legitimes Ziel des Gesetzgebers für ein Verbot darstellen würde. Dies hätte eine weitgehende Entmündigung von zur Selbstbestimmung fähigen Grundrechtsträgern zur Folge, die mit einer freiheitlichen, auf der Legitimation subjektiver Rechte des Individuums beruhenden Rechtsordnung nicht im Einklang steht.[771]

(5) Fehlende Einwilligung des Embryos/nachfolgender Generationen

Ist es relevant, dass die Einwilligung des Embryos und die Einwilligung der künftigen Nachkommen in eine *Genome Editing*-Behandlung nicht eingeholt werden kann?[772]. In rechtlicher Perspektive könnte dies als Verletzung der Würde und des Selbstbestimmungsrechts zukünftiger Nachkommen eingeordnet werden, dessen Wahrung als gesetzgeberisches legitimes Ziel in Frage kommt.[773]

Unabhängig von der Frage nach der Möglichkeit von Grundrechtsträgerschaften zukünftiger Personen, können die (potentiellen) Eltern in einer analogen

---

768 So etwa *Deutscher Ethikrat*, Keimbahneingriffe am menschlichen Embryo, S. 5.
769 Vgl. dazu etwa *Deutscher Ethikrat*, Keimbahneingriffe am menschlichen Embryo, S. 5.
770 Von Mangoldt/Klein/Starck- *Starck*, GG, Art. 2 Rn. 165.
771 *Fateh-Moghadam*, medstra 2017, S. 146 (156).
772 Vgl. dazu Kap. C. II. 3. c).
773 *Fateh-Moghadam*, medstra 2017, S. 146 (153).

Anwendung der Vorschriften über die stellvertretende Einwilligung in den rechtlich anerkannten Grenzen eine solche abgeben.[774] Die fehlende Einwilligung des Embryos und künftiger Nachkommen stellen damit kein legitimes Ziel dar, das das Verbot rechtfertigen könnte.

cc) Ergebnis

Im Ergebnis bleibt damit festzuhalten, dass die dem Eingriff entgegenstehenden Interessen im hier vorliegenden Fall ersichtlich schwerer wiegen als diejenigen Belange, deren Wahrung das Verbot dienen soll oder kann.[775] Das Prinzip der Verhältnismäßigkeit wäre durch ein Verbot von *Human Genome Editing* verletzt.

Ein Eingriff in das Recht auf Leben und die körperliche Unversehrtheit des Embryos durch ein gänzliches Verbot von *Genome Editing*-Behandlungen kann damit nicht gerechtfertigt werden.

b) Recht der Frau auf körperliche Unversehrtheit aus Art. 2 Abs. 2 S. 1 Alt. 2 GG

Der Schutz der Gesundheit aus Art. 2 Abs. 2 S. 1 Alt. 2 GG meint den Schutz vor körperlichen oder seelischen Leiden. Grundsätzlich berührt jede Schwangerschaft die körperliche und seelische Integrität der Frau. Art. 2 Abs. 2 S. 1 Alt. 2 GG gebietet den Schutz ihrer Gesundheit. Konkret meint dies, Gesundheitsgefährdungen und unzumutbare Risiken bei einer Schwangerschaft zu verhindern.[776] Im Rahmen von medizinischen und rechtlichen Möglichkeiten ist sie vor physischen und psychischen Risiken im Zusammenhang mit Schwangerschaft und Geburt zu schützen.[777] Der Gesundheitsschutz der Mutter wird bis zu der Geburt des Kindes besonders berücksichtigt und hat sogar kraft gesetzgeberischer Entscheidungen einen Vorrang vor dem fötalen Recht auf Leben,

---

774 *Fateh-Moghadam*, medstra 2017, S. 146 (154), der ähnlich deutlich macht „Vielmehr geht es darum, einen nicht instrumentalisierenden Umgang mit Embryonen in Analogie zu den rechtlich anerkannten Grenzen des Rechtsinstituts der stellvertretenen Einwilligung zu gewährleisten." – allerdings geht der Autor davon aus, dass es nicht um eine stellvertretene Einigung im Rechtssinne ginge, da es sowohl am Embryo und auch bei einer *Human Genome Editing-* Behandlung an einer Gamete an einem Rechtssubjekt fehle.
775 Vgl. dazu BVerfGE 51, 324 (346).
776 *Hufen*, MedR 2001 S. 440 (444).
777 *Hufen*, in: *Gethmann/Huster (Hrsg.)*, Recht und Ethik in der Präimplantationsdiagnostik, S. 129 (135).

vgl. dazu etwa den Schwangerschaftsabbruch, insbesondere die Fälle der Spätabtreibung sogar noch im 9. Monat der Schwangerschaft.[778]

aa) Eingriff in das Recht der Frau auf körperliche Unversehrtheit durch ein Verbot von Human Genome Editing

Ein genetisch „kranker" oder nicht entwicklungsfähiger Embryo kann zum Beispiel durch eine Fehl- oder Totgeburt ein nicht unbedeutendes Gesundheitsrisiko für die betroffene Frau darstellen, vor dem diese bestmöglich zu schützen ist.[779] Dabei ist nicht das Scheitern bzw. das Risiko eines Scheiterns einer Schwangerschaft automatisch ein Eingriff in die körperliche Unversehrtheit der Frau. Es geht vielmehr darum, dass die mütterlichen Integritätsinteressen bestmöglich zu schützen sind. Genetisch stark vorbelasteten Eltern bzw. auch Frauen, die möglicherweise teilweise bereits nach einer ärztlichen Beratung eine Abtreibung haben vornehmen lassen, gäbe *Human Genome Editing* die Chance ein gesundes Kind auf die Welt zu bringen. Ein Verbot von *Human Genome Editing* stellt zwar keinen finalen und zielgerichteten Eingriff in das Recht auf die körperliche Unversehrtheit der Frau dar, jedoch sichern die Grundrechte als Abwehrrechte auch Eingriffe, die wie hier lediglich mittelbar zu der körperlichen Unversehrtheit führen.[780] Dies gilt, sofern sie als adäquate Folge der staatlichen Tätigkeit zuzurechnen sind.[781]

Ein Verbot von *Human Genome Editing* stellt einen Eingriff in die körperliche Unversehrtheit der Mutter dar, da ihr durch das Verbot der Einsatz eines genetisch modifizierten Embryos verwehrt wird. Durch das Verbot wird die Gesundheit der Frau nicht hinreichend geschützt. Es würde das Risiko einer Tot- oder Fehlgeburt und deren Folgen bewusst in Kauf genommen.

bb) Rechtfertigung/Ergebnis

Kann der Eingriff gerechtfertigt werden, da der Gesetzgeber die PID in den in § 3 a EschG geregelten Fällen von der Strafbarkeit des EschG ausgeklammert hat? Bewegt sich der Gesetzgeber innerhalb seines Gestaltungsspielraums, da er dadurch ein effektives Instrumentarium zum Schutz der körperlichen Integrität der Frau zur Verfügung stellt?

---

778 *Welling*, Genetisches Enhancement, S. 109.
779 *Hufen*, in: *Gethmann/Huster* (Hrsg.), Recht und Ethik in der Präimplantationsdiagnostik, S. 129 (136).
780 BVerfGE 66, 39 (60).
781 BVerfGE, NJW 1999, 3399 (3401).

In den Fällen, in denen mit Hilfe der PID ein gesunder Embryo in die Gebärmutter transferiert werden kann, ist diese ausreichend, um die körperliche Unversehrtheit (zumindest) der Mutter zu schützen, da durch beide Verfahren ein „gesunder" Embryo in die Gebärmutter eingesetzt würde.

Im Gegensatz zum *Human Genome Editing* wäre das Verfahren der PID insoweit sicherer, da dort das einem individuellen Heilversuch innewohnende „Handeln unter Unsicherheit" des *Human Genome Editing* wegfallen würde. Im Hinblick auf die Rechte der Mutter ist die PID dann vorzugswürdig. Durch die PID kann die körperliche Unversehrtheit der Mutter ausreichend geschützt werden, während aufgrund von Sicherheitsaspekten beim *Human Genome Editing* ein Restrisiko bliebe. Der Gesetzgeber hat in den Rahmenbedingungen des § 3 a EschG durch die Möglichkeit der PID ein ausreichend effektives Mittel zur Verfügung gestellt, um die körperliche Unversehrtheit dieser bestmöglich zu schützen, so dass er sich mit dem Verbot innerhalb seines Gestaltungsspielraums bewegt. Der Eingriff wäre damit gerechtfertigt. Eine medizinische Indikation im Hinblick auf die körperliche Unversehrtheit der Mutter liegt nicht vor.

Etwas anderes ergibt sich aber, wenn alle durch die IVF gewonnenen Embryonen den Gendefekt einer schwerwiegenden genetischen Erkrankung aufweisen, so dass die PID nicht das geeignete Mittel ist, um einen gesunden Embryo in die Gebärmutter zu transferieren.[782]

In diesen Fällen kann der Gesetzgeber sich nicht auf den Standpunkt stellen, er würde das Recht der Mutter auf körperliche Unversehrtheit in den verfassungsrechtlichen Grenzen schützen. Das hier dem Eingriff entgegenstehende Interesse der Mutter auf körperliche Unversehrtheit als hochrangiges Verfassungsgut wiegt dann ersichtlich schwerer als diejenigen Interessen, die das Verbot sichert. Es wäre dann das Prinzip der Verhältnismäßigkeit durch ein Verbot von *Human Genome Editing* verletzt.[783]

c) *Berufsfreiheit aus Art. 12 Abs. 1 GG und Wissenschaftsfreiheit des Arztes aus Art. 5 Abs. 3 GG*

Ein Verbot von *Human Genome Editing* stellt einen Eingriff in die Berufsfreiheit dar, da der Arzt durch das Verbot *Human Genome Editing* als ärztliche Behandlung nicht durchführen kann. Der Eingriff kann aber nicht gerechtfertigt werden. Eine bloße Beschränkung der hier vorliegenden Berufsausübungsfreiheit

---

782 Vgl. dazu die konkreten medizinischen Fälle *Merkel*, Deutsches Ärzteblatt (2016), S. A 1478 (A 1478) und Kap. C. II. 1. b).
783 Vgl. dazu die Argumentation Kap. E. III. 4.

ist dann als verhältnismäßig anzusehen, wenn diese als vernünftige Erwägung des Gemeinwohls zweckmäßig wäre.[784] Ein Verbot von *Human Genome Editing* dient im Rahmen der hier gesetzten Prämisse aber nicht mehr dem Schutz des ungeborenen Lebens als vernünftige Erwägung des Gemeinwohls und auch andere zweckmäßige Erwägungen kommen wie gezeigt nicht in Betracht.

Durch das Verbot von *Human Genome Editing* liegt in der hier gesetzten Prämisse kein Eingriff in Wissenschaftsfreiheit des Arztes aus Art. 5 Abs. 3 GG vor, da beim Heilversuch Forschungsinteressen keine Rolle spielen.

4 Ergebnis

Das Gedankenexperiment einer zukünftigen klinischen Anwendbarkeit führt in verfassungsrechtlicher Hinsicht zu einem anderen Ergebnis als hinsichtlich der gegenwärtigen medizinischen Wissenschaft. In der gesetzten Prämisse ist *Human Genome Editing* keine schutzpflichtenaktivierende rechtswidrige Beeinträchtigung seitens privater Dritter. Ein Verbot ist verfassungsrechtlich nicht mehr geboten. Das Recht auf Leben des Embryos ist durch die Vornahme der Behandlung nicht mehr beeinträchtigt, so dass bereits auf Tatbestandsebene keine Schutzpflichten des Staates hervorgerufen werden. Die Schutzpflichten des Staates zugunsten der körperlichen Unversehrtheit des Embryos entfallen, weil sie durch die Einwilligung der Eltern gerechtfertigt werden kann. Die allgemeine Handlungsfreiheit der Eltern ist durch die Möglichkeit der Vornahme einer *Genome Editing*-Behandlung nicht beeinträchtigt. Die Option von *Human Genome Editing* stellt auch keine Ungleichbehandlung im Sinne des Art. 3 Abs. 1 GG dar.

Veränderungen ergeben sich auch in der umgekehrten Perspektive durch die Prüfung der Grundrechtsverletzungen durch ein Verbot von *Human Genome Editing*. Der Eingriff in das Recht auf Leben (unter bestimmten Umständen) und in die körperliche Unversehrtheit des Embryos durch das Verbot können nicht gerechtfertigt werden. Gleiches gilt für die körperliche Unversehrtheit der Mutter, sofern eine *Genome Editing*-Behandlung die einzige Möglichkeit darstellt ein „gesundes" Kind zu bekommen. Der Eingriff in die Berufsfreiheit des Arztes durch das Verbot kann ebenfalls nicht gerechtfertigt werden. Ein Verbot ist dann aufgrund des Rechts auf Leben des Embryos und des Rechts der körperlichen Unversehrtheit des Embryos und der Frau (in der letztgenannten Konstellation) nicht mehr haltbar.

---

784 BVerfGE 7, 377 (377 ff.).

5 Human Genome Editing und PID – Rechtspolitische Folgeüberlegung

Die Frage richtet sich nun dorthin, ob ein rechtspolitisch nicht wünschenswerter Widerspruch darin liegt, dass die PID im Rahmen des § 3 a EschG teilweise zugelassen ist, *Genome Editing*-Behandlungen hingegen durch § 5 EschG als Keimbahneingriffe verboten sind. Folgender Fall soll die Problematik verdeutlichen:

Eltern, für deren Nachwuchs ein hohes Risiko einer schwerwiegenden monogenen Erbkrankheit besteht, wird mit dem Hinweis auf das Verbot des Keimbahneingriffs gemäß § 5 EschG eine *Human Genome Editing*-Behandlung im Rahmen einer künstlichen Befruchtung verwehrt. Es wird jedoch auf die Möglichkeit der PID im Rahmen des § 3 a EschG verwiesen. Künstliche Befruchtung und PID werden durchgeführt, zwei genetisch „belastete" Embryonen werden verworfen, ein Embryo, der frei von der Erbkrankheit ist, wird eingesetzt.

Bis zur Einfügung des § 3 a EschG gewährte der Gesetzgeber dem Embryo durch das EschG einen nahezu absoluten Schutz vor seiner Vernichtung bzw. anderer physischer Beeinträchtigungen durch reproduktive, experimentelle, diagnostische oder andere manipulative Behandlungen – der Schutz des pränatalen Lebens wurde durch den Gesetzgeber 1990 durch die Regelungen unterstrichen. Begründet wurde dies durch den verfassungsrechtlichen Schutzauftrag u. a. hinsichtlich der Lebensgarantie aus Art. 2 Abs. 2 Alt. 1 GG, welche schon frühesten menschlichen Entwicklungsstadien zugesprochen wurde.[785]

Durch die seit 2011 in engen Grenzen erlaubte PID hat der Gesetzgeber das bis zu diesem Zeitpunkt verwirklichte hohe Schutzniveau extrakorporal erzeugter Embryonen relativiert. Es werden in den definierten Grenzen im Rahmen der PID Selektion und Verwerfung von Embryonen bewusst in Kauf genommen und damit dessen Tod toleriert.[786]

Es handelt sich bei der PID um eine Problemlösung, die nicht den Gendefekt als solchen, sondern seinen Träger, den Embryo, „beseitigt", um das Ziel, Einsetzung eines gesunden Embryos in die Gebärmutter, zu erreichen.[787]

Die Keimbahntherapie durch *Human Genome Editing* macht es demgegenüber möglich, den Gendefekt zu heilen, und den betreffenden Embryo „ins Leben zu

---

785 Spickhoff- *Müller-Terpitz*, MedR, EschG Vorb. Rn. 2.
786 Spickhoff- *Müller-Terpitz*, MedR, EschG Vorb. Rn. 2.
787 *Eberbach*, MedR 2016, 758 (772).

bringen".⁷⁸⁸ Es stehen sich damit der Tod eines Embryos im Fall der PID und die Möglichkeit des Lebens eines genetisch veränderten Embryos bei der *Genome Editing*-Behandlung gegenüber. Die für den Embryo viel gravierendere PID mit der Folge des Todes wird aber teilweise durch § 3 a EschG erlaubt, während *Human Genome Editing* als Behandlung des Embryos durch § 5 EschG verboten wird. Dies ist aber ein Widerspruch in sich, der rechtspolitisch nicht wünschenswert ist. Zudem entspricht diese Unstimmigkeit auch nicht der Schutzrichtung des EschG, das den Schutz des pränatalen Lebens gewährleisten soll. Darüber hinaus sind auch keine Argumente ersichtlich, warum der Tod eines Embryos bei der PID toleriert werden sollte, während eine Therapie eines Embryos, dessen Behandlung zu einer gesunden Geburt führen kann, pönalisiert wird.

Vielmehr ist es sinnvoll, das Verbot des § 5 EschG um einen Erlaubnisvorbehalt zukünftig zu ergänzen, der sich auf schwerwiegende, monogene Erkrankungen beschränkt und die Einwilligung der Frau voraussetzt. Angelehnt an die Regelung des § 3 a EschG wäre aufgrund der Tragweite der Entscheidung dann ein Votum einer Ethikkommission erforderlich. *Human Genome Editing* könnte so eine echte Alternative zur PID sein, um einen „gesunden" Embryo in die Gebärmutter einzusetzen und gleichzeitig das Leben von Embryonen zu erhalten.

---

788 *Eberbach*, MedR 2016, 758 (772).

F. Einordnung von *Human Genome Editing* in das Gesundheitssystem: Kostenerstattung durch die gesetzlichen Krankenkassen?

Sollte *Human Genome Editing* zukünftig den Stand der klinischen Anwendbarkeit erreichen, ist zu erwarten, dass die Behandlung für die betroffenen Paare mit hohen Kosten einhergeht.

Zu den Kosten einer „regulären" künstlichen Befruchtung kämen noch die Kosten der *Genome Editing*-Behandlung sowie die Kosten eines Antrags an eine hier vorgeschlagene interdisziplinäre Ethikkommission.[789]

Es stellt sich damit die Frage, ob die Kosten für eine solche Behandlung von den gesetzlichen Krankenversicherungen übernommen werden können.[790] Reicht die Pflicht der Solidargemeinschaft tatsächlich so weit, dass ein derart ethisch umstrittenes Verfahren in den Leistungskatalog der GKV (ganz oder teilweise) aufgenommen werden könnte?

---

789 Die Kosten einer *Genome Editing*-Behandlung können aufgrund der fehlenden Durchführung hier schwer geschätzt werden. Die Kosten einer Kinderwunschbehandlung sind unterschiedlich und unterscheiden sich u. a. von der Anzahl der durchgeführten Versuche, siehe als Kostenbeispiel den Sachverhalt, den das OLG Karlsruhe zu entscheiden hatte. Dort beliefen sich die Kosten insgesamt auf 11 771,07 €, OLG Karlsruhe, FamRZ 2018, 546–550.

Zur Vergleichbarkeit bzw. einer etwaigen Einordnung eines möglichen Kostenaufwands für einen Antrag: Die Kosten eines Antrags auf PID bei einer Ethikkommission variieren und liegen beispielsweise im Land Baden-Württemberg je nach Aufwand zwischen 1 500 € und 4 000€, vgl. dazu https://www.aerztekammer-bw.de/20buerger/50pid-kommission/05antrag/02-info-antrag.pdf, zuletzt aufgerufen am 23.11.2018.

790 Diese Prüfung bleibt hier auf die GKV beschränkt, da der Großteil der Bevölkerung gesetzlich versichert ist, so dass die private Krankenversicherung von der Betrachtung ausgeschlossen bleiben soll. 2017 waren 88 % der Bevölkerung gesetzlich versichert, vgl. dazu https://www.bundesgesundheitsministerium.de/fileadmin/Dateien/3_Downloads/Statistiken/GKV/Mitglieder_Versicherte/KM1_Januar_bis_Dezember_2017.pdf.

vgl.https://www.bundesgesundheitsministerium.de/fileadmin/Dateien/3_Downloads/Statistiken/GKV/Mitglieder_Versicherte/KM1_Januar_bis_Dezember_2017.pdf,
zuletzt aufgerufen am 23.11.2018.

I Der Embryo als Versicherter

Die Systematik des SGB V ist darauf ausgerichtet, dass die gesetzlichen Krankenkassen ausschließlich den Versicherten Leistungen zur Verfügung stellen, vgl. § 2 Abs. 1 SGB V. Zu klären ist daher, ob der Embryo Versicherter i. S. d. SGB V ist. In Betracht kommt die Versicherteneigenschaft des Embryos gem. § 10 SGB V. Die Vorschrift regelt die beitragsfreie Versicherung für Familienangehörige und dessen Voraussetzungen. Sie begründet eigene Leistungsrechte des mitversicherten Angehörigen.[791] Mitversicherte Angehörige können gemäß § 10 Abs. 1 unter anderem Kinder der Mitglieder sein. Der Embryo ist aber kein Kind im Rahmen der Vorschrift, denn das würde die Geburt voraussetzen. Dies ergibt sich im Umkehrschluss daraus, dass der Gesetzgeber beispielsweise im Familienrecht in § 1912 Abs. 1 BGB den Embryo als „Leibesfrucht" explizit benennt. Es ist deshalb davon auszugehen, dass der Gesetzgeber auch im SGB V den besonderen Fall des Embryos geregelt hätte, wenn er von der Vorschrift des SGB V hätte umfasst sein sollen. Der Embryo ist daher kein Versicherter i. S. d. SGB V.

II *Human Genome Editing* als Früherkennung/Verhütung von Krankheiten gem. §§ 20 ff. SGB V

Überlegenswert ist, ob in einer *Genome Editing*-Behandlung eine Früherkennungsmaßnahme des § 25 SGB V und § 26 SGB V zu sehen ist. Dies ist zu verneinen, da diese Einordnung bereits den Normzweck der §§ 25 f. SGB V verfehlt. Dieser ist gerichtet auf die Früherkennung von Krankheit und ist damit diagnostischer Natur, während die reine *Genome Editing*-Behandlung therapeutischer Natur ist.[792]

Das SGB V enthält in den §§ 20 ff. SGB V Vorschriften zur Verhütung von Krankheiten. Da der Embryo nicht Versicherter ist, sind die Eltern als Versicherte Anknüpfungspunkt rechtlicher Bewertungen. Eine *Genome Editing*-Behandlung kann aber nicht der Verhütung von Krankheiten der Eltern dienen, da sie den genetischen Defekt am Körper der Eltern nicht beheben.

III *Human Genome Editing* als Krankenbehandlung im Sinne des § 27 Abs. 1 S. 1 SGB V

Gem. § 27 Abs. 1 S. 1 SGB V haben Versicherte einen „Anspruch auf Krankenbehandlung, wenn sie notwendig ist, um eine Krankheit zu erkennen, zu heilen,

---

791 Becker/Kingreen- *Just*, SGB V, § 10 Rn. 1.
792 Körner/Leitherer/Mutschler/Rolfs- *Roters*, KassKom, SGB V, § 25 Rn. 3.

ihre Verschlimmerung zu verhüten oder Krankheitsbeschwerden zu lindern". Es müssen demnach die Versicherteneigenschaft, das Vorliegen einer Krankheit und die Notwendigkeit ihrer Behandlung als Voraussetzungen erfüllt sein. Der Embryo ist mangels Versicherteneigenschaft noch nicht vom Versicherungsschutz der Krankenkassen umfasst.[793] Versicherte Personen sind in der Regel hier die Eltern.

Unter einer Krankheit im krankenversicherungsrechtlichen Sinne versteht man nach herrschender Rechtsprechung und Literatur einen „regelwidrigen Körper- und Geisteszustand, dessen Eintritt entweder allein die Notwendigkeit von Heilbehandlung oder zugleich oder ausschließlich Arbeitsunfähigkeit zur Folge hat".[794]

Als Anknüpfungspunkt für eine Krankheit kommt nur die genetische Disposition der Eltern in Betracht. Diese stellt als numerische oder strukturelle Veränderung der Chromosomenfolge eine Abweichung vom Normalfall dar.[795] Ein solcher regelwidriger Körperzustand ist aber zudem nur dann gegeben, wenn die körperlichen Funktionen des Betroffenen infolge dessen beeinträchtigt sind.[796] Allein ein stark erhöhtes Risiko Nachkommen zu zeugen, die an einer schwerwiegenden Erbkrankheit leiden, beeinträchtigt die körperliche Funktion der betroffenen Eltern nicht. Die Notwendigkeit einer Heilbehandlung liegt damit nicht vor.[797]

In Bezug auf eine etwaige Heilbehandlung ist aber vor allem fraglich, ob *Human Genome Editing* überhaupt geeignet wäre, den genetischen Defekt einer oder beider Elternteile als Anspruchsteller zu heilen. Dies ist deshalb nicht der Fall, da eine Behandlung einer oder beider Gameten nicht die genetische Disposition einer oder beider Elternteile an sich, sondern lediglich den Gendefekt einer oder mehrerer Gameten (Ei- oder Samenzellen) durch Genaustausch oder Genmodifikation heilen könnte.

Eine andere Wertung ergibt sich auch nicht im Hinblick auf die oben getroffene Feststellung, dass ein Verbot von *Human Genome Editing* einen (mittelbaren) Eingriff in die körperliche Unversehrtheit der Frau darstellt.[798] Denn es

---

793 Vgl. dazu Kap. F. I.
794 *Becker/Kingreen- Lang*, SGB V, § 27 Rn. 13f. m. w. N. zur umfangreichen Rechtsprechung und Literatur.
795 *Landwehr*, Rechtsfragen der PID, S. 198.
796 BSGE 35, 10 (12).
797 So ähnlich auch *Landwehr*, Rechtsfragen der PID, S. 198, die sich mit ähnlicher Fragestellung in Bezug auf die PID beschäftigt.
798 Vgl. Kap. E. III. 4.

ist etwas anderes, ob der Gesetzgeber eine *Genome Editing*-Behandlung verbietet oder die Kostenübernahme der Solidargemeinschaft für eine solche verwehrt. Die fehlende Kostenübernahme im Rahmen von § 27 Abs. 1 SGB V rechtfertigt sich damit, dass durch die Behandlung kein regelwidriger Zustand der Eltern beseitigt, sondern mit Hilfe medizinischer Möglichkeiten ein gesunder Embryo in vitro gezeugt würde. Wie erörtert erfüllt dies aber nicht die Voraussetzungen des § 27 Abs. 1 SGB V. Ein etwaiger pathologischer Zustand der Mutter, etwa durch die Geburt eines genetisch „belasteten" Kindes, liegt aber zum Zeitpunkt der genetischen Manipulation an der Gamete oder den Gameten nicht vor.

Ein Anspruch der Eltern auf Krankenbehandlung gem. § 27 Abs. 1 S. 1 SGB V liegt damit nicht vor.

IV *Human Genome Editing* als Behandlung zur Herbeiführung einer Schwangerschaft im Sinne des § 27 a Abs. 1 SGB V

1 Sonderstellung des § 27 a Abs. 1 SGB V im Leistungssystem der gesetzlichen Krankenkassen

§ 27 a Abs. 1 SGB V nimmt eine Sonderstellung im Leistungssystem der gesetzlichen Krankenkassen ein, da sie im Unterschied zur Krankenbehandlung im Sinne des § 27 SGB V nicht auf die Bekämpfung einer Krankheit abzielt, sondern lediglich eine spezielle medizinische Maßnahme zur Herbeiführung einer Schwangerschaft unter den normierten Voraussetzungen ermöglicht. Die künstliche Befruchtung ist dabei als Ultima Ratio subsidiär gegenüber der Wiederherstellung der natürlichen Zeugungs- und Empfängnisfähigkeit, die nur dann in Betracht kommt, wenn eine Krankenbehandlung nach § 27 SGB V nicht möglich ist.[799]

2 Anspruchsvoraussetzungen

a) Direkte Anwendbarkeit des § 27 a Abs. 1 SGB V

§ 27 a Abs. 1 Nr. 1 SGB V setzt voraus, dass eine Indikation für die Vornahme einer künstlichen Befruchtung vorliegt. Diese, vom Arzt festzustellende Indikation, dessen Rahmen die *„Richtlinien über künstliche Befruchtungen"* des gemeinsamen Bundesausschusses in Nr. 11 regeln, verlangt stets die Zeugungs- und Gebärunfähigkeit.[800] Im Regelfall wird eine solche Zeugungs- und

---

799 Körner/Leitherer/Mutschler/Rolfs- *Zieglmeier*, KassKom, SGB V, § 27 a Rn. 7 ff.
800 Becker/Kingreen- *Lang*, SGB V, § 27 a Rn. 5.

Gebärunfähigkeit bei den Antragstellern einer *Genome Editing*-Behandlung aber nicht vorliegen. Zudem lässt sie sich, ähnlich wie die PID, nicht zu Verfahren einordnen, die (isoliert) eine Schwangerschaft herbeiführen können. Auch sind die Regelungen des gemeinsamen Bundesausschusses diesbezüglich abschließend.[801]

Hinzu kommt, dass das Ziel von *Human Genome Editing* nicht in der Herbeiführung einer Schwangerschaft liegt, sondern in der Modifikation/dem Austausch eines Gens. Schon deshalb kann über die Vorschrift des § 27 a Abs. 1 SGB V kein Anspruch auf Kostenübernahme bestehen.

b) Analoge Anwendbarkeit des § 27 a Abs. 1 SGB V

Überlegenswert erscheint allenfalls, ob eine Analogie der Vorschrift des § 27 a Abs. 1 SGB V in Bezug auf *Human Genome Editing* in Betracht kommt. Voraussetzung für eine Analogie ist, dass das Gesetz eine planwidrige Regelungslücke bei vergleichbarer Interessenlage enthält.[802]

Das Bestehen einer vergleichbaren Interessenlage der künstlichen Befruchtung, bei der Eltern aufgrund von Infertilität (Unfruchtbarkeit) bzw. ungewollter Kinderlosigkeit eine solche durchführen lassen, und einer *Genome Editing*-Behandlung, durch die ein defektes Gen modifiziert oder ausgetauscht werden soll, ist aber zweifelhaft. § 27 a SGB V soll unfruchtbaren Paaren die Möglichkeit bieten, den Wunsch eines Kindes durch die modernen medizinischen Techniken zu verwirklichen.[803] *Human Genome Editing* eröffnet aber (darüber hinaus) die Chance, ein „gesundes" Kind zu zeugen. Die Kosten der Behandlung, die von der Solidargemeinschaft (teilweise) getragen würden, würden beim *Human Genome Editing* nicht aufgrund von ungewollter Kinderlosigkeit getragen, sondern aufgrund eines genetischen Defektes einer oder beider Elternteile. Diese wären aber im Gegensatz zum gesetzlich geregelten Fall der künstlichen Befruchtung regelmäßig in der Lage, ein Kind zu zeugen.

Diese Ratio unterscheidet sich aber maßgebend von der Ratio der Norm des § 27 a SGB V, da dessen Schwerpunkt auf der Zeugungs- oder Empfängnisunfähigkeit als medizinische Indikation liegt, so dass eine vergleichbare Interessenlage nicht besteht. Eine planwidrige Regelungslücke würde ebenfalls nicht vorliegen. Wenn der Gesetzgeber die Keimbahntherapie restriktiv von der Strafbarkeit des § 5 EschG ausschließen würde, ist zu erwarten, dass die Frage nach

---

801 *Landwehr*, Rechtsfragen der PID, S. 202.
802 Palandt- *Grüneberg*, BGB, Einl. Rn. 48.
803 *Landwehr*, Rechtsfragen der PID, S. 203.

der Kostentragung der gesetzlichen Krankenkassen hohe Praxisrelevanz bekommen würde. Dann wäre dem Gesetzgeber die Regelungsbedürftigkeit bekannt. Es würde sich somit nicht um eine unvorhersehbare Rechtsentwicklung handeln, die eine spätere richterliche Rechtsfortbildung legitimieren könnte.[804]

c) Ergebnis

Ein Anspruch auf Kostenübernahme von *Human Genome Editing* besteht weder direkt noch analog über die Vorschrift des § 27 a Abs. 1 SGB V.

V Kostenerstattung gemäß § 2 Abs. 1 a SGB V

Zu prüfen bleibt, ob ein Anspruch auf Kostenübernahme von *Human Genome Editing* gem. § 2 Abs. 1 a SGB V besteht.

§ 2 Abs. 1 a SGB V beschreibt als Kernbereich der Leistungspflicht die Ausnahme zu dem Grundsatz, dass ein Patient keinen verfassungsrechtlichen Anspruch gegen die Krankenkassen auf Übernahme von Behandlungskosten neuer Behandlungsmethoden aus dem Grundrecht auf Leben und körperliche Unversehrtheit ableiten kann.[805] Danach können „Versicherte mit einer lebensbedrohlichen oder regelmäßig tödlichen Erkrankung oder mit einer zumindest wertungsmäßig vergleichbaren Erkrankung, für die eine allgemein anerkannte, dem medizinischen Standard entsprechende Leistung nicht zur Verfügung steht, auch eine von Absatz 1 Satz 3 abweichende Leistung beanspruchen, wenn eine nicht ganz entfernt liegende Aussicht auf Heilung oder auf eine spürbar positive Einwirkung auf den Krankheitsverlauf besteht." § 2 Abs. 1 SGB V wurde vor dessen Kodifizierung von der Rechtsprechung (sog. Nikolausbeschluss) entwickelt und damit begründet, dass es mit dem Grundrecht aus Art. 2 Abs. 1 GG in Verbindung mit dem Sozialstaatsprinzip nicht vereinbar sei, wenn unter den genannten Voraussetzungen ein Krankenversicherter keine medizinische Behandlung erhalten würde, nur weil eine medizinische Standardmethode nicht zur Verfügung steht.[806]

Zwar erfüllt *Human Genome Editing* in der hier gesetzten Prämisse die Voraussetzung der Vorschrift, dass eine medizinische Standardmethode zur Genmodifikation nicht zur Verfügung steht. Allerdings scheitert ein Anspruch aus § 2 Abs. 1 a SGB V aus zwei Gesichtspunkten: Ein Anspruch des Embryos

---

804 So ähnlich in Bezug auf die PID *Landwehr*, Rechtsfragen der PID, S. 203.
805 Becker/Kingreen- *Scholz*, SGB V, § 2 Rn. 5.
806 BVerfGE 115, 25 (25), sogenannter Nikolausbeschluss.

besteht nicht, da dieser generell mangels Versicherteneigenschaft noch nicht vom Versicherungsschutz der Krankenkassen umfasst ist.[807] Ein Anspruch der Eltern scheitert wie oben beschrieben am Fehlen einer Krankheit im sozialrechtlichen Sinne.[808]

Ein Anspruch auf Kostenübernahme von *Human Genome Editing* gem. § 2 Abs. 1 a SGB V besteht damit nicht.

VI Kostenerstattung durch gesetzliche Regelung

Die obigen Ausführungen ergeben, dass durch die fehlende Kostenerstattung einer *Genome Editing*-Behandlung durch die gesetzlichen Krankenkassen finanziell schlechter gestellten Paaren eine Inanspruchnahme der Behandlung nicht möglich sein wird. In der Folge werden voraussichtlich zumindest ein Teil der betroffenen Paare die Risiken eines oder mehrerer Schwangerschaftsabbrüche nach positiven Pränataltests (Verfahren der Pränataldiagnostik, bei dem Chromosomenabweichungen des Kindes aus dem mütterlichen Blut nachgewiesen werden) auf der Grundlage des § 218 a Abs. 2 StGB durchführen. Dieser wird im Rahmen des § 24 b Abs. 1 SGB V vollumfänglich von den Krankenkassen finanziert.

Es stellt sich die Frage, ob eine Kostentragungspflicht der Krankenkassen de lege ferenda wünschenswert ist.

1 Vorfrage: *Human Genome Editing* als wunscherfüllende medizinische Behandlung?

Der Ausschluss der Wunschmedizin von den Leistungen der gesetzlichen Krankenversicherungen wird vor dem Hintergrund der sozialen Gerechtigkeit und dem Gemeinschaftsgefüge der Sozialversicherung begründet.[809] Die grundsätzliche rechtliche Möglichkeit einer Kostenübernahme einer *Genome Editing*-Behandlung steht deshalb eng mit der Frage verbunden, ob *Human Genome Editing* in die Kategorie der Wunschmedizin einzuordnen ist.

Es ist bereits dargestellt worden, dass bei den Eltern als Versicherte keine Krankheit vorliegt, die durch die *Genome Editing*-Behandlung geheilt werden könnte.[810] Es handelt sich deshalb lediglich um ein spezielles Verfahren, das den elterlichen Wunsch verwirklicht, einen „gesunden" Embryo in die Gebärmutter

---

807 Vgl. dazu Kap. F. I.
808 Vgl. dazu Kap. F. III.
809 *Landwehr*, Rechtsfragen der PID, S. 207.
810 Vgl. dazu Kap. F. II.

einsetzen zu können. Diese Betrachtungsweise legt den Schluss nahe, *Human Genome Editing* nicht der Heilmedizin zuzuordnen. Fraglich ist aber, ob die Behandlung tatsächlich den gängigen Wunschbehandlungen gleichzusetzen ist, die nicht vom Staat gefördert werden und der Eigenverantwortlichkeit des Versicherten unterliegen. Im Unterschied zu den klassischen Behandlungen der Wunschmedizin, die oftmals auf die Verschönerung des eigenen Körpers gerichtet sind, realisiert sich aber hier der Wunsch einer gesunden Nachkommenschaft. Die Zielrichtung des Wunsches ist eine andere und muss deshalb auch anders bewertet werden. Schönheitsoperationen sind in die Kategorie „Luxus" einzuordnen. Der Wunsch nach einem gesunden Kind, das frei von schwerwiegenden Erbkrankheiten geboren wird, die mit erheblichen Schmerzen und gar dem Tod einhergehen, ist zwar auch ein Wunsch, aber als Urinteresse der Menschheit nicht der Kategorie „Luxus" zuzuordnen. Die betroffenen Paare haben in der Regel Schicksalsschläge zu verzeichnen, die mit einer solchen genetischen Vorbelastung einhergehen wie Fehl-, Totgeburten und medizinisch indizierte Schwangerschaftsabbrüche.[811] Eine Einordnung von *Human Genome Editing* in die Kategorie der Wunschmedizin ist deshalb nicht überzeugend, so dass die Möglichkeit einer Kostenübernahme rechtlich nicht gänzlich ausgeschlossen ist.

2. Kostenerstattung einer *Genome Editing*-Behandlung durch die gesetzlichen Krankenkassen

Aufgrund des hohen Leidensdrucks betroffener Eltern und später geborener Kinder wäre es sinnvoll, wenn der Gesetzgeber eine eigenständige Norm im SGB V schaffen würde, der die Kostentragungspflicht der gesetzlichen Krankenkassen von *Human Genome Editing* bei Dispositionen von schwerwiegenden monogenen Erkrankungen regelt.

Ähnlich wie bei § 27 a SGB V, der die teilweise Kostenübernahme der GKV bei künstlichen Befruchtungen normiert, läge dann die Besonderheit vor, dass durch die Vornahme von *Human Genome Editing* keine Krankenbehandlung vorläge. Es würde sich vielmehr um eine spezielle medizinische Maßnahme zur Herbeiführung der Implantation eines „gesunden" Embryos in die Gebärmutter handeln. Nach der Rechtsprechung zu § 27 a SGB V liegt dem Gesetzgeber ein Gestaltungsermessen unter Beachtung des Wirtschaftlichkeitsgebots (§ 12 Abs. 1 SGB V) zu, inwiefern er derartige Leistungen gewährt oder sie der Eigenverantwortlichkeit der Versicherten unterwirft. Das Bundessozialgericht hat deutlich

---

811 Insgesamt so ähnlich in Bezug auf die PID *Landwehr*, Rechtsfragen der PID, S. 207.

gemacht, dass § 27 a SGB V einen eigenen Leistungsanspruch begründet, der nicht zum Kernbereich der GKV gehört, und der Gesetzgeber grundsätzlich die Freiheit hat, die Voraussetzungen für die Gewährung von Leistungen der GKV näher zu bestimmen.[812] Der Gesetzgeber ist deshalb zu einer Kostenübernahme von *Genome Editing*-Behandlungen nicht verpflichtet.

Die Regelung einer hälftigen Kostentragungspflicht des Gesetzgebers wäre aber wünschenswert. Der Gesetzgeber würde sich einerseits vermittelnd gegenüber einer (auch ethisch) konfliktbeladenen Thematik positionieren, indem er sich nur anteilig für eine Kostentragungspflicht ausspricht. Er würde damit sowohl Positionen von Fürsprechern und Gegnern einbeziehen. Zudem wäre die Behandlung dann nicht auf einen Personenkreis beschränkt, der sich eine solche „leisten" könnte, sondern würde auch finanziell schwächer gestellten Paaren die Möglichkeit einer Behandlung leichter machen.[813]

---

812 BSG, MedR 2017, 156–161.
813 So ähnlich im Hinblick auf PID und IVF *Landwehr*, Rechtsfragen der PID, S. 208.

G. Zusammenfassung und Ausblick

Genome Editing-Verfahren könnten in der Zukunft effektive medizinische Möglichkeiten darstellen, um monogene, schwerwiegende Erkrankungen am Menschen abzuwenden.

Dies würde aber voraussetzen, dass grundsätzliche Risiken einer Keimbahntherapie mittels *Human Genome Editing* (off-target-Effekte, Wechselwirkung von Genen, Auswirkungen auf den menschlichen Genpool etc.) so beherrschbar wären, dass sie zumindest den Anforderungen an einen individuellen Heilversuch gerecht werden könnten.

I Strafbarkeit nach dem ESchG

Die Keimbahntherapie ist nach § 5 Abs. 1 ESchG und § 5 Abs. 2 ESchG in Deutschland strafbewehrt verboten. Dies betrifft relevante *Genome Editing*-Behandlungen, die an einem Embryo oder einer Gamete (Ei- oder Samenzelle, die später zur Befruchtung verwendet werden) vorgenommen werden. Bestehende Regelungslücken, wie beispielsweise die Mitochondrienspende, die vom Tatbestand des § 5 ESchG nicht umfasst sind, sind bezüglich der Strafbarkeit juristisch umstritten.

Der Sonderfall von *Genome Editing*-Behandlungen an sogenannten tripronuklearen Embryonen, wird in der juristischen Literatur unterschiedlich beantwortet. Sie begründen im Ergebnis eine Strafbarkeit des § 2 Abs. 1 ESchG.[814]

Genome Editing an einer Samenzelle bei gleichzeitiger Befruchtung ist von der Strafbarkeit des § 5 Abs. 2 ESchG umfasst.

Uneinigkeit herrscht in der juristischen Literatur darüber, ob auch die Art der Keimbahnintervention an künstlich erzeugten Gameten mittels *Genome Editing* unter die Strafbarkeit des ESchG fällt.[815]

Im Fall eines unbeabsichtigten Effektes auf die Keimbahn im Rahmen einer somatischen Therapie durch *Human Genome Editing* begründet diese keine Strafbarkeit des § 5 ESchG. Es greift insoweit die Ausnahmevorschrift des § 5 Abs. 4 Nr. 3 ESchG.

---

814 Embryonen, die sich nicht bis hin zur Einnistung in die Gebärmutter entwickeln können.

815 Diese Fälle waren nicht Gegenstand der vorliegenden Untersuchung, die sich auf natürlicherweise im Menschen entstehende Gameten fokussiert. Sie sollen aber der Vollständigkeit halber kurz erwähnt werden.

II Grundrechtsschutz angesichts des Standes der gegenwärtigen medizinischen Wissenschaft

Embryo und Gamete sind keine Grundrechtsträger der Menschenwürde des Art. 1 Abs. 1 S. 1 GG. Der Embryo ist aber Grundrechtsträger des Rechts auf Leben und der körperlichen Unversehrtheit gem. Art. 2 Abs. 2 S. 1 GG, während der Gamete dieser Grundrechtschutz nicht zukommt.

Human Genome Editing stellt eine schutzpflichtenaktivierende rechtswidrige Beeinträchtigung seitens privater Dritter (Eltern, Mutter, Arzt) dar. Die Gefahr der Schädigung des Rechts auf Leben und die Beeinträchtigung der körperlichen Unversehrtheit des Embryos durch eine Genome Editing-Behandlung reicht aus, um auf der Tatbestandsseite Schutzpflichten des Staates zu aktivieren. Im Fall von Human Genome Editing an einer Gamete (Ei- oder Samenzelle) ist ein Eingriff in Form eines mittelbaren Eingriffs zu bejahen, der sich insoweit am Embryo manifestiert. Die Gefährdung des Rechts auf Leben und die Beeinträchtigung der körperlichen Unversehrtheit des Embryos können auch nicht durch die Einwilligung der Eltern oder entgegenstehende Grundrechtspositionen der Dritten gerechtfertigt werden, die die Schutzpflicht des Staates entfallen lassen würden.

In umgekehrter Perspektive stellt ein Verbot von Human Genome Editing einen Eingriff in die Berufsfreiheit des Arztes aus Art. 12 Abs. 1 GG und dessen Wissenschaftsfreiheit aus Art. 5 Abs. 3 GG dar, soweit bei letzterer Forschungsinteressen betroffen sind. Diese Eingriffe können aber gerechtfertigt werden. Eingriffe in das Recht auf Leben und die körperliche Unversehrtheit des Embryos aus Art. 2 Abs. 2 S. 1 GG und die körperliche Unversehrtheit der potentiellen Mutter aus Art. 2 Abs. 2 S. 1 Alt. 2 GG liegen hingegen durch das Verbot nicht vor.

Der Gesetzgeber ist deshalb dazu verpflichtet, ein schützendes Regelungsregime zugunsten des Embryos zu etablieren. Ein Verbot von Genome Editing-Behandlungen am Embryo ist hinreichend effektiv, um einen Schutz des Embryos vor Human Genome Editing zu gewährleisten. Ein Verbot des Human Genome Editing ist deshalb verfassungsrechtlich geboten.

III Grundrechtsschutz bei zukünftiger klinischer Anwendbarkeit

Das Erreichen einer zukünftigen klinischen Anwendbarkeit von Human Genome Editing ist eine plausible Möglichkeit. Für die weitere Bewertungsgrundlage kann deshalb das Gedankenexperiment einer Prämisse gesetzt werden, dass eine positive Nutzen-Risiko-Abwägung hinsichtlich einer Genome Editing-Behandlung (eingegrenzt auf schwerwiegende, monogene Erkrankungen im Rahmen eines Heilversuchs) möglich ist. Der Stand der gegenwärtigen medizinischen Wissenschaft wird dabei ausgeblendet.

Human Genome Editing stellt dann keine schutzpflichtenaktivierende rechtswidrige Beeinträchtigung seitens privater Dritter (Eltern, Mutter, Arzt) mehr dar. Ein Verbot ist verfassungsrechtlich nicht geboten. Die Anwendung von *Human Genome Editing* ist keine Verletzung der Menschenwürde des Embryos. Selbst wenn man ihm Menschenwürde zusprechen würde, ist in der Behandlung keine Herabwürdigung zum Objekt zu sehen. Die Vornahme einer *Genome Editing*-Behandlung ist im Hinblick auf den Embryo lediglich eine Beeinträchtigung des Rechts auf körperliche Unversehrtheit aus Art. 2 Abs. 2 S. 1 Alt. 2 GG seitens Dritter, die auf Tatbestandsebene Schutzpflichten des Staates aktiviert. Die Beeinträchtigung kann durch eine Einwilligung der Eltern als Heilversuch aber gerechtfertigt werden, so dass die Schutzpflichtenverpflichtung des Staates entfällt. Die Einwilligung ist über die Regelungen der §§ 1626 ff. BGB analog im Rahmen der elterlichen Sorge durch die Eltern möglich. Die Eltern sind aber ihrerseits nicht verpflichtet, eine Einwilligung abzugeben. Eine Ersetzung der Einwilligung im Rahmen des § 1666 Abs. 2 BGB kommt deshalb nicht in Betracht. Eine Beeinträchtigung der allgemeinen Handlungsfreiheit der Eltern aus Art. 2 Abs. 1 GG durch die Möglichkeit einer *Genome Editing*-Behandlung aufgrund der Entstehung eines etwaigen gesellschaftlichen Drucks liegt nicht vor. Auch der Gleichheitssatz des Art. 3 Abs. 1 GG im Hinblick auf die soziale Gerechtigkeit ist nicht verletzt.

In der umgekehrten Perspektive, der Prüfung der grundrechtlich verbrieften Rechtspositionen, die durch ein Verbot von *Human Genome Editing* betroffen sind, ergeben sich folgende Änderungen:

Durch das Verbot einer *Genome Editing*-Behandlung wird dem Embryo die Therapiemöglichkeit durch *Human Genome Editing* genommen, so dass es in kausal zurechenbarer Weise als Eingriff in das Leben (unter besonderen Umständen) und auch die körperliche Unversehrtheit zu qualifizieren ist. Der Eingriff wäre aber unverhältnismäßig.

Im Hinblick auf die körperliche Unversehrtheit der Frau, der (potentiellen) Mutter, aus Art. 2 Abs. 2 S. 1 Alt. 2 GG, ergibt sich:

Im Fall der Möglichkeit einen „gesunden" Embryo durch die PID in die Gebärmutter einsetzen zu lassen, wäre das Verbot von *Human Genome Editing* ein Eingriff in die körperliche Unversehrtheit der Frau, aber gerechtfertigt. Aufgrund des Gestaltungsspielraums des Gesetzgebers stellt die PID dann ein effektives Mittel zur Wahrung der körperlichen Unversehrtheit der Frau dar.

In den Fällen, in denen die PID keine Alternative darstellt, weil beispielsweise alle Embryonen von der schwerwiegenden Erbkrankheit betroffen sind, kann ein Eingriff in die körperliche Unversehrtheit nicht gerechtfertigt werden, da auch in diesem Fall das Prinzip der Verhältnismäßigkeit verletzt wäre.

Ein Verbot ist dann aufgrund des Rechts auf Leben des Embryos und des Rechts der körperlichen Unversehrtheit des Embryos und der Frau (in der letztgenannten Konstellation) nicht mehr haltbar.

Ein rechtspolitisch nicht wünschenswerter Widerspruch ergibt sich dann durch das Verbot von *Human Genome Editing* einerseits und der (teilweisen) Ausklammerung der Strafbarkeit der PID durch § 3 a ESchG andererseits.

Eine Verbotsnorm mit Erlaubnisvorbehalt (schwerwiegende monogene Erkrankungen, Einwilligung der Mutter und Votum einer Ethikkommission als Voraussetzung), die sich etwa an den Regelungen der PID orientieren könnte, wäre dann angezeigt.

IV Kostenübernahme der gesetzlichen Krankenkassen

Der Embryo ist kein Versicherter im Sinne des § 10 Abs. 1 SGB V. Eine direkte Anwendbarkeit der Vorschriften des SGB V über die Versicherteneigenschaft des Embryos kommt deshalb nicht in Betracht.

In einer *Genome Editing*-Behandlung ist keine Früherkennungsmaßnahme des § 25 SGB V und § 26 SGB V zu sehen, da diese Einordnung bereits den Normzweck der §§ 25 f. SGB V verfehlt. Dieser ist gerichtet auf die Früherkennung von Krankheit und ist damit diagnostischer Natur, während die *Genome Editing*-Behandlung therapeutischer Natur ist.

Die §§ 20 ff. SGB V als Vorschriften zur Verhütung von Krankheiten kommen ebenfalls nicht in Betracht. Da der Embryo nicht Versicherter ist, sind die Eltern als Versicherte Anknüpfungspunkt rechtlicher Bewertungen. Eine *Genome Editing*-Behandlung kann aber nicht der Verhütung von Krankheiten der Eltern dienen, da sie den genetischen Defekt am Körper der Eltern nicht behebt.

Die Vorschrift des § 27 Abs. 1 S. 1 SGB V ist ebenfalls nicht einschlägig, da auch hier nicht der genetische Defekt der Eltern geheilt würde, so dass die Behandlung im Sinne des § 27 Abs. 1 S. 1 SGB V schon keine zweckmäßige Heilbehandlung darstellen kann.

Die direkte und analoge Anwendbarkeit der Vorschrift des § 27 a Abs. 1 SGB V muss ebenfalls abgelehnt werden. Gegen die direkte Anwendbarkeit der Vorschrift spricht schon, dass das Ziel von *Human Genome Editing* nicht in der Herbeiführung einer Schwangerschaft liegt, sondern in der Modifikation oder dem Austausch eines Gens. Eine analoge Anwendbarkeit von § 27 a SGB V scheitert an der fehlenden vergleichbaren Interessenlage, da die Ratio der Norm auf der Zeugungs- oder Empfängnisunfähigkeit als medizinische Indikation liegt.

Ein Anspruch des Embryos aus § 2 Abs. 1 a SGB V scheitert, weil dieser nicht vom Versicherungsschutz der Krankenkassen umfasst ist. Ein Anspruch der Eltern scheitert am Fehlen einer Krankheit im sozialrechtlichen Sinne. Als rechtspolitische Empfehlung wird die Wertungsharmonie der hälftigen Kostenübernahme von künstlicher Befruchtung und *Human Genome Editing* vorgeschlagen, da der Gesetzgeber sich einerseits vermittelnd gegenüber einer (auch ethisch) konfliktbeladenen Thematik positionieren würde, und anderseits die Behandlung dann nicht auf einen Personenkreis beschränkt würde, der sich eine solche „leisten" könnte.

V Ausblick

Nach dem gegenwärtigen Stand der medizinischen Wissenschaften besteht hinsichtlich der Anwendbarkeit einer Keimbahntherapie mittels *Human Genome Editing* kein Handlungsbedarf des Gesetzgebers, da die im Moment vorliegenden medizinischen Unsicherheiten und Risiken das Verbot von § 5 EschG rechtfertigen.

Sollte sich zukünftig ergeben, dass eine positive Risiko-Nutzen-Abwägung solcher *Genome Edting*-Behandlungen möglich ist, die schwerwiegende monogene erblichen Krankheiten abwenden können, wäre das absolute Verbot des *Human Genome Editing* aus verfassungsrechtlicher Sicht nicht mehr haltbar. Vorgeschlagen wird für diesen Fall, das Verbot um einen Erlaubnisvorbehalt zu ergänzen, der sich auf schwerwiegende, monogene Erkrankungen beschränkt und die Einwilligung der Frau als Voraussetzung hat. Aufgrund hoher Missbrauchsgefahren von *Genome Editing*-Behandlungen bleibt aber dennoch eine strafrechtliche Sanktionierung notwendig. Eine Verankerung im Berufsrecht reicht nicht aus.

Literaturverzeichnis

Araki, Motoko/Ishii, Tetsuya, International regulatory landscape and integration of corrective genome editing into in vitro fertilization, Reproductive Biology and Endocrinology (2014), S. 1–12.

Armbruster, Alexander, „Hier geht es um die Interessen der gesamten Menschheit", Frankfurter Allgemeine Zeitung vom 05.10.2017, S. 22–22.

Baltimore, David et al., A prudent path forward for genomic engineering and germline gene modification, Science (2015), S. 36–38.

Barrangou, Rodolphe et al., CRISPR provides acquired resistance against viruses in prokaryotes, Science (2007), S. 1709–1712.

Baumgartner, Hans Michael, Auf ein Wort, Am Anfang des menschlichen Lebens steht nicht der Mensch, Zeitschrift für medizinischen Ethik (1993), S. 257–259.

Bayertz, Kurt, Drei Typen ethischer Argumentation, in: *Sass, Hans-Martin (Hrsg.),* Genomanalyse und Gentherapie, Berlin u. a.1991, S. 291–316

Bayertz, Kurt/Runtenberg, Christa, Gen und Ethik: Zur Struktur des moralischen Diskurses über die Gentechnologie, in: *Elstner, Marcus (Hrsg.),* Gentechnik, Ethik und Gesellschaft, Berlin 1997, S. 107–121.

Beck, Susanne, Enhancement – Die fehlende rechtliche Debatte einer gesellschaftlichen Entwicklung, Medizinrecht (2006), S. 95–102.

dies./Seitz, Frederike, Herausforderung der einfachrechtlichen Regulierung der Genom-Editierung in der EU, in: *Müller, Susanne/Rosenau, Henning (Hrsg.),* Stammzellen – iPS-Zellen – Genomeditierung, Baden-Baden 2018, S. 199–215.

Becker, Kim Björn, Leben lassen, sterben lassen, FAZ vom 7.2.2018, S. 3–3.

Becker, Ulrich/Kingreen, Thorsten (Hrsg.), SGB V – Gesetzliche Krankenversicherung, Kommentar, 6. Auflage, München 2018 (zitiert: Becker/Kingreen-*Bearbeiter,* SGB V)

Bednarski, Christien/Cathomen, Toni, Maßgeschneidertes Genom – Designer-Nukleasen im Einsatz, Biospektrum (2015), S. 22–24.

Benda, Ernst, Erprobung der Menschenwürde am Beispiel der Humangenetik, in: *Flöhl, Rainer (Hrsg.),* Genforschung – Fluch oder Segen? Interdisziplinäre Stellungnahmen, München 1985, S. 205–231.

Benda, Ernst, Humangenetik und Recht – Eine Zwischenbilanz, Neue juristische Wochenschrift (1985), S. 1730–1734.

Benda, Ernst, Menschenwürde und Persönlichkeitsrecht, in: *Benda, Ernst/Maihofer, Werner/Vogel, Hans-Jochen (Hrsg.)*, Handbuch des Verfassungsrechts der Bundesrepublik Deutschland, Studienausgabe Teil 2, 2. Auflage, Berlin u. a. 1995, S. 161–190.

Benda, Ernst, Verständigungsversuche über die Würde des Menschen, Neue juristische Wochenschrift (2001), S. 2147–2148.

Berger, Edward M./Gert, Bernard M., Genetic disorders and the ethical status of germ-line gene therapy, The Journal of Medicine and Philosophy (1991), S. 667–683.

Bergmann, Karl Otto/Pauge, Burkhard/Steinmeyer, Heinz Dietrich (Hrsg.), Gesamtes Medizinrecht, 3. Auflage, Baden-Baden 2017 (zitiert: Bergmann/Pauge/Steinmeyer- Bearbeiter, Gesamtes Medizinrecht)

Berlin-Brandenburgische Akademie der Wissenschaften (Hrsg.), Genomchirurgie beim Menschen – Zur verantwortlichen Bewertung einer neuen Technologie, Berlin 2015.

Bibikova, Marina et al., Enhancing gene targeting with designed zinc finger nucleases, Science (2003), S. 764–764.

Blaese, R. Michael et al., T lymphocyte-directed gene therapy for ADA-SCID: initial trial results after 4 years, Science (1995), S. 475–480.

Bodden-Heinrich et al., Beginn und Entwicklung des Menschen: Biologisch-medizinische Grundlagen und ärztlich-klinische Aspekte, in: *Rager, Günter (Hrsg.)*, Beginn, Personalität und Würde des Menschen, Grenzfragen, Band 23, 2. Auflage, Freiburg u. a. 1998, S. 15–159.

Böckenförde, Ernst-Wolfgang, Menschenwürde als normatives Prinzip, Die Grundrechte in der bioethischen Debatte, Juristenzeitung (2003), S. 809–815.

Boorse, Christopher, Health as a theoretical concept, in: *Downes, M. Stephen, Machery, Edouard (Hrsg.)*, Arguing about human nature, Contemporary debates, New York 2013, S. 455–470.

Bortesi, Luisa/Fischer, Rainer, The CRISPR/Cas9 system for plant genome editing and beyond, Biotechnology Advances (2015), S. 41–52.

Budde, Constanze, Die Wirtschaftsrelevanz der Menschenwürde, Münster 1992.

Carrol, Dana, Genome engineering with targetable nucleases, Annual Review of Biochemistry (2014), S. 409–439.

Coester, Michael, Inhalt und Funktion des Begriffs der Kindeswohlgefährdung – Erfordernis einer Neudefinition?, in: *Lipp, Volker/Schumann, Eva/Veit, Barbara (Hrsg.)*, Kindesschutz bei Kindeswohlgefährdung – Neue Mittel und Wege?, Göttingen 2008, S. 19–43.

Coester-Waltjen, Dagmar, Befruchtungs- und Gentechnologie bei Menschen – rechtliche Probleme von morgen?, Zeitschrift für das gesamte Familienrecht (1984), S. 230–236.

Coester-Waltjen, Dagmar, Reformüberlegungen unter besonderer Berücksichtigung familienrechtlicher und personenstandsrechtlicher Fragen, Reproduktionsmedizin (2002), S. 183–198.

Cook-Deegan, Robert Mullan, Human gene therapy and congress, Human Gene Therapy (1990), S. 163–170.

Cyranoski, David, First trial of CRISPR in people, Nature (2016), S. 476–477.

Cyranoski, David, CRISPR gene editing tested in a person, Nature (2016) S. 479–479.

Danz, Stefan/Pagel, Cornelia, Wem gehört die Nabelschnur?, Medizinrecht (2008), S. 602–607.

Dederer, Hans-Georg, Menschenwürde des Embryos in vitro?: Der Kristallisationspunkt der Bioethik-Debatte am Beispiel des therapeutischen Klonens, Archiv des öffentlichen Rechts (2002), S. 1–26.

Der Bundesminister für Forschung und Technologie (Hrsg.), In-vitro-Fertilisation, Genomanalyse und Gentherapie, Bericht der gemeinsamen Arbeitsgruppe des Bundesministers für Forschung und Technologie und des Bundesministers der Justiz, Gentechnologie Chancen und Risiken, Band 2, München 1985.

Dettmer, *Viviane/Cathomen, Toni/Hildenbeutel, Markus,* Genom-Editierung – neue Wege im klinischen Alltag, Biospektrum (2017), S. 155–158.

Deutsche Akademie der Naturforscher Leopoldina e. V. (Hrsg.), Chancen und Grenzen des genome editing, Halle (Saale) 2015.

Deutsche Akademie der Naturforscher Leopoldina e. V., Hacker, Jörg (Hrsg.), Ethische und rechtliche Beurteilung des genome edting in der Forschung an humanen Zellen, Halle (Saale) 2017.

Deutscher Bundestag, 10. Wahlperiode, Bericht der Enquete-Kommission „Chancen und Risiken der Gentechnologie" (1987), Drucksache 10/6775.

Deutscher Bundestag, 11. Wahlperiode, Gesetzesentwurf der Bundesregierung, Entwurf eines Gesetzes zum Schutz von Embryonen (1989), Drucksache 11/5460.

Deutscher Ethikrat, Keimbahneingriffe am menschlichen Embryo: Deutscher Ethikrat fordert globalen politischen Diskurs und internationale Regulierung, Ad-hoc-Empfehlung, Berlin 2017.

Deutsche Forschungsgemeinschaft (Hrsg.), Entwicklung der Gentherapie, Stellungnahme der Senatskommission für Grundsatzfragen der Genforschung, Mitteilung 5, Bonn 2006.

Diedrich, Klaus/Ludwig, Michael/Griesinger, Georg, Reproduktionsmedizin, Berlin 2013.

Dreier, Horst (Hrsg.), Grundgesetz, Kommentar, Band I: Artikel 1–19, 3. Auflage, Tübingen 2013 (zitiert: Dreier- *Bearbeiter*, GG)

Dürig, Günter, Der Grundrechtsatz von der Menschenwürde, Entwurf eines praktikablen Wertsystems der Grundrechte aus Art. 1 Abs. I in Verbindung mit Art. 19 Abs. II des Grundgesetzes, Archiv des öffentlichen Rechts (1956), S. 117–157.

Eberbach, Wolfram H., Genome Editing und Keimbahntherapie – Brauchen wir ein Moratorium?, in: *Ranisch, Robert/Müller Albrecht M./Hübner, Christian/Knoepffler, Nikolaus (Hrsg.)*, Genome Editing – Quo Vadis? Ethische Fragen zur CRISPR/Cas- Technik, Würzburg 2018, S. 93–110.

Eberbach, Wolfram H., Genom-Editing und Keimbahntherapie – Tatsächliche, rechtliche und rechtspolitische Aspekte, Medizinrecht (2016), S. 758–773.

Eibach, Ulrich, Präimplantationsdiagnostik (PID) – Grundsätzliche ethische und rechtliche Probleme, Medizinrecht (2003), S. 441–451.

Epping, Volker/Hillgruber, Christian, Beck`scher Online Kommentar Grundgesetz, 38. Auflage, München 2018 (zitiert: Epping/Hillgruber- *Bearbeiter*, BeckOK GG)

Faltus, Timo, Genom- und Geneditierung in Forschung und Praxis – Rechtsrahmen, Literaturbefund und sprachliche Beobachtungen, in: *Müller, Susanne/Rosenau, Henning (Hrsg.)*, Stammzellen – iPS-Zellen – Genomeditierung, Baden-Baden 2018, S. 217–286.

Fateh-Moghadam, Bijan, Genome Editing als strafrechtliches Grundlagenproblem, Medizinstrafrecht (2017) S. 146–156.

Fateh-Moghadam, Bijan, Rechtliche Aspekte der somatischen Gentherapie, in: *Berlin-Brandenburgische Akademie der Wissenschaften/Fehse, Boris/Domasch, Silke (Hrsg.)*, Gentherapie in Deutschland, Eine interdisziplinäre Bestandsaufnahme, Themenband der interdisziplinären Arbeitsgruppe Gentechnologiebericht, Dornburg 2011, S. 151–184.

Fehse, Boris/Domasch, Silke, Themenbereich somatische Gentherapie: Translationale und klinische Forschung, in: *Müller-Röber, Bernd et al. (Hrsg.)*, Dritter Gentechnologiebericht, Analyse einer Hochtechnologie, Baden-Baden 2015, S. 211–308.

Fiddler, Morris/Pergament, Eugene, Germline gene therapy: its time is near, Molecular Human Reproduction (1996), S. 75–76.

Fowler, Gregory/Juengst, Eric T./Zimmermann, Burke K., Germ-line gene therapy and the clinical ethos of medical genetics, Theoretical Medicine (1989), S. 151–165.

Friauf, Heinrich/Höfling, *Wolfram,* Berliner Kommentar zum Grundgesetz, Band 1, Stand: 03/2018, Berlin 2018 (zitiert: Friauf/Höfling- *Bearbeiter,* GG)

Frister, Helmut/Börgers, Niclas, Rechtliche Probleme bei der Kryokonservierung von Keimzellen, in: *Frister, Helmut/Olzen, Dirk (Hrsg.),* Reproduktionsmedizin, Rechtliche Fragestellungen, Düsseldorf 2010, S. 93–123.

Fritsche, Olaf, Biologie für Einsteiger, Prinzipien des Lebens verstehen, 2. Auflage, Berlin u.a. 2015.

Frommel, Monika, Taugt das Embryonenschutzgesetz als ethisches Minimum gegen Versuche der Menschenzüchtung?, Kritische Justiz (2000), S. 341–351.

Gantz, Valentino M./Bier, Ethan, The mutagenic chain reaction: A method for converting heterozygous to homozygous mutations, Science (2015), S. 442–444.

Giwer, Elisabeth, Rechtsfragen der Präimplantationsdiagnostik, Eine Studie zum rechtlichen Schutz des Embryos im Zusammenhang mit der Präimplantationsdiagnostik unter besonderer Berücksichtigung grundrechtlicher Schutzpflichten, Berlin 2001.

Gordijn, Bert, Die Debatte über die ethischen Aspekte gentechnischer Interventionen an der menschlichen Keimbahn, Zeitschrift für medizinische Ethik (1998), S. 293–315.

Gordon, Jon W., Micromanipulation of embryos and germ cells: An approach to gene therapy?, American Journal of medical genetics (1990), S. 206–214.

Gounalakis, Georgios, Embryonenforschung und Menschenwürde, Baden-Baden 2006.

Graf Vitzthum, Wolfgang, Die Menschenwürde als Verfassungsbegriff, Juristenzeitung (1985), S. 201–209.

Graf Vitzthum, Wolfgang, Gentechnologie und Menschenwürde, Medizinrecht (1985), S. 246–257.

Graf Vitzthum, Wolfgang, Gentechnologie und Menschenwürdeargument, Zeitschrift für Rechtspolitik (1987), S. 33–37.

Graumann, Sigrid, Genchirurgie am menschlichen Embryo? KONTRA, Deutsches Ärzteblatt (2016), S. A 1479–A 1479.

Graumann, Sigrid, Vortrag in: Simultanmitschrift der Jahrestagung des deutschen Ethikrates vom 22. Juni 2016, Zugriff auf das menschliche Erbgut. Neue Möglichkeiten und ihre ethischen Beurteilungen, S. 49–51.

Graumann, Sigrid, Streitgespräch in: Simultanmitschrift der Jahrestagung des deutschen Ethikrates vom 22. Juni 2016, Zugriff auf das menschliche Erbgut. Neue Möglichkeiten und ihre ethischen Beurteilungen, S. 51–54.

Graw, Jochen, Genetik, 6. Auflage, Berlin u.a. 2015.

Groß, Michael, Gen-Schere weckt Neugier, Hoffnungen und Ängste, Chemie in unserer Zeit (2015), S. 158–158.

Grote, Rainer/Kraus, Dieter, Fälle zu den Grundrechten, 2. Auflage, München u. a. 2001.

Gülzow, Martin, Das Verbot der post-mortem-Befruchtung nach § 4 Abs. 1 Nr. 3 ESchG zum Schutz des Kindeswohls?, GesundheitsRecht (2017), S. 552–557.

Günther, Hans-Ludwig/Taupitz, Jochen/Kaiser, Peter, Embryonenschutzgesetz, Kommentar, 2. Auflage, Stuttgart 2014 (zitiert: Günther/Taupitz/Kaiser-*Bearbeiter*, ESchG)

Gutmann, Thomas, „Gattungsethik" als Grenze der Verfügung des Menschen über sich selbst? in: *van den Daele, Wolfgang (Hrsg.)*, Biopolitik Leviathan, Zeitschrift für Sozialwissenschaft (2005), S. 235–264.

Gutmann, Thomas, Rechtliche und rechtsphilosophische Fragen der Präimplantationsdiagnostik, in: *Gethmann, Karl Friedrich/Huster, Stefan (Hrsg.)*, Recht und Ethik in der Präimplantationsdiagnostik, München 2010, S. 61–102.

Gyngell, Christopher/Douglas, Thomas/Savulescu, Julian, Ethik der keimbahnverändernden Gen-Editierung, in: *Ranisch, Robert/Müller Albrecht M./Hübner, Christian/Knoepffler, Nikolaus (Hrsg.)*, Genome Editing – Quo Vadis? Ethische Fragen zur CRISPR/Cas- Technik, Würzburg 2018, S. 161–184.

Hart, Dieter, Die Nutzen/Risiko-Abwägung im Arzneimittelrecht, Ein Element des Health Technology Assessment (1), Bundesgesundheitsblatt (2005), S. 204–214.

Hart, Dieter, Heilversuch, in: *Laufs, Christian/Duttge, Gunnar/Fangerau, Heiner (Hrsg.)*, Handbuch für Ethik und Recht der Forschung am Menschen, Berlin u.a. 2014.

Hart, Dieter, Heilversuch und klinische Prüfung, Medizinrecht (2015), S. 766–775.

Hashimoto, Masakazu/Yamashita, Yukiko/Takemoto, Tatsuya, Electroporation of Cas9 protein/sgRNA into early pronuclear zygotes generates non-mosaic mutants in the mouse, Developmental Biology (2016), S. 1–9.

Herdegen, Matthias, Die Menschenwürde im Fluß des bioethischen Diskurses, Juristenzeitung (2001), S. 773–786.

Heun, Werner, Embryonenforschung und Verfassung – Lebensrecht und Menschenwürde des Embryos, Juristenzeitung (2002), S. 517–524.

Heun, Werner, Menschenwürde und Lebensrecht als Maßstäbe für die PID? Dargestellt aus verfassungsrechtlicher Sicht, in: *Gethmann, Carl Friedrich/ Huster, Stefan (Hrsg.)*, Recht und Ethik in der Präimplantationsdiagnostik, München 2010, S. 103–123.

Hilgendorf, Eric, Scheinargumente in der Abtreibungsdiskussion – am Beispiel des Erlanger Schwangerschaftsfalls, Neue juristische Wochenschrift (1996), S. 758–762.

Hilgendorf, Eric, Stufungen des vorgeburtlichen Lebens- und Würdeschutzes, in: *Gethmann, Carl Friedrich/Huster, Stefan (Hrsg.)*, Recht und Ethik in der Präimplantationsdiagnostik, München 2010, S. 175–187.

Hillgruber, Christian/Goos, Christoph, Grundrechtsschutz für den menschlichen Embryo?, Zeitschrift für Lebensrecht (2008), S. 43–49.

Höfling, Wolfram, Biomedizinische Auflösung der Grundrechte?, in: *Gesellschaft für Rechtspolitik (Hrsg.)*, Bitburger Gespräche, Jahrbuch 2002/II, München 2003, S. 99–115.

Höfling, Wolfram, Freiheit und Regulierung der Insolvenzverwaltertätigkeit aus verfassungsrechtlicher Perspektive, Juristenzeitung (2009), S. 339–348.

Hoerster, Norbert, Forum, Ein Lebensrecht für die menschliche Leibesfrucht?, Juristische Schulung (1989), S. 172–178.

Hofmann, Hasso, Biotechnik, Gentherapie, Genmanipulation – Wissenschaft im rechtsfreien Raum? Juristenzeitung (1986), S. 253–260.

Huber, Wolfgang, Eine neue Ära?, Frankfurter Allgemeine Zeitung vom 26.9.2016, S. 6–6.

Hufen, Friedhelm, Individuelle Rechte und die Zulassung der Präimplantationsdiagnostik, in: *Gethmann, Carl Friedrich/Huster, Stefan (Hrsg.)*, Recht und Ethik in der Präimplantationsdiagnostik, München 2010, S. 129–154.

Hufen, Friedhelm, Präimplantationsdiagnostik aus verfassungsrechtlicher Sicht, Medizinrecht (2001), S. 440–451.

Hufen, Friedhelm, Staatsrecht II, Grundrechte, 7. Auflage München 2018.

Hufen, Friedhelm/Reiter, Johannes, Streit um die Präimplantationsdiagnostik, Zeitschrift für Rechtspolitik (2002), S. 372–372.

Ipsen, Jörn, Der „verfassungsrechtliche Status" des Embryos in vitro, Anmerkungen zu einer aktuellen Debatte, Juristenzeitung (2001), S. 989–996.

Ipsen, Jörn, Verfassungsrecht und Biotechnologie, Deutsches Verwaltungsblatt (2004), S. 1381–1386.

Isensee, Josef, Die alten Grundrechte und die biotechnische Revolution, Verfassungsperspektiven nach der Entschlüsselung des Humangenoms, in: *Bohnert, Joachim et al. (Hrsg.)*, Verfassung – Philosophie – Kirche, Festschrift für Alexander Hollerbach zum 70. Geburtstag, Berlin 2001, S. 243–266.

Isensee, Josef, Das Grundrecht als Abwehrrecht und als staatliche Schutzpflicht, in: *Isensee, Josef/Kirchhof, Paul (Hrsg.)*, Handbuch des Staatsrechts der

Bundesrepublik Deutschland, Band IX, Allgemeine Grundrechtslehren, 3. Auflage, Heidelberg 2011, S. 413–568.

Ishino, Yoshizumi et al., Nucleotide sequence of the iap gene, responsible for alkaline phosphatase isozyme conversion in escherichia coli, and identification of the gene product, Journal of Bacteriology (1987), S. 5429–5433.

Jakociunas, Tadas et al., Multiplex metabolic pathway engineering using CRISPR/Cas9 in saccharomyces cerevisiae, Metabolic Engineering (2015), S. 213–222.

Jarass, Hans D./Pieroth, Bodo, Grundgesetz für die Bundesrepublik Deutschland, Kommentar, 15. Auflage, München 2018 (zitiert: Jarass/Pieroth- *Bearbeiter*, GG)

Jerouschek, Günter, Vom Wert und Unwert der pränatalen Menschenwürde – Anmerkungen zu den Kontroversen um das Abtreibungsverbot der §§ 218 ff. StGB –, Juristenzeitung (1989), S. 279–285.

Jiang, Wenzhi et al., Demonstration of CRISPR/Cas9/sgRNA-mediated targeted gene modification in arabidopsis, tobacco, sorghum and rice, Nucleic Acids Research (2013), e188 S. 1–12.

Jinek, Martin et al., A programmable dual-RNA–guided DNA endonuclease in adaptive bacterial immunity, Science (2012), S. 816–821.

Joecks, Wolfgang/Miebach, Klaus, Münchener Kommentar zum StGB, Band 1, 3. Auflage, München 2017 (zitiert: Joecks/Miebach- *Bearbeiter*, MüKoStGB)

Joerden, Jan C., Noch einmal: Wer macht Kompromisse beim Lebensrechtsschutz? – Eine Antwort auf Hoerster, JuS 2003,529, Juristische Schulung (2003), S. 1051–1054.

Jonas, Hans, Technik, Medizin und Ethik. Praxis des Prinzips Verantwortung, Frankfurt am Main 1987.

Juengst, Eric T, Germ-line gene therapy: Back to basics, The Journal of Medicine and Philosophy (1991) 16, S. 587–592.

Kahl, Wolfgang/Waldhoff, Christian/Walter, Christian (Hrsg.), Bonner Kommentar zum Grundgesetz, Stand: 193. Ergänzungslieferung, München 2018 (zitiert: Kahl/Waldhoff/Walter-*Bearbeiter*, BK)

Kang, Xiangjin et al., Introducing precise genetic modifications into human 3PN embryos by CRISPR/Cas-mediated genome editing, Journal of Assisted Reproduction and Genetics (2016), S. 581–588.

Kaufmann, Arthur, Rechtsphilosophische Reflexionen über Biotechnologie und Bioethik an der Schwelle zum dritten Jahrtausend, Juristenzeitung (1987), S. 837–847.

Kersten, Jens, Regulierungsauftrag für den Staat im Bereich der Fortpflanzungsmedizin, Neue Zeitschrift für Verwaltungsrecht (2018), S. 1248–1254.

Kingreen, Thorsten/Poscher, Ralph, Grundrechte Staatsrecht II, 34. Auflage, Heidelberg 2017.

Kirchner, Marion/Schneider, Sabine, CRISPR-Cas: von einem bakteriellen adaptiven Immunsystem zu einem vielseitigen Werkzeug für die Gentechnik, Angewandte Chemie (2015), S. 13710–13716.

Kloepfer, Michael, Humangentechnik als Verfassungsfrage, Juristenzeitung (2002), S. 417–428.

Kloiber, Otmar, Keimbahntherapie jetzt zulassen, Deutsches Ärzteblatt (2001), S. A 2472–A 2474.

Knoepffler, Nikolaus, Forschung an menschlichen Embryonen, Was ist verantwortbar? Stuttgart u.a. 1999.

Knoop, Volker/Müller, Kai, Gene und Stammbäume, Ein Handbuch zur molekularen Phylogenetik, 2. Auflage, Heidelberg 2009.

Knox, Margaret, Gezielter Eingriff ins Erbgut, in: *Könneker, Carsten/Reichert, Uwe (Hrsg.),* Spektrum der Wissenschaften Kompakt (2016), S. 4–11.

Körner, Anne/Leitherer, Stephan/Mutschler, Bernd/Rolfs, Christian, Kasseler Kommentar Sozialversicherungsrecht, Band 3, Stand: 100. Ergänzungslieferung, München 2018 (zitiert: Körner/Leitherer/Mutschler/Rolfs- *Bearbeiter,* KassKom, SGB V)

Korff, Wilhelm/Beck, Lutwin/Mikat, Paul, Lexikon der Bioethik, Band 1, Gütersloh 1998.

dieselben, Lexikon der Bioethik, Band 2, Gütersloh 1998.

Kreß, Hartmut, Embryonenstatus und Gesundheitsschutz, Reformbedarf im Rahmen eines umfassenden Fortpflanzungsmedizin- und Stammzellgesetzes, in: Byrd, B. Sharon/Hruschka, Joachim/Joerden, Jan C. (Hrsg.), Jahrbuch für Recht und Ethik, Themenschwerpunkt: Medizinethik- und recht, Band 15 (2007), Berlin 2007, S. 23–50.

Kreß, Hartmut, Kultivierung von Embryonen und Single-Embryo-Transfer, Ethik in der Medizin (2005), S. 234–240.

Kruip, Stephan, Moderation in: Simultanmitschrift der Jahrestagung des deutschen Ethikrates vom 22. Juni 2016, Zugriff auf das menschliche Erbgut. Neue Möglichkeiten und ihre ethischen Beurteilungen, S. 51–51.

Kühl, Kristian/Heger, Martin: Strafgesetzbuch, Kommentar, 29. Auflage, München 2018 (zitiert: Kühl/Heger- *Bearbeiter,* StGB)

Lander, Eric S., Brave new genome, The New England Journal of Medicine (2015), S. 5–8.

Landwehr, Charlotte, Rechtsfragen der Präimplantationsdiagnostik, Berlin u. a. 2017.

Lanphier, Edward et al., Don´t edit the human germ line, Nature (2015), S. 410–411.

Lappé, Marc, Ethical issues in manipulating the human germ line, The Journal of Medicine and Philosophy (1991), S. 621–639.

Latorre, Alfonso/Latorre, Ana/Somoza, Álvaro, Modifizierte RNAs in CRISPR/Cas9: ein bewährter Trick, der immer noch funktioniert, Angewandte Chemie (2016), S. 3608–3610.

Laufs, Adolf/ Katzenmeier, Christian/Lipp, Volker, Arztrecht, 7. Auflage, München 2015 (zitiert: von Laufs/Kern- *Bearbeiter* Arztrecht)

Laufs, Adolf/ Kern, Bernd-Rüdiger (Hrsg.), Handbuch des Arztrechts, 4. Auflage, München 2010.

Ledford, Heidi, CRISPR verändert alles, in: *Könneker, Carsten/Reichert, Uwe (Hrsg.)*, Spektrum der Wissenschaften Kompakt (2016), S. 12–22.

Lenk, Christian, Therapie und Enhancement, Ziele und Grenzen der modernen Medizin, Münster 2002.

Liang, Puping et al., CRISPR/Cas9-mediated gene editing in human tripronuclear zygotes, Protein & Cell (2015), S. 363–372.

Limperg, Bettina/Oetker, Hartmund/Rixecker, Roland/Säcker, Franz Jürgen (Hrsg.), Münchener Kommentar zum Bürgerlichen Gesetzbuch, Band 1, 8. Auflage 2018, München 2018 (zitiert: Limperg/Oetker/Rixecker/Säcker-*Bearbeiter*, MüKo BGB)

Luhmann, Niklas, Grundrechte als Institution, Ein Beitrag zur politischen Soziologie, 5. Auflage, Berlin 2009.

Lundberg, Ante S./Novac, Rodger, CRISPR-Cas gene editing to cure serious diseases: Treat the patient, not the germ line, The American Journal of Bioethics (2015), S. 38–40.

Lunshof, Jeantine E., Keimbahnmodifikation: Was spricht dagegen? Gesellschaftliche Konsensfindung und kategorische Einwände, in: *Fischer, Ernst-Peter/Geißler, Erhard (Hrsg.)*, Wieviel Genetik braucht der Mensch?: Die alten Träume der Genetiker und ihre heutigen Methoden, Konstanz 1994, S. 281–287.

Ma, Hong et al., Correction of a pathogenic gene mutation in human embryos, Nature (2017), S. 413–419.

Macklon, N. S./Geraedts, J. P. M./Fauser, B. C. J. M., Conception to ongoing pregnancy: the `black box` of early pregnancy loss, Human Reproduction Update (2002), S. 333–343.

Mandal, Pankaj K. et al., Efficient ablation of genes in human hematopoietic stem and effector cells using CRISPR/Cas9, Cell Stem Cell (2014), S. 643–652.

Mangoldt, Hermann von/Klein, Friedrich/Starck, Christian, Grundgesetz Kommentar, Band 1, 7. Auflage, München 2018 (zitiert: von Mangoldt/Klein/Starck- *Bearbeiter* GG)

Maunz, Theodor/Dürig, Günther, Grundgesetz Kommentar, Band 1, Texte Art. 1–5, Stand: 84. Ergänzungslieferung, München 2018 (zitiert: Maunz/Dürig- *Bearbeiter*, GG)

McFadden, D E/Robinson, W P, Phenotype of triploid embryos, Journal of Medical Genetics (2006), S. 609–612.

Merkel, Reinhard, Forschungsobjekt Embryo, Verfassungsrechtliche und ethische Grundlagen der Forschung an menschlichen embryonalen Stammzellen, München 2002.

Merkel, Reinhard, Genchirurgie am menschlichen Embryo? PRO, Deutsches Ärzteblatt (2016), S. A 1478–A 1478.

Merkel, Reinhard, Streitgespräch in: Simultanmitschrift der Jahrestagung des deutschen Ethikrates vom 22. Juni 2016, Zugriff auf das menschliche Erbgut. Neue Möglichkeiten und ihre ethischen Beurteilungen, S. 51–54.

Merkel, Reinhard, Vortrag in: Simultanmitschrift der Jahrestagung des deutschen Ethikrates vom 22. Juni 2016, Zugriff auf das menschliche Erbgut. Neue Möglichkeiten und ihre ethischen Beurteilungen, S. 47–49.

Meyer, Melanie et al., Gezielte Manipulation des Genoms mit Zinkfingernukleasen, BIOspektrum (2011), S. 537–540.

Michalsky, Stefan, Zinkfinger-Nukleasen als „Genscheren", best practice onkologie (2012), S. 10–10.

Middel, Annette, Verfassungsrechtliche Fragen der Präimplantationsdiagnostik und des therapeutischen Klonens, Baden-Baden 2006.

Miller, Henry I., Germline gene therapy: We`re ready, Science (2015), S. 1325–1325.

Mittenzwei, Ingo, Die Rechtsstellung des Vaters zum ungeborenen Kind, Archiv für die civilistische Praxis (1987), S. 247–284.

Moseley, Ray, Commentary: Maintaining the somatic/germ-line distinktion: Some ethical drawbacks, The Journal of Medicine and Philosophy (1991), S. 641–647.

Müller, Hansjakob, Gentherapie – Unter besonderer Berücksichtigung der Behandlung bei Erbkrankheiten, in: Rehmann- Sutter, *Christoph/Müller, Hansjakob (Hrsg.)*, Ethik und Gentherapie, Zum praktischen Diskurs um die molekulare Medizin, 2. Auflage, Tübingen 2003, S. 41–58.

Müller-Terpitz, Ralph, Der Embryo ist Rechtsperson, nicht Sache, Verfassungsrechtliches Plädoyer für einen verfassungsrechtlichen Würde- und Lebensschutz, Zeitschrift für Lebensrecht (2006), S. 34–42.

Müller-Terpitz, Ralph, Der Schutz des pränatalen Lebens, Tübingen 2007.

Müller-Terpitz, Ralph, Recht auf Leben und körperliche Unversehrtheit, in: *Isensee, Josef/Kirchhof, Paul (Hrsg.)*, Handbuch des Staatsrechts der Bundesrepublik Deutschland, Band VII, Freiheitsrechte, 3. Auflage, Heidelberg 2009, S. 3–78.

Munson, Ronald/Davis, Lawrence H., Germ-line gene therapy and the medical imperative, Kennedy Institute of Ethics Journal (1992), S. 137–158.

Murken, Jan/Grimm, Tiemo/Holinski-Feder, Elke/Zerres, Klaus, Humangenetik, 9. Auflage, Stuttgart 2017.

Nebendahl, Mathias, Selbstbestimmungsrecht und rechtfertigende Einwilligung des Minderjährigen bei medizinischen Eingriffen, Medizinrecht (2009), S. 197–205.

Neidert, Rudolf, „Entwicklungsfähigkeit" als Schutzkriterium und Begrenzung des Embryonenschutzgesetzes, Inwieweit ist der Single-Embryo- Transfer zulässig?, Medizinrecht (2007), S. 279–286.

Neumann, Ulfrid, Die Tyrannei der Würde, Argumentationstheoretische Erwägungen zum Menschenwürdeprinzip, Archiv für Rechts- und Sozialphilosophie (1998), S. 153–166.

Niu, Yuyu et al., Generation of gene-modified cynomolgus monkey via Cas9/RNA-mediated gene targeting in one-cell embryos, Cell (2014), S. 836–843.

Nolan, Kathleen, Commentary: How do we think about the ethics of human germ-line genetic therapy?, The Journal of Medicine and Philosophy (1991), S. 613–619.

Nuffield Council on Bioethics, Genome editing an ethical review, London 2016.

dass., Genome editing and human reproduction: social and ethical issues, short guide, London 2018.

Oye, Kenneth A. et al., Regulating gene drives, Science (2014), S. 626–628.

Palandt, Otto (Begr.), Bürgerliches Gesetzbuch mit Nebengesetzen, Reihe: Beck'sche Kurz-Kommentare, Band 7, 77. Auflage, München 2018 (zitiert: Palandt- *Bearbeiter*, BGB)

Pul, Ümit/Mampel, Jörg/Zurek, Christian/Krohn, Michael, CRISPR in der biotechnologischen Forschung und Entwicklung, BIOspektrum (2016), S. 62–64.

Quaas, Michael/Zuck, Rüdiger/Clemens, Thomas/Gokel, Julia Maria, Medizinrecht, 4. Auflage, München 2018 (zitiert: Quaas/Zuck- *Bearbeiter*, Medizinrecht)

Quante, Michael, Personales Leben und menschlicher Tod, Personale Identität als Prinzip der biomedizinischen Ethik, Frankfurt am Main 2002.

Ran, F Ann et al., Genome engineering using the CRISPR-Cas9 system, Nature Protokols (2013), S. 2281–2308.

Ranisch, Robert, CRISPR-Eugenik? – Kritische Anmerkungen zur historischen Bezugnahme in der gegenwärtigen Verhandlung der Genom-Editierung, in: *Ranisch, Robert/Müller Albrecht M./Hübner, Christian/Knoepffler, Nikolaus (Hrsg.)*, Genome Editing – Quo Vadis? Ethische Fragen zur CRISPR/Cas- Technik, Würzburg 2018, S. 27–52.

Reardon, Sara, Global summit reveals divergent views on human gene editing, Nature (2015), S. 173–173.

Redline, Raymond W./Hassold, Terry/Zaragoza, Michael V., Prevalence of the partial molar phenotype in triploidy of maternal and paternal origin, Human Pathology (1998), S. 505–511.

Rehmann-Sutter, Christoph, Politik der genetischen Identität. Gute und schlechte Gründe, auf Keimbahntherapie zu verzichten, in: *Rehmann-Sutter, Christoph/Müller, Hansjakob (Hrsg.)*, Ethik und Gentherapie, Zum praktischen Diskurs um die molekulare Medizin, Tübingen 1995, S. 176–187.

Rehmann-Sutter, Christoph, Gentherapie in der menschlichen Keimbahn?, Ethik in der Medizin (1991), S. 3–12.

Reinke, Mathias, Fortpflanzungsfreiheit und das Verbot der Fremdeizellspende, Berlin 2008.

Resnik, David, Debunking the slippery slope argument against human germ-line gene therapy, The Journal of Medicine and Philosophy (1994), S. 23–40.

Rosenau, Henning, Reproduktives und therapeutisches Klonen, in: *Amelung et al. (Hrsg.)*, Strafrecht, Biorecht, Rechtsphilosophie, Festschrift für Hans-Ludwig Schreiber zum 70. Geburtstag, Heidelberg 2003, S. 761–781.

Rothschuh, Karl E., Der Krankheitsbegriff (Was ist Krankheit?), in: *Rothschuh, Karl E. (Hrsg.)*, Was ist Krankheit? Erscheinung, Erklärung, Sinngebung, Darmstadt 1975, S. 397–420.

Rubeis, Giovanni/Stegner, Florian, Genome Editing in der Pränatalmedizin. Eine medizinethische Analyse, in: *Hruschka, Joachim/Joerden, Jan C.*, Themenschwerpunkt: Neue Entwicklungen in Medizinrecht und -ethik, Jahrbuch für Recht und Ethik, Band 24, Berlin 2016, S. 143–159.

Rüpke, Giselher, Schwangerschaftsabbruch und Grundgesetz, Frankfurt am Main 1975.

Rütz, Eva Maria K., Heterologe Insemination – Die rechtliche Stellung des Samenspenders, Berlin u. a. 2008.

Sachs, Michael (Hrsg.), Grundgesetz, Kommentar, 8. Auflage, München 2018 (zitiert: Sachs- *Bearbeiter*, GG)

Sass, Hans-Martin, Forschungsfortschritt und Verantwortungsethik, in: *Sass, Hans-Martin (Hrsg.)*, Genomanalyse und Gentherapie, Berlin 1991, S. 3–16.

Sass, Hans-Martin, Hirntod und Hirnleben, in: *Sass, Hans-Martin (Hrsg.)*, Medizin und Ethik, Stuttgart 1989, S. 160–183.

Schlink, Bernhard, Aktuelle Fragen des pränatalen Lebensschutzes, Berlin 2002.

Schmidt, Angelika, Rechtliche Aspekte der Genomanalyse, Insbesondere die Zulässigkeit genanalytischer Testverfahren in der pränatalen Diagnostik sowie der Präimplantationsdiagnostik, Frankfurt am Main 1991.

Schneider, Susanne, Rechtliche Aspekte der Präimplantations- und Präfertilisationsdiagnostik, Frankfurt am Main 2002.

Schockenhoff, Eberhard, Vortrag in: Simultanmitschrift der Jahrestagung des deutschen Ethikrates vom 22. Juni 2016, Zugriff auf das menschliche Erbgut. Neue Möglichkeiten und ihre ethischen Beurteilungen, S. 71–75.

Schöne-Seifert, Bettina, Contra Potentialitätsargument: Probleme einer traditionellen Begründung für embryonalen Lebensschutz, in: *Damschen, Gregor/ Schönecker, Dieter (Hrsg.)*, Der moralische Status menschlicher Embryonen, Berlin 2003, S. 169–185.

Scholz, Rupert, Instrumentale Beherrschung der Biotechnologie durch die Rechtsordnung, in: *Gesellschaft für Rechtspolitik (Hrsg.)*, Bitburger Gespräche 1986/I, München 1986, S. 59–91.

Schwab, Dieter, Familienrecht, 26. Auflage, München 2018.

Seelmann, Kurt, Menschenwürde als Würde der Gattung – ein Problem des Paternalismus?, in: *Fateh-Moghadam, Bijan/Sellmaier, Stephan/Vossenkuhl, Wilhelm (Hrsg.)*, Grenzen des Paternalismus, Stuttgart 2010, S. 206–219.

Seibert, Helga, Verfassungsrecht und Befruchtungstechniken, in: *Lanz-Zumstein, Monika (Hrsg.)*, Embryonenschutz und Befruchtungstechnik, München 1986, S. 62–79.

Seitz, Claudia, Modifiziert oder nicht? – Regulatorische Rechtsfragen zur Genoptimierung durch neue biotechnologische Verfahren, Europäische Zeitschrift für Wirtschaftsrecht (2018), S. 757–764.

Spickhoff, Andreas (Hrsg.), Medizinrecht, Beck'sche Kurzkommentare, Band 64, 3. Auflage München 2018, (zitiert: Spickhoff- *Bearbeiter*, MedR)

Spiekerkötter, Jörg, Verfassungsfragen der Humangenetik, insbesondere Überlegungen zur Zulässigkeit der Genmanipulation sowie der Forschung an menschlichen Embryonen, Frankfurt am Main 1989.

Starck, Christian, Die künstliche Befruchtung beim Menschen – Zulässigkeit und zivilrechtliche Folgen, Gutachten, in: *Ständige Deputation des deutschen*

Juristentages (Hrsg.), Verhandlungen des sechsundfünfzigsten deutschen Juristentages, Band I, Gutachten, München 1986, S. A 1–A 58.

Staudinger, Kommentar zum Bürgerlichen Gesetzbuch mit Einführungsgesetz und Nebengesetzen, Buch 4, Familienrecht, §§ 1626–1633, 15. Auflage, Berlin 2015, (zitiert: von Staudinger- *Bearbeiter*, BGB)

Strachan, Tom/Read, Andrew P., Molekulare Humangenetik, 3. Auflage, München 2005.

Streubel, Jana/Richter, Annekatrin/Reschke, Maik/Boch, Jens, TALEs- Proteine mit programmierbarer DNA-Bindespezifität, BIOspektrum (2013), S. 370–372.

Tatum, E. L., Molecular biology, nucleic acids, and the future of medicine, Cellular Therapy and Transplantation (2009), S. 74–79.

Taupitz, Jochen, Vortrag in: Simultanmitschrift der Jahrestagung des deutschen Ethikrates vom 22. Juni 2016, Zugriff auf das menschliche Erbgut. Neue Möglichkeiten und ihre ethischen Beurteilungen, S. 21–30.

Taupitz, Jochen/Boscheinen, Juliane, Patienten(Grund)Rechte bei neuartigen Stammzellen- und Gentherapien, in: *Müller, Susanne/Rosenau, Henning (Hrsg.)*, Stammzellen – iPS-Zellen – Genomeditierung, Baden-Baden 2018, S. 171–188.

Tebas, Pablo et al., Gene editing of CCR5 in autologous CD4 T cells of persons infected with HIV, The New England Journal of Medicine (2014), S. 901–910.

The National Academies of Science, Engineering, Medicine (Hrsg.), Human Genome Editing, Science, Ethics, and Governance, Committee on Human Gene Editing: Scientific, Medical, and Ethical Considerations, Washington DC 2017.

Tsai, Ching-Sung et al., Rapid and marker-free refactoring of xylose-fermenting yeast strains with Cas9/CRISPR, Biotechnology and Bioengineering (2015), S. 2406–2411.

UNESCO (Hrsg.), Report of the International Bioethik Commitee on updating its reflection on the Human Genome and Human Rights, Paris 2015.

Vogel, Friedrich, Humangenetik und Konzepte der Krankheit, in: Sitzungsberichte der Heidelberger Akademie der Wissenschaften, Abhandlung 1990/6. Abhandlung, Berlin u. a. 1990, S. 331–353.

Wagner, Dietrich, Der gentechnische Eingriff in die menschliche Keimbahn, Rechtlich-ethische Bewertung, Nationale und internationale Regelungen im Vergleich, Frankfurt am Main 2007.

Wagner, Hellmut/Morsey, Benedikt, Rechtsfragen der somatischen Gentherapie, Neue juristische Wochenschrift (1996), S. 1565–1570.

Walters, LeRoy/Palmer, Julie Gage, The ethics of human gene therapy, New York 1997.

Waltz, Emily, Gene-edited CRISPR mushroom escapes US regulation, Nature (2016), S. 293–293.

Wang, Yanpeng et al., Simultaneous editing of three homoeoalleles in hexaploid bread wheat confers heritable resistance to powdery mildew, Nature Biotechnology (2014), S. 947–951.

Wassermann, Rudolf, Kommentar zum Grundgesetz für die Bundesrepublik Deutschland, Reihe Alternativkommentare, 3. Auflage, Neuwied 2001 (zitiert: Wassermann- *Bearbeiter* AK- GG)

Weiß, Axel, Das Lebensrecht des Embryos – ein Menschenrecht, Juristische Rundschau (1992), S. 182–184.

Welling, Lioba Ilona Luisa, Genetisches Enhancement, Grenzen der Begründungsressourcen des säkularen Rechtsstaates?, Berlin u. a. 2014.

Weschka, Marion, Präimplantationsdiagnostik, Stammzellforschung und therapeutisches Klonen: Status und Schutz des menschlichen Embryos vor den Herausforderungen der modernen Biomedizin, Berlin 2010.

Wessels, Johannes/Beulke, Werner/Satzger, Helmut, Strafrecht Allgemeiner Teil, 48. Auflage, Heidelberg 2018.

Wimmer, Reiner, > Kategorische Argumente < gegen die Keimbahn-Gentherapie? Eine Prüfung der Stellungnahme der Enquete-Kommission des Deutschen Bundestages, in: *Wils, Jean-Pierre/Mieth, Dietmar (Hrsg.)*, Ethik ohne Chance? Erkundungen im technologischen Zeitalter, 2. Auflage, Tübingen 1991, S. 182–209.

Witteck, Lars/Erich, Christina, Straf- und verfassungsrechtliche Gedanken zum Verbot des Klonens von Menschen, Medizinrecht (2003), S. 258–262.

Yin, Hao et al., Genome editing with Cas9 in adult mice corrects a disease mutation and phenotype, Nature Biotechnology (2014), S. 551–553.

Yosef, Ido/Manor, Miriam/Kiro, Ruth/Qimron, Udi, Temperate and lytic bacteriophages programmed to sensitize and kill antibiotic-resistant bacteria, Proceedings of the National Academy of Science of the United States of America (2015), S. 7267–7272.

Zetkin, Maxim/Schaldach, Herbert, Lexikon der Medizin, Wiesbaden 1999.

Zimmermann, Burke K., Human Germ-Line Therapy: The case for its development and use, The Journal of Medicine and Philosophy (1991), S. 593–612.